Q&A for Tea

Q&A for Tea

人人学茶

茶识问答

王如良

主 编

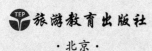

旅游教育出版社

·北京·

茶识问答
部分视频

图书在版编目（CIP）数据

茶识问答 / 王如良主编. -- 北京 : 旅游教育出版社, 2023.1
（人人学茶）
ISBN 978-7-5637-4516-6

Ⅰ. ①茶… Ⅱ. ①王… Ⅲ. ①茶叶—问题解答 Ⅳ. ①TS272.5-44

中国版本图书馆CIP数据核字(2022)第252201号

人人学茶
茶识问答
王如良　主编

策　　划	赖春梅
责任编辑	贾东丽
封面图片	三境茶社刘国强　供图
出版单位	旅游教育出版社
地　　址	北京市朝阳区定福庄南里1号
邮　　编	100024
发行电话	（010）65778403　65728372　65767462（传真）
本社网址	www.tepcb.com
E - mail	tepfx@163.com
排版单位	北京旅教文化传播有限公司
印刷单位	天津雅泽印刷有限公司
经销单位	新华书店
开　　本	710毫米×1000毫米　1/16
印　　张	17
字　　数	212千字
版　　次	2023年1月第1版
印　　次	2023年1月第1次印刷
定　　价	56.00元

（图书如有装订差错请与发行部联系）

编委会

弘揚中華茶文化

普及大眾茶知識

賀王如良先生茶譜問答新書出版

壬寅年爰月於京華王勝利並

题词人：王胜利，国务院办公厅行政司原常务副司长

书评推荐 🍃

　　王如良先生的《茶识问答》是一本很好的茶文化普及百科全书，应及早出版，传播茶文化，造福人类。

于观亭

中国茶界泰斗

　　我与如良相识是在参加茶游学的时候，我们多次一起参加茶游学，结下深厚友谊。多年来如良在学茶、推广茶文化方面做了很多工作。例如：中标北京市初中学生社会实践课程项目有关茶文化的科目，多次在北京的茶叶博览会上组织不同主题的茶文化活动，近一年来通过抖音、微信视频号等短视频平台开展茶文化知识普及的工作。本书正是以这些内容为基础，将相关茶文化知识整理成册，从六大茶类到再加工茶，从茶叶加工工艺到冲泡，从茶叶选购、储存到茶器等，从诸多方面进行了讲解。本书内容丰富，简明易懂，是茶文化爱好者很好的入门书籍，特向茶友们推荐。在此祝贺如良在茶文化方面的第一本作品问世，并祝愿如良未来在茶文化普及和推广方面不断取得更多成就。

贺志江

北京京西茶友会会长

　　关于中国茶，有很多维度的解读与呈现。有的细致纵深，有的悠游浪漫，有的自成一体。毕业于中国农业大学的王如良老师，则立足于茶最为朴素的视角，近年来不仅坚持更新茶的科普视频，更以洗练简明、科学且富有逻辑的语言，编著了茶文化科普书籍。我想，这是当代城市生活中，当代国人了解茶、喝对茶和爱上中国茶的起点，此书值得推荐给大家。

肯思学

莲语学堂创始人

　　我与王如良先生相识多年，共同走进茶山实地访茶，探讨茶学发展，携手参与茶文化的传播推广活动。并且，我们相约一起喝茶，品悟人生的哲理。王如良先生怀抱浪漫的茶人梦想，躬身于茶山、茶产业，将多年的理论与实践相结合，编写出科普佳作——《茶识问答》。茶是味觉的审美，而书籍则是灵魂的丰盈。《茶识问答》一书语言凝练简洁、知识点选择严谨、内容涵盖面广，书中不仅阐明国内外的茶叶种类、茶树栽培、茶叶制作工艺、茶器等内容，更融汇了茶礼、茶俗、国际贸易历史等人文知识。若能认真读上几遍，茶学知识应有很大提高。这是不可多得的工具类茶书，有助于初学入门、对茶学没有概念的茶友快速学习茶学的基本概念，同时理解有代表性的茶识问题。恭贺新书出版。

杨晓红

国资委商业饮食服务业发展中心茶馆行业办公室评审专家

主编简介

王如良，国家非物质文化遗产"如意茶艺"传承人、《中国茶全书》总编纂委员会副主编、《中国茶全书·河北卷》主编、商业饮食服务业发展中心茶馆行业办公室行业专家、中国农业大学企业家校友联谊会茶业分会会长。获聘北京农学院食品科学与工程学院农业硕士的硕士研究生指导教师，出任北京科技职业学院茶学教授。

王如良先生先后毕业于中国农业大学和西北工业大学，MBA，研究生学历。曾在北京二商集团、美国阿姆斯壮机械（中国）有限公司、银联子公司银商资讯、同济堂集团任高管。创办中国农业大学企业家校友联谊会茶业分会，担任全国卫生管理协会健康产品产业分会副主任、北京传世技艺非物质文化遗产保护发展中心副主任等社会职务。

自涉足茶业界以来，王如良先生躬身力行，实地考察了中国、日本、印度、斯里兰卡等世界主要的产茶区，遍访名师，逐渐形成了独具特色的生活茶道，获得"如意茶艺"非遗传承人的认定。另外，他参与推动的南茶北移、茶树盆景进世园、健康茶标准制定等项目得到业界认可。

王如良先生始终秉持着普及茶文化，让茶走进千家万户的初心：一方面，将茶与其他的非遗文化内容进行融合创新，通过讲座、系列课程、文化活动等形式，使其在大、中、小学和社区落地开花，例如：多门与茶相关的课程中标北京市初中开放性科学实践课程项目。另一方面，协调茶业界的各方力量，共同发起多个茶文化组织，并联合开展了多个大型茶展和茶文化活动，社会影响力大，受到《中国商界》《中国品牌》《健康中国观察》《中国食品报》等核心经济媒体的专访。

前　言 🍃

　　茶，本为南方之嘉木。自人类认识到茶叶的价值后，茶叶迅速传播，并且深刻地影响了世界政治、经济、文化等方面的发展轨迹，形成了浩如烟海的茶文化宝藏。但是，正是由于茶文化博大精深，初入茶界的朋友往往容易陷入碎片化的知识点中，不知从何入手。而与茶接触多年的老茶客，尽管在基本的茶礼仪、茶叶知识方面有了一定的积累，却常常感叹自己不懂茶，抓不住实质。甚至是许多在茶园、茶厂、茶馆、茶店工作的专业茶艺师、评茶员，由于受限于所从事的具体事务，也仅能在与工作相关的范围内对茶有深度的认知，却不能有效地扩展认识茶文化的视野，无法持续学习精进，难以为将来的发展做好铺垫。

　　笔者毕业于中国农业大学，曾在商业连锁、制冷、葡萄酒、金融等行业担任高管。在正式进入茶行业以后，笔者不但系统地学习了茶艺师、评茶员所需的茶文化知识，而且深入产茶一线，走访了世界各地有代表性的茶叶产区，冲泡、品尝了数千种茶叶，结识了一大批国内外茶业界的专家和学者，收获颇丰。通过参与和组织上千场的茶会和茶论坛，以及开办大中小学与茶相关的培训课程的经历，笔者认为：茶既是茶，又不仅仅是茶。茶这片神奇的树叶，不仅与茶树的栽培、茶叶的加工、茶叶化学、茶的流通以及冲泡方法等内容紧密相关，更在民俗、贸易、科技、美学等领域散发出独有的魅力。茶早已跨越了这片叶子本身，不仅融入社会的方方面面，也升华为人类精神世界的宝贵财富，诠释了当今世界最迫切需要的"和"文化。

　　基于以上的认知，笔者在朋友们的建议下，于2021年初开始通过抖音、微信视频号等新媒体平台，每日以短视频的形式与茶友们分享茶知识。一方面，能为广大爱茶人士提供一个获取茶知识的渠道。另一方面，也能敦促自己持续精进。知易行难，笔者和团队成员在视频持续的制作过程中，查阅了大量的茶书和相关资料，发现有些茶书在内容上互相借鉴，有些资料的内容过于专业不适合科普，团队为创作适宜短视频传播的茶科普内容花了很大气力，此外，还需要经过拍摄、剪辑、配置字幕等环节，花费了大量的时间。尽管科普茶知识是纯公益的性质，但因为热爱和责任，科普团队勇往直前，没有任何犹豫，感谢他们！

形而上者为茶哲学，形而下者为茶生活。为了能持续地分享优质茶知识，笔者和团队成员一致认为，科普的内容应结合历史背景，从生活应用的角度，用老百姓听得懂的语言进行分享。如此一来，初入茶行业的新人可以快速地了解一些茶界的必备知识，老茶客也可以多一些茶桌上的谈资，专业人员也能获得很多有趣的思考维度，受到启发。例如：笔者将六大茶类的加工工艺比作六种烧菜方法——炒、拌、焖、烤、烧、炖。试问有几人完全没有看过、烧过菜呢？相较于灿烂的中华饮食史，制茶只是加工食品逐渐分化出来的一个分支板块。笔者认为：中国茶的发展史是发酵的历史，是从药品、食品到饮品的历史，是试错的历史，是创新的历史，是国际交流的历史，更是中华民族伟大的辉煌发展史！

本书的成功编撰离不开茶界各位前辈和朋友的指导，也离不开出版社的鼎力支持，让笔者有机会将茶知识以书籍的形式广泛传播。另外，还要感谢家人的理解和鼓励，才能让笔者有足够的时间和精力完成本书。在编写本书的过程中，尽管花费了很多的精力，但受时间和自身水平所限，缺点和疏漏之处在所难免。诚恳地希望读者提出批评和意见，以便再版时更正。最后，希望本书能去除茶叶带给人们的深奥和复杂的感觉，为读者在精进的路上添砖加瓦。祝愿各位因茶而更美好，幸福一生！

王如良

2022 年 7 月于北京

目 录

第二篇　茶树栽培养护　103

第五篇 茶叶选购储存 139

第六篇　衍生器物文化　147

第七篇　中外茶礼茶俗　169

第八篇 古今茶事生活 187

第九篇　中外茶产业 +　217

第一篇

Q&A for Tea

中外茶叶产品

白茶音频

001 白茶是什么茶？

白茶是六大基本茶类之一，属于微发酵茶。因干茶遍披白毫，呈现白色，故得名白茶。在传统上，白茶经过萎凋、干燥两道工序制作而成。白茶核心工艺是萎凋，不炒不揉，是最接近自然的茶类。1968年，在萎凋环节之后增加了轻度揉捻的环节，研制出了新工艺白茶。

适合做白茶的主要茶树品种有：福鼎大白（华茶1号）、福鼎大毫（华茶2号）、政和大白、福建小白（菜茶）、福安大白、水仙、景谷大白等。

白茶按鲜叶采摘标准可主要分为单芽的白毫银针、一芽一二叶的白牡丹、一芽三四叶（或者没有芽头只有三四个叶片）的寿眉三种（贡眉选用有性群体种茶树的鲜叶，采摘标准略好于寿眉，芽头多一些，可归类于寿眉）。白茶产地主要集中在福建的福鼎、政和、建阳和松溪等地。如今，在云南以景谷大白茶茶树品种鲜叶制作的月光白茶和景谷白龙须茶，也受到了消费者们的喜爱。

白茶相较于其他茶类，内含的茶氨酸和黄酮类物质比较高，在安神、抗氧化、抗炎抑菌、抗辐射等方面有一定的作用。白茶不仅耐泡，还可以煎煮闷泡。由于白茶的销售情况比较好，海外的斯里兰卡等茶叶生产国也开始尝试制作白茶产品，以期提高利润。

002 白毫银针是什么茶？

白毫银针，简称银针，又叫白毫，因其白如银、形似针而得名，是白茶的最高等级。白毫银针产于福建省政和县和福鼎市的太姥山麓，其中产于福鼎的被称为北路银针，产于政和的被称为南路银针，二者品种、工艺都不同，差异明显。一个肥壮毫香鲜亮，一个细长清甜，滋味浓厚，其性凉，古时常用来治疗荨麻疹。清嘉庆年间（1796年），福建制茶人选用菜茶种茶树的壮芽作为原料，创制白毫银针。清代周亮工《闽小记》中称其为绿雪芽，认为功同犀角。福鼎传说太姥娘娘用白茶救人的故事流传已久，更为其增添了很多神秘色彩。

而政和也有志刚、志玉兄弟在洞宫山上龙井旁寻找仙草、治疗瘟疫的故事。

白毫银针的鲜叶原料为大白茶树的肥芽，每年清明前采摘的品质最好。其成品茶芽头肥壮，密披白毫，挺直如针，色白似银。内质香气清鲜，汤色晶亮，呈浅杏黄色。滋味醇厚，鲜爽微甜，具备毫香蜜韵。叶底全芽，色泽嫩黄。白毫银针是白茶中的极品，因为其秀美的外观、甜淡的口感而受到很多茶友的喜爱。现在，市场上还有一种单芽月光白，俗称大白毫，和白毫银针长得非常像，但更加肥厚，与白毫银针的香气特征差异很大。福建的白毫银针和月光白的品质特征与价格差别都很大，基本的辨别还是需要的。

白毫银针清热解毒功效明显，香气好，耐储存，值得收藏，具备很好的投资属性。其外形优美，耐冲泡，适合各种器具泡茶，特别是玻璃杯，可赏其茶舞。

数年前笔者访问福鼎、政和两地时，就深深爱上了这一白茶精品。毕竟大多时候喝茶还是追鲜。炎热夏季，每天来上一杯白毫银针，清凉一夏。

003 白牡丹是什么茶？

白牡丹的外形夹带银白色的毫心，以叶背垂卷。冲泡以后，绿叶拖着嫩芽，宛如蓓蕾初放，此茶也因形似牡丹花朵而得名，是白茶的重要品种。1922年，白牡丹创制于福建省建阳区的水吉，随后政和县也开始产制白牡丹，并逐渐成为白牡丹的主要产区。现今，白牡丹的产区广泛地分布于福建省的政和、建阳、松溪、福鼎等县。它不炒不揉，核心工艺是萎凋。

白牡丹是用大白茶或水仙种的一芽二、三叶制成，采摘时要求芽与叶的长度相等，并且要披满白色茸毛。其成品茶色泽深灰绿或暗青苔色，叶态自然，毫心肥壮，叶背遍布洁白茸毛。冲泡以后，汤色杏黄或橙黄，毫香鲜嫩持久，滋味鲜醇微甜，叶底嫩匀完整，叶脉微红，有"红装素裹"之誉。白牡丹经过多年储存，黄酮含量高，具有明显的消炎效果，药用价值高。白牡丹适合煮饮、长期储存，口感清甜，久泡不苦涩。

特级白牡丹品质接近白毫银针，低等级白牡丹品质接近寿眉。白牡丹既有银针的毫香，又适合储存转化，综合性价比高，是收藏、储存的上上之选。

004 寿眉是什么茶？

寿眉也称"粗茶婆"，因其外形如长寿老者之眉毛，故名寿眉。寿眉主产于福建省的政和、建阳、建瓯、浦城等地。寿眉不同于贡眉，以大白茶、水仙或群体种茶树品种的嫩梢或叶片为原料，基本不含芽头。寿眉经过萎凋、干燥、拣剔等特定工艺过程制作，其成品茶外形如同枯叶，色泽灰绿。冲泡以后，汤色呈琥珀色，口感柔滑。存放多年的老寿眉还具有独特的陈香，是很多茶友的白茶入门茶。当地的茶农们在上山干活之前，都会泡上一壶寿眉随身携带，渴了大口饮尽，用于解渴、消暑，因此寿眉又被称为"口粮茶"。寿眉虽然粗老，但是更加适合存放，药香更加明显，成本更低。很多山民用寿眉来缓解日常感冒和肠胃不适等症状。岁月知味，历久弥香，道尽了寿眉的核心价值。作为平民之饮，值得提倡。

005 福鼎白茶有什么特点？

福鼎白茶主要采用福鼎大白茶（华茶一号）茶树品种的鲜叶作为原料，这种茶树的芽头肥壮，叶面布满白毫，非常适合制作白茶。制作时多采用日光萎凋，以日晒为主。制作好的干茶芽头肥硕，毫多显白，富有毫香。冲泡以后，茶汤颜色稍淡，滋味鲜爽甘醇，胜在鲜爽、滋味清甜。

006 政和白茶有什么特点？

政和白茶主要采用政和大白茶（华茶五号）茶树品种的鲜叶作为原料，这种茶树的芽叶较长，色泽灰绿，富有白毫。制作时多采用室内萎凋，以阴干为主，日晒为辅。制作好的干茶色泽偏灰绿色，富有毫毛，但是不如福鼎的茶叶显白。政和白茶的清鲜感没有福鼎白茶的强，但它的茶味更足，花香、果香气也比较高，茶汤的颜色比福鼎白茶的更浓一些，滋味鲜醇浓厚，胜在香气高、汤感浓厚。

007 建阳小白茶是什么茶？

建阳白茶历史悠久，是传统小白茶的发源地，小白茶主产于漳墩、水吉、回龙、小湖四个乡镇。清乾隆三十七年至四十七年（1772—1782年），南坑茶业世家肖苏伯以小叶种菜茶为原料，采用半晒半晾、不炒不揉的方法，创制出独特的片状茶。这种茶芽叶连枝，满披白毫，叶色灰绿或墨绿，被称为"南坑白"或"白毫茶"，曾作为贡品进贡给乾隆品饮。

建阳小白茶主要分为贡眉和寿眉两个类别，采用传统的白茶加工工艺，通过原料采摘、萎凋、拣剔、匀堆拼配、烘焙等环节制成。贡眉类别的小白茶，叶片细嫩，色泽灰绿或墨绿，香气鲜嫩且纯正。冲泡以后，汤色橙黄明亮，滋味清甜醇爽，叶底软嫩，灰绿匀整。寿眉类别的小白茶，叶片尚嫩，色泽黄绿、泛红，欠匀整，有部分老梗、小黄叶。冲泡以后，汤色深黄或泛红，滋味浓醇，但是带有一定的粗老气。叶底尚嫩，有暗绿叶或泛红叶。中国著名的茶叶专家庄晚芳教授在《中国名茶》一书中，描述小白茶："寿眉（贡眉）色灰绿，高级寿眉略露银白色，茶味清芳，甜爽可口，叶张幼嫩，毫少细微，外形似一丛绿茵中点点银星闪烁，极为悦目。"2012 年，"建阳白茶"商标经国家工商总局商标认定为地理标志证明商标。

008 松溪九龙大白茶是什么茶？

九龙大白茶是福建省优良茶树品种，1963 年发现于福建省松溪湛卢山西侧，郑墩镇双源村的九龙岗。当时，双源村支书魏明西与茶业队长魏元兴带领茶农垦荒种茶时，发现遗留的 7 株茶树，并通过压条繁殖与扦插育苗进行培植。1981 年，松溪县茶科所将这种茶树取名为"九龙大白茶"。该品种属于大叶良种，发芽期早，与中叶种的福鼎大白茶相近，而且芽头满披白毫，品质突出，非常适合制作白茶。通过传统白茶工艺制作的成茶，毫香蜜韵，花香十足。

由于历史上当地经济不够发达，茶农们更多地选择种植产量高的品种，松溪大力推广的是福安大白茶和福云 6 号。直到 2002 年，福建省进出口公司在松溪郑墩投资建设茶叶基地，2013 年开始批量生产白茶后，九龙大白茶的价格才逐渐提高。随着白茶慢慢地被国内消费者接受，白茶的市场持续升温。相信品质优异的九龙大白茶，能够在全国茶叶市场脱颖而出。

009 白龙须贡茶是什么茶？

"喝茶要喝大白茶，又减肥来又降压。自古才得做贡品，而今走进百姓家。"说起白茶，人们常常想到福建省。其实，在中国的云南省也有一款白茶，曾经作为贡茶，非常不错。它就是白龙须贡茶。白龙须贡茶的原料是来自一种叫作景谷大白茶的茶树品种。这种茶树原产于云南省景谷县民乐乡秧塔村一带，为云南大叶种有性群体种之一，至今已有 200 多年的种植历史。与云南其他茶树不同，景谷大白茶在当地特殊自然气候条件的影响下，芽叶满披白毫，而且芽头非常的壮，最长能达到成年人手指两个指节的长度。据《景谷县志》记载：景谷大白茶外形特白，卖相好，于是当地的土司责令精心采制成白龙须贡茶向朝廷纳贡。

白龙须茶选用景谷大白茶的单芽作为原材料，经过萎凋和干燥以后，用红丝线将其扎成谷穗状进贡。因其芽头肥硕，白毫显露，比较像龙的胡须，故得名"白龙须茶"。此款茶条索银白，不仅外形美观，而且在香气方面，有与福鼎白毫银针很接近的毫香和淡雅的花香。冲泡以后，茶汤清澈透亮，滋味鲜爽甘甜，回甘也比较明显，非常耐泡。1981年，白龙须茶在云南省名茶鉴评会上被评为云南八大名茶之一，景谷大白茶树种也被列为地方名茶良种。1984年，云南省农业厅成立景谷县茶叶技术推广站，开始在景谷县培育推广大白茶。1995年，由景谷茶厂生产的白龙须茶，荣获第二届中国农业食品博览会金奖。

云南省的景谷县自然条件优异，是茶树发源的一个中心地带，曾发掘出全球唯一的距今3540万年的景谷宽叶木兰化石，具有悠久的茶叶历史及深厚的茶文化底蕴。据了解，景谷县的秧塔村目前仅存1000余棵大白茶的母树。若读者有机会前往景谷一带考察，一定要去秧塔村看一看，那里还有一棵被称为大白茶始祖的茶王树，值得留念。

010 什么是新工艺白茶?

白茶在历史上以外销为主，为适应港澳市场的消费需求，1968年在福鼎白琳茶厂工作的王奕森先生创制了新工艺白茶。这种白茶的鲜叶原料与制法跟"寿眉"相近，加工流程包括萎凋、揉捻、干燥、精制等环节。在萎凋后增加的轻度揉捻环节，用以提高白茶的茶汤浓度，加快内含物质的转化速度，比较像陈放了几年的老白茶。制成的干茶叶片略有卷曲，色泽暗绿带褐。冲泡以后，汤色清亮，多呈现黄绿色、杏黄色等，清香馥郁，滋味浓醇。茶学界专家庄任在《中国茶经》里这样描述新工艺白茶："茶汤味似绿茶无鲜感，似红茶而无醇感，浓醇清甘是其特色。"

由于新工艺白茶经过揉捻，茶叶的细胞结构被破坏，因而新工艺白茶不耐泡，也不适合长期储存，药用价值更是比传统制法的老白茶低很多，但是其价格更加亲民，远销东南亚和欧洲国家。

011 月光白是什么茶?

月光白是以云南大叶种茶树鲜叶为原料,采用白茶工艺制作的茶叶。2003年,台湾人借鉴东方美人的制作工艺,在云南景谷县用景谷大白茶茶树品种的鲜叶创制了月光白茶。

月光白的干茶叶芽显毫,叶面呈黑色,叶背呈白色,黑白相间,整体看起来就像黑夜中的月亮,故得名月光白。通常,鲜叶只采靠近芽头的一芽一叶,或者是一芽二、三叶,经过萎凋、干燥、拣剔等工艺环节制成。它的工艺特点是全程在室内自然阴干,不见阳光。月光白茶相较于福建的白茶,花香明显。冲泡以后,汤色金黄明亮,内含白毫,富有毫香、花香。入口滋味香甜、柔顺,回甘悠长,被称为"月光美人",比较适合喜欢花香的女性朋友品饮。

绿茶

绿茶音频

012 绿茶是什么茶?

绿茶是六大基本茶类之一,属于不发酵茶。因干茶色泽保持鲜叶的绿色或黄绿色,故得名绿茶,是中国最大的茶叶消费品类。绿茶通常是鲜叶采摘以后,经过杀青、揉捻、干燥等环节制作而成,核心工艺是杀青,用高温使多酚氧化酶失去活性。绿茶有外形绿、汤色绿、叶底绿的三绿特征。根据杀青方式和干燥方式的不同,可分为炒青绿茶、烘青绿茶、晒青绿茶、蒸青绿茶四类。中国产茶省份均产绿茶,代表性的名优绿茶有龙井茶、碧螺春、黄山毛峰、太平猴魁、六安瓜片、恩施玉露、信阳毛尖等,名优绿茶多集中于华东产区。冲泡绿茶通常适宜采用玻璃器皿,水温80~85℃。因为绿茶的抗氧化效果最好,外形美观,滋味鲜爽,因而是中国人最喜闻乐见的茶叶,也是出口占比最高的茶叶,占比在60%~70%。

013 龙井茶是什么茶?

西湖龙井茶为扁形炒青绿茶,始于宋,闻于元,扬于明,盛于清,位列中国十大名茶之首,拥有"色绿、香郁、味甘、形美"四绝。万历年《钱塘县志》曾记载："茶出龙井者，作豆花香，色清味甘，与他山异。"

龙井茶为地标产品，浙江龙井分为西湖龙井、钱塘龙井、越州龙井，共18个县产龙井茶。西湖龙井茶的一级核心产区有狮（峰）、龙（井）、云（栖）、虎（跑）、梅（家邬）等，共计4800亩左右。现在当地为提高辖区效益，把原来不在列的龙坞、转塘等地的13 000亩纳入西湖二级产区。

龙井茶的群体种品种，当地叫老茶蓬，属于有性繁殖自然繁育生长，一般采摘时间比较晚，价格也更贵一些。成茶尽管品相参差不齐，但是滋味悠长。现如今广泛种植的龙井茶，属于经过选育的无性系优良品种，例如龙井43号、中茶108、乌牛早等，单品特征明显。

西湖龙井茶的炒制工艺为鲜叶摊放、青锅、回潮、二青叶分筛、辉锅、干茶分筛、挺长头、归堆、贮藏收灰9道工序。龙井茶过去采用罐子放石灰、避光保存的方式储存，现在则是密封后放冰箱储存。一方水土的矿物相合，用虎跑泉的水泡西湖龙井茶，最为完美。

龙井产茶的历史很悠久，隋唐就已经有了。随着灵隐寺的开建、隋朝京杭大运河的开凿，茶叶种植与贸易渐渐形成，唐代陆羽《茶经》就有关于杭州天竺、灵隐二寺产茶的记载。北宋时期，龙井茶区逐渐形成规模，经过元、明、清的不断发展后，闻名天下。

说到龙井茶就不得不提到清朝的乾隆皇帝。乾隆儒雅风流，一生著文吟诗众多。史载，他在龙井狮峰山胡公庙前饮龙井茶时，赞赏茶叶香清味醇，遂封庙前十八棵茶树为"御茶"，并派人看管，年年采制进贡到宫里。在古代，获得皇帝的喜爱，再加上西湖的美名，其品牌效应响亮地飞起！龙井茶作为一个著名的文化符号，渗透至各个领域，即便是不饮茶的人，也或多或少听过龙井茶的名字，了解一些背后的故事。杭州作为茶都，设置了浙江大学茶学系、中国农科院茶研究所等科研机构和国家级茶博会，而且拥有省市的重视，再加上历代文人墨客的赞颂，龙井茶当仁不让地成为茶界的宠儿。2021年8月27日，首部以龙井茶文化为背景的故事影片《龙井》正式在各大院线上映，以艺术的方式为弘扬茶文化起到了积极的推动作用。

笔者曾于多年前受邀前往龙井茶的核心产区，参观西湖龙井茶新春的第一次采摘。然而，在一行人前往产区的路上，却看到很多贩卖明前龙井茶的摊贩。结合后来在其他茶叶产区的见闻，笔者发现其实明前茶只是一个相对的概念，主要指江南茶区的特定茶。有些地方，在清明前就可以采制大量鲜叶用于制茶，比如四川、贵州等地，毕竟龙井茶的品种和加工技术也不是什么秘密；而有些地方，由于环境的影响，其最佳的采摘期往往要延后几天，比如黄山，虽然也是头次采制，却因为同时期市场上已经充斥着大量茶叶供应，而影响了价格。真是真假难辨！咱们老百姓，不必盲目追高购买。绿茶本就追求鲜爽，龙井茶也不耐泡，一两泡滋味就弱了，实在感兴趣的，买个二两尝尝鲜就好。

014　碧螺春是什么茶？

上有天堂下有苏杭，好山好水出好茶。洞庭碧螺春茶的核心产区位于江苏省苏州市吴中区太湖的洞庭山上（包含东山和西山），跟湖南的洞庭湖没有关系。碧螺春外形条索纤细，卷曲如螺，白毫隐翠。通常采用"先水后茶"的上投法冲泡。其汤色嫩绿明亮，滋味清香浓郁，有独特的花果香。冲泡的茶汤因为茶毫悬浮多看上去不清澈，但是透亮不浑浊，毫香明显，非常鲜爽。碧螺春的茶芽非常细嫩，炒制一斤好的碧螺春需要大约 7 万 ~8 万颗芽头，需要采摘 7 万 ~8 万次，也就是说 1 克碧螺春要大约 136 颗芽头，一泡茶需 600 多颗！好茶来之不易，且喝且珍惜！

相传"碧螺春"曾叫"吓煞人香"，康熙皇帝南巡品饮后觉得不错，遂根据茶叶"清汤碧绿、外形如螺、采制早春"的特点赐名"碧螺春"。然而，现今极难喝到富有原味的传统碧螺春了。一是因为产量稀缺，供不应求。二是因为过于追求外形色泽，导致各环节加工的程度不足，香气滋味不惊艳，配不上"吓煞人香"的盛名。三是作为十大名茶之一，价格高，盈利空间较大，也因此非原产地、非原茶树品种的碧螺春充斥市场，消费者难以购买到正宗的碧螺春。

爱茶的读者，不妨亲自到苏州太湖走一走。那里风景宜人，盛产水果和螃蟹。东山琵琶等果树环绕，于草木间寻一寻传统的味道，也为今后的买茶设定一个标准。

015　太平猴魁是什么茶？

近年来跻身十大名茶，曾经作为国礼深受默克尔等国际政治家喜欢的太平猴魁，是产自安徽太平县一带的烘青绿茶，生长在美丽的黄山太平湖畔，长得像小青菜，茶叶一根根足有十几厘米长。太平猴魁是尖茶之极品，久享盛名，其外形为两叶抱芽，芽叶等长，扁平挺直，自然舒展，白毫隐伏，俗称"两刀一枪"，有"猴魁两头尖，不散、不翘、不卷边"的美名。

清咸丰年间（1859 年），郑守庆在麻川河畔开出一块茶园，此处山高土肥，云蒸霞蔚。郑守庆和当地茶农经过精心制作，生产出扁平挺直、鲜爽味醇且散发出阵阵兰花香味的"尖茶"，冠名"太平尖茶"。

猴魁茶界普遍认为"太平尖茶"是太平猴魁的前身。1897 年，王魁成、方南山等人，响应皖南茶厘局程雨亭整饬皖茶的行动，商定了两叶一芽的制法。根据《安徽百科全书》记载，太平猴魁是由王魁成、王文志、方南山、方先柜共同创制。

民国元年（1912 年），距离猴坑东八里新明乡三门村的著名士绅刘敬之，向王魁成购买了几斤，取猴坑之"猴"，王魁成之"魁"，定名为"太平猴魁"，送到当时刚刚成立的中华民国政府农商部和南京劝业会陈列展览，获最高奖，"太平猴魁"正式扬名南京。后太平猴魁于第二年挂牌销售。民国四年（1915 年），"太平猴魁"由国民政府农商部选送至美国，参加巴拿马万国博览会比赛，一举获得国际金奖。从那以后，"太平猴魁"作为顶尖名茶，一直金牌不倒。

太平猴魁茶树品种为柿大叶种，生长在独特的黄棕壤等土壤层，其他区域无法栽种。因芽叶较长，通常于谷雨前后进行采摘，并没有明前茶。主产区在新明乡的猴坑、猴岗、颜家，著名的品牌有猴坑、六百里等。

太平猴魁建议采用中投法在玻璃杯中冲泡。这样能让茶叶底部吸上一定的水，使茶叶能在玻璃杯中站住，非常好看。冲泡好的太平猴魁，茶汤青绿，香气高爽，有兰香，入口味醇爽口，回味无穷，可体会出"头泡香高，二泡味浓，三泡四泡幽香犹存"的意境，有独特的"猴韵"。

⑯ 六安瓜片是什么茶？

六安瓜片形似瓜子，叶缘微翘，色泽宝绿，略带白霜，滋味浓醇鲜香，是绿茶家族中，唯一无芽无梗的叶茶，在十大名茶中独树一帜，令很多"老茶枪"难以忘怀。它产自曾经的革命老区安徽省六安市大别山一带，周总理非常喜欢。这个地区还出产黄茶中的霍山黄芽和具有保健功效的霍山石斛，生态非常好。

一种茶品能在市场上流行开来，除了本身具有独特的品质，更离不开具有强大社会影响力的人。在六安瓜片的历史中，袁世凯便是使其成为中国名茶的重要人物。相传 1905 年前后，六安麻埠镇有一个祝姓的财主与袁世凯有姻亲的关系，为了与袁世凯拉近关系，令人精制出六安瓜片送给袁家。嗜好茶的袁世凯品后大为赞赏，京中官员亦赞誉有加，自此六安瓜片的名声便传播开来。

六安瓜片的采摘与其他绿茶不同，一般的绿茶是求嫩，但是六安瓜片却是求壮不求嫩。茶农一般在谷雨前后开采，采摘标准以一芽二、三叶和对夹二、三叶为主。鲜叶采回后要及时进行扳片，既按照老嫩度将叶片进行了分类，又使茶叶在摊放中散掉一些青草气和水分，有利于后期的杀青和做形。扳片之后，通过生锅高温杀青，用低温的熟锅来做造型与干燥，再经过毛火、小火、老火三个阶段的烘焙，制成六安瓜片。其中，老火又被称为拉老火，是最后一次烘焙，场面壮观，这次烘焙对六安瓜片特殊的色、香、味的形成影响极大。其过程是先将木炭排齐、挤紧、烧匀、烧旺。然后，由工人抬着放入 3~4 千克茶叶的烘笼，在炭火上烘焙 2~3 秒，之后抬下来翻茶。抬上抬下地来回烘焙，需要 50~60 次，甚至 70 次左右，非常耗费体力，优质六安瓜片上挂的白霜便是由这道工艺而来。制成的六安瓜片，外形单片顺直匀整，叶边背卷平展，不带芽梗，形似瓜子，干茶色泽翠绿，起霜青润。冲泡以后，汤色清澈透亮，清香高长，滋味鲜醇回甘，叶底嫩绿匀亮。

017　黄山毛峰是什么茶？

"白毫显露鱼叶嫩，金黄芽片显分明。"产自安徽省黄山一带的黄山毛峰，属于绿茶类，是中国十大名茶之一。据《徽州商会资料》记载，黄山毛峰起源于清光绪年间（1875 年前后），当时有位歙县茶商——谢正安开办了"谢裕泰"茶行。为了迎合市场需求，他于清明前后，亲自率人到黄山的充川、汤口等高山名园采摘肥嫩芽叶，然后通过精细炒、焙，创制了风味俱佳的优质茶。由于该茶白毫披身，芽尖似峰，故取名"毛峰"，再冠上地名，被人们称为"黄山毛峰"。现今黄山毛峰的茶树品种主要是黄山大叶种，在清明前后至谷雨前后开采。特级黄山毛峰的采摘标准为一芽一叶初展。采摘以后经杀青、揉捻、烘焙等工艺制作而成。

从干茶外形来看，特级毛峰外形微卷，状似雀舌，绿中泛黄，银毫显露，色似象牙，且带有金黄色鱼叶（俗称黄金片）。其中，"鱼叶金黄"和"色似象牙"是特级黄山毛峰与其他毛峰外形上不同的两大明显特征。作为名优绿茶，建议使用 80~90℃的水，在玻璃杯中冲泡，有利于减少苦涩味、熟汤味，也便于观赏茶汤、茶舞。冲泡后的茶汤，滋味甘醇，香气如兰，韵味深长。冲泡后的叶底嫩绿鲜亮，匀净成朵。日常饮用黄山毛峰有助于提神醒脑、明目降火、消炎抗菌等。

黄山不仅是最为著名的名山，而且是名优茶叶的集中产地，一个黄山就有黄山毛峰、太平猴魁、祁门红茶三款名茶，还有安茶这种篓装黑茶，黄山可谓是锦绣河山。笔者曾多次到访黄山而不倦，亲眼见到茶树生在高海拔的云雾山间，如同仙茶一般。

018 信阳毛尖是什么茶？

信阳毛尖，属于绿茶类，毛尖造型，是中国十大名茶之一。其主要产地在河南省信阳市的浉河区、平桥区和罗山县一带。有名的产区有五云、两潭、一山、一寨、一门、一寺。五云：车云山、集云山、云雾山、天云山、连云山。两潭：黑龙潭、白龙潭。一山：震雷山。一寨：何家寨。一门：土门村。一寺：灵山寺。

信阳种茶历史悠久。因东周时期定都洛阳，使得自西周时期，从四川传播到陕西的茶树，进而在河南传播，并在具有生态优势的信阳一带生根发芽，使信阳成为中国自然茶区的最北端。茶圣陆羽曾在《茶经》中将信阳归为淮南茶区，并夸赞道："淮南：以光州上，义阳郡、舒州次。"（光州、义阳目前都属于信阳管辖地区）大文豪苏东坡作为宋代的美食家代表，在被贬谪到湖北黄州任团练副使时，途经信阳，曾在浉水河畔以水煎茶，鉴水品茗，得出了"淮南茶，信阳第一，品不在浙闽之下"的论断。而且，信阳当时有光州、子安、商城三大卖场，交易量占全国13个卖场总量的五分之一，茶产业非常兴盛。然而，之后因朝代变迁、茶税繁重等因素，信阳的茶业一度走向了衰落。直至清末光绪二十九年（1903年），因受戊戌变法的影响，李家寨人甘以敬与彭清阁、蔡竹贤、陈玉轩、王选青等人，作为维新变法的支持者，决心大力发展农业，在家乡开垦茶园、种植茶树并筹集资金，先后兴建了八大茶社（元贞茶社、宏济茶社、裕申茶社等）。其间，曾派人分别到安徽六安和杭州地区购买茶籽、学习炒制技术。1910年他们请来六安茶师吴著顺、吴少堂帮助指导种茶、制茶，制茶法基本上是沿用"瓜片"茶的炒制方法。1911年，在瓜片炒制法的基础上，与龙井茶制作过程中的抓条、理条手法相结合，生熟锅均用大帚把（像大扫帚一样）炒制。用这种炒制法制造的茶叶，就是如今信阳毛尖的雏形。最开始，人们将信阳茶叶称为本山毛尖茶，由于1913年八大茶社所生产的本山毛尖品质很好，便被命名为信阳毛尖。后来，信阳毛尖更是在美国旧金山举办的巴拿马太平洋万国博览会上，打败了印度和日本生产的茶叶，获得了世界茶叶金质奖状与奖章。

好茶离不开好的原料，好原料更是离不开自然环境的影响。信阳山清水秀，气候宜人，素有"北国江南"的美誉，生产优质茶叶有着得天独厚的优势。尤其是信阳处于北纬高纬度地区，年平均温度较低，有利于氨基酸、咖啡碱等含氮化合物的合成与积累。但也因此不适宜用江南茶区明前茶的概念，而更适宜用头采的概念来选购。毕竟赶上气温低的年份，清明时节才刚刚要进行采摘，原料都没有，哪来的茶叶？另外，目前信阳种植的茶树主要分为本地的品种原生群体种老旱茶，以及在此基础上培育出的信阳10号和外地引进的品种，例如福鼎大白茶、乌牛早等国家良种。虽然引种的茶树在产量和经济效益方面表现较好，但是制成的茶叶品质较为一般，茶叶的内质和香味与信阳毛尖的传统风格有所区别，不利于发扬和保持信阳毛尖茶的传统品质风格。优质的信阳毛尖，芽头非常细，采摘成本非常之高。其外形条索紧秀圆直，嫩绿多毫，匀整，通常采用80℃的水在玻璃杯中冲泡。冲泡的汤色嫩绿、黄绿且明亮，清香扑鼻，入口滋味鲜爽，回甘生津，叶底芽头较肥壮、匀亮。但要注意，若是冲泡的汤色过于绿，则意味着杀青不足，品质欠佳；或者是有可能人为地添加了色素，以迎合市场上对信阳毛尖的错误认知。

信阳毛尖作为信阳的特产，是每一位信阳人茶罐中的必备茶品。但由于产量和人力成本等因素，在影响力方面仍然较西湖龙井、碧螺春等名优绿茶略逊一筹。但这并不意味着信阳毛尖的品质差。正如苏州的苏萌毫、东北的大米，难道比广西的茉莉花茶、南方的大米差吗？另外，因为绿茶的不耐储存，以及红茶的兴起，近些年在政府的推动下，信阳红茶研发成功，只是因为芽茶的高成本，以及芽尖发酵后内含物的不足，并没有成为市场主流。

019 安吉白茶是什么茶？

安吉白茶原产于浙江省湖州市的安吉县，是国家地理标志产品。因茶树基因的缘故，在低温的条件下，茶树嫩梢呈现黄白色，随着气温和光照的增强，叶片会慢慢变绿，采摘周期只有20天左右，属于低温型白化品种的绿茶，亦称"白叶茶"。通常以一芽一、二叶为采摘标准，经过摊放、杀青、理条、烘干等环节制成。其外形挺直略扁，形似凤羽，色泽翠绿，白毫显露。芽叶如金镶碧鞘，内裹银箭。冲泡以后，清香高扬持久，入口鲜如鸡汤，爽口不苦涩，回甘且生津。安吉白茶为无性繁殖，不结果，芽叶营养保存较好。一般春季采摘后重度修剪，一为防虫，也为采摘方便，亩产一般在 20 斤左右。目前这个优良品种因经济价值高被很多地区引种。在历史上，宋徽宗所编写的《大观茶论》一书曾记载"白茶自为一种，与常茶不同，其条敷阐，其叶莹薄。崖林之间偶然生出，盖非人力所可致"，实际上是一种基因突变。经考察，现如今安吉白茶的原种茶树很有可能就是书中所描写的白茶。而这棵茶树的故事，则要追溯至 20 世纪 80 年代了。

20 世纪 80 年代，安吉县林业科学研究所的刘益民等人受命参加了"浙北地区茶树品种选育试验研究"课题，刘益民在天荒坪镇大溪村附近的高山上发现了一棵奇特的野生茶树。其幼嫩的芽叶呈玉白色，令科研人员兴奋不已。1982 年，在溪龙乡黄杜村的茶农盛振乾的帮助下，课题组通过无性扦插繁殖技术成功培育了名为"白叶一号"的茶苗。最开始，新茶苗的推广不是很顺利，盛振乾便在自家茶园试种白叶一号，繁育的茶苗为后期的推广打下了坚实的基础。而且，他还给茶叶取了一个好听的名字——"玉凤茶"。

有一天，当时的溪龙乡乡长叶海珍在盛振乾的家中喝到了这款茶，感觉品质非常好，于是，便将茶叶带到中国茶科所进行测试，发现茶叶氨基酸含量高达 6.25%~10.6%，高于普通绿茶的 3~4 倍。为此，她采用政策扶持、技术引进、资金补贴等方式，推动乡民积极种植安吉白茶，而且率种茶大户频繁参加各地的茶展会、农产品博览会，千方百计地提高茶的知名度，她是推动安吉白茶产业发展的关键人物。近年来，溪龙乡已建成国家级安吉白茶产业示范园，全乡茶园面积 2.25 万亩，白茶产量 390 多吨，年产值近 7 亿元。安吉白茶 2021 年产值超过 31 亿元，农民实现增收 8600 元，公共品牌价值 2022 年评比超过 48.45 亿元，连续 13 年入选中国茶叶区域公用品牌价值十强之列，是"一片叶子，富了一方百姓"的生动写照，也为"绿水青山，就是金山银山"两山理论的形成提供了鲜活的案例。

020 庐山云雾是什么茶？

李白的"飞流直下三千尺，疑是银河落九天"，陶渊明的"采菊东篱下，悠然见南山"描绘的都是瑰丽的庐山美景。位于江西省九江市的庐山，自然环境优异，是世界历史文化名山，同时其产茶历史悠久，远在汉朝就已有茶树种植。而且，庐山所产茶，多次列入中国十大名茶、特种名茶，庐山是江西名茶产地之冠。据《庐山志》记载：东汉时佛教传入中国，当时庐山梵宫寺院多至 300 余座，僧侣云集。僧侣们攀危岩，冒飞泉，更采野茶以充饥渴。各寺亦于白云生处劈岩削谷，栽种茶树，焙制茶叶，名云雾茶。由鸟雀衔种而来的茶树，由于分散在荆棘横生的灌丛中，寻觅艰难，故茶叶的栽培与制作，多仰赖庐山寺庙的僧人。

庐山云雾茶，因沉浸在庐山千姿百态、变幻无穷的云雾中而得名，是茶禅相通的佳作。云雾的滋润促使芽叶中芳香油积聚，也使芽叶保持鲜嫩。由于庐山升温比较迟缓，因此茶树萌发多在谷雨后，即 4 月下旬至 5 月初，庐山云雾最多的时候，这造就了云雾茶独特的品质。

庐山云雾茶通常采摘长 3 厘米左右、一芽一叶初展的鲜叶，经过杀青、揉捻、复炒、理条、搓条、挑剔、提毫、烘干等环节制成。成茶条索圆直，芽长毫多，叶色翠绿，有豆花香，滋味甘醇，茶汤清澈，在 1959 年被评为中国十大名茶之一。笔者曾经夜宿庐山美龄宫，品茶享山珍美食，吟诗作赋，感叹大自然的鬼斧神工。若读者前往庐山游玩，可品尝一下庐山云雾茶，尽享舒爽人生。

021 狗牯脑是什么茶？

江西山清水秀，人文荟萃。唐代诗人王勃曾在《滕王阁序》中赞叹江西是物华天宝、人杰地灵之地。在江西省遂川县的汤湖乡，有一座海拔 900 米的山，因山形似狗，取名为狗牯脑。此地所产之茶，也因产地得名狗牯脑茶，属于弯曲形炒青绿茶，是江西珍贵名茶之一。

相传清嘉庆元年（1796 年），有一梁姓木排工，放木筏时被水冲走，流落南京，一年多后，携带茶籽重返家园，在石山一带种茶，即"狗牯脑"茶。1915 年，汤湖乡茶商李玉山，用狗牯脑茶的鲜叶制成银针、雀舌、珠圆各 1 千克，送往巴拿马国际博览会参赛，获金奖而归。后来，李玉山的孙子李文龙将此茶改名为玉山茶，送往浙赣特产联合展览会展出，荣获甲等奖。在 21 世纪，狗牯脑茶在 2010 年上海世博会、2015 年意大利米兰世博会接连获得金奖，名声大震。

狗牯脑茶，于每年清明前后开采，采摘标准为一芽、一芽一叶初展，一芽一叶开展及部分一芽二叶，再经摊青、杀青、初揉、二青、复揉、整形、提毫、炒干等工序，全手工炒制而成。其外形条索秀丽，紧细弯曲，颜色碧中微露黛绿，表面覆盖一层细软的白毫。冲泡以后，茶汤黄绿明亮，鲜嫩的香气扑面而来，饮之味醇甘爽。别看茶叶的名字不雅，但是滋味上佳，好记忆。

022 蒙顶甘露是什么茶？

"琴里知闻惟渌水，茶中故旧是蒙山。"要论名称优美，滋味鲜爽而醇厚，又为资深茶人偏爱的绿茶，非蒙顶甘露莫属了！蒙顶甘露产于四川省雅安名山县的蒙山，为历代贡茶，是中国最早出现的卷曲形绿茶，由宋代蒙山名茶"玉叶长春"和"万春银叶"演变而来。甘露原名"露芽"，一是为纪念蒙山植茶祖帅吴埋真而改为甘露（吴理真史称甘露大师），甘露的梵语指的是念祖的意思；二是因茶汤似甘露。地方史料对蒙顶甘露最早的记载出现在明代嘉靖二十年（1541年）的《四川总志》内。其中，《雅安府志》记载"上清峰产甘露"。

甘露茶于每年春分时节采摘，标准为单芽或一芽一叶初展的细嫩茶青。制法工艺采用明朝的三炒三揉技艺。鲜叶采回以后，先进行摊放，然后杀青。杀青锅温为140℃～160℃，投叶量0.4公斤左右，炒到叶质柔软，叶色暗绿匀称，茶香显露，含水量减至60%左右时出锅。为使茶叶初步卷紧成条，给"做形"工序创造条件，杀青后需经过三次揉捻和三次炒青。"做形"工序是决定外形品质特征的重要环节，其操作法是将三揉后的茶叶投入锅中，用双手将锅中茶叶抓起，五指分开，两手心相对，将茶握住团揉4～5转，撒入锅中，如此反复数次。待茶叶含水量减至15%～20%时，略升锅温，双手加速团揉，直到满显白毫，再经过初烘、匀小堆和复烘达到足干，匀拼大堆后，入库收藏。蒙顶山茶由于在加工过程中融合了揉捻工艺，因而和普通的绿茶相比滋味更加鲜嫩醇爽。蒙顶甘露干茶外形纤细匀卷，翠绿油润，细嫩显毫，嫩香馥郁，汤色黄绿鲜亮，味道鲜嫩爽口，叶底嫩绿匀亮，上品茶汤有毫浑。

023 竹叶青是什么茶？

这个竹叶青不是毒蛇，也不是竹子，而是外形像竹叶的一款名茶。竹叶青公司产值位列茶叶企业百强前列，运营得不错。

竹叶青产于世界自然与文化遗产保护地、国家5A级风景旅游区四川省峨眉山，属于绿茶类，创制于1964年。因形似嫩竹叶得名"竹叶青"，是中国名茶。"竹叶青"既是茶品种，又是其商标和公司名称，归属于四川省峨眉山竹叶青茶业有限公司，为中国国家围棋队指定用茶。峨眉山产茶历史悠久，唐代就有白芽茶被列为贡品，宋代诗人陆游有诗曰："雪芽近自峨眉得，不减红囊顾渚春。"现代峨眉山竹叶青于20世纪60年代创制，其茶名是陈毅元帅所取。

竹叶青采用四川中小叶群体种、福鼎大白茶、福选9号、福选12号等无性系良种茶树鲜叶为原料，选用鲜叶的标准是单独芽至一芽一叶初展，要求不采病虫叶，不采雨水叶，不采露水叶，通常于3月上旬开始采摘。制茶的工序有杀青、初烘、理条、压条、辉锅等。

成品竹叶青茶叶，外形条索紧直扁平，两头尖细，形似竹叶，色泽翠绿油润，清香气雅、细、长，汤色黄绿明亮，滋味鲜爽回甘，叶底鲜绿嫩匀。由于竹叶青畅销的核心在于其外形，所以几乎所有的竹叶青杀青都不够，导致口感没有达到最佳。消费者品饮时，通常入口感觉较鲜爽，青味明显，有时有涩感，但是不太耐泡。另外，为了达到颜色青绿的效果，做了脱毫处理，也就是去掉了茶毛。

竹叶青悦目的外形确实适合作为礼品，但是较高的价格和不耐泡的特点，使它并不适合被老百姓作为日常品饮的口粮茶。就像出了香槟产区的起泡酒不能叫香槟一样，不是竹叶青公司出产的类似竹叶青的茶，都不能叫竹叶青。有些懂行的和不愿花大价钱买品牌茶的，就转而购买这种不叫竹叶青的，但是采用同样工艺制成的茶叶品饮。

024　恩施玉露是什么茶？

"问茶清雅谁最甚？一盏玉露笑春颜。"恩施玉露茶产自世界硒都——湖北省恩施市的芭蕉乡和五峰山，是目前国内硕果仅存的蒸青绿茶，也是一款天然富硒茶。因其外形紧圆、坚挺、色绿、白毫显露，故称"玉绿"。由于在古音和当地的方言中，"露"和"绿"是相同的读音，而且做出来的干茶脱去了绒毛，让翠绿油润的干茶毫白像翡翠上的露珠，又好似是清晨松针上的甘露，所以叫"玉露"也很贴切。

恩施玉露历史悠久，创制于清代，沿袭了唐朝的蒸青制茶工艺。相传在清朝的康熙年间，恩施芭蕉有一蓝姓茶商，精挑细选鲜叶，慢火精搓，细焙制作，制成的茶茶叶色泽翠绿，香鲜味爽，然而，其产量不高，实为稀有难得之物。康熙二十五年春（1686年），蓝氏所制茶叶被征为敬奉土司的贡品，备受土司的喜爱，遂赐名"蓝氏稀焙"。康熙五十五年（1716年），土司将蓝氏稀焙进贡给康熙，获"胜似玉露琼浆"的盛赞。现代日本有许多的茶类，仍是在仿效恩施玉露的蒸青方法制作。1965年，恩施玉露入选"中国十大名茶"。2007年，恩施玉露获国家地理标志产品保护。2018年4月28日武汉东湖茶叙活动中，恩施硒茶"利川红"、"恩施玉露"成为国事茶叙用茶，一红一绿在一夜间红遍大江南北。

在恩施黄连溪的高山之巅生长的原生群体种苔子茶，叶色深绿柔软，是制作恩施玉露最传统的土生茶种。由于对茶叶品质的追求，所采摘的茶青多为单芽、一芽一叶或者一芽两叶初展。恩施玉露的制作工艺复杂，难操作，分为摊放散热、蒸汽杀青、扇干水汽、炒头毛火、揉捻、炒二毛火、整形上光、焙火提香和拣选九大步骤。蒸青工艺是体现恩施玉露特征的关键工序，直接影响到茶的色、香、味，特别是翠绿的外观。把控得当的蒸青温度使得杀青程度合适，呈现出玉露外观翠绿、汤色清绿、叶底嫩绿的"三绿"特征。2014年，其制作工艺被列入国家非物质文化遗产保护目录。

恩施玉露的干茶形似松针，匀齐挺直，油润光滑，色泽翠绿。采用80℃的水温，用上投法冲泡，茶叶能迅速沉降至杯底。冲泡后，其芽叶舒展如初，叶底平复完整，汤色嫩绿明亮。观其色泽，赏心悦目，品其滋味，鲜爽回甘。恩施具有全球唯一探明的独立硒矿床，形成了自然的富硒生态圈，是中国天然富硒农产品的生产地。据中国农业科学院茶叶研究所分析，恩施玉露干茶含硒量为3.47mg/kg，茶汤含硒量为0.01~0.52mg/kg，故恩施玉露也是富硒茶中的珍品。冲泡以后，茶汤中的硒含量可满足人体需求，对人体健康大有裨益。

025 都匀毛尖是什么茶？

北有仁怀茅台酒，南有都匀毛尖茶。在美丽的贵州都匀市，出产一种不亚于龙井、碧螺春的绿茶——都匀毛尖。都匀毛尖历史悠久，早在明代就以其独特的品质作为贡品进献朝廷。明代御史张鹤楼在游览都匀五山的时候（也就是都匀毛尖茶原产地之一，今天都匀郊区的团山一带）诗兴大发，赋诗一首："云镇山头，远看轻云密布。茶香蝶舞，似如翠竹苍松。"相传崇祯皇帝品过茶后，还根据干茶的外形，为其赐名"鱼钩茶"。《都匀县志稿》记载："民国四年（1915年），巴拿马赛会曾得优奖，输销边粤各县，远近争购，惜产少耳。自清明节至立秋并可采，谷雨最佳，细者曰毛尖茶。"

都匀毛尖对原料的要求较高，通常以一芽一叶初展、长度不超过2厘米为采摘标准。而且，要求叶片细小短薄，嫩绿匀齐。采回的芽叶经过精心拣剔，剔除不符合要求的鱼叶、叶片及杂质等物以后，先摊放 1~2 小时，待茶鲜叶表面的水蒸发干净再开始加工。经过杀青、揉捻、搓团提毫、干燥四道工序制成。成茶外形条索纤细卷曲，白毫显露，似鱼钩。由于原料细嫩，建议采用上投法冲泡它。茶叶冲泡以后，汤色绿翠，嫩香扑鼻，饮之滋味鲜浓，回味甘甜。都匀毛尖具有"三绿透黄色"的品质特征，即干茶色泽绿中带黄，汤色绿中透黄，叶底绿中显黄。茶叶专家庄晚芳先生曾作诗赞美都匀毛尖茶："雪芽芳香都匀生，不亚龙井碧螺春。饮罢浮花清鲜味，心旷神怡攻关灵。"1982 年，都匀毛尖茶在湖南长沙召开的全国名茶评比会上被评为中国十大名茶之一。现如今，在当地政府的引导和扶持下，都匀毛尖逐渐走出大山，迈向国际，让当地群众脱贫致富，成为乡村振兴的支柱产业之一。

026　南京雨花茶是什么茶？

南京不仅有雨花台、雨花石，也有声名远播的雨花茶。南京雨花茶产于南京市郊江宁、溧水、高淳、六合等地，是炒青绿茶中的精品。1958 年，江苏省为向新中国成立十周年献礼，成立专门委员会开始研制新品种绿茶。由中山陵茶厂牵头，集中了当时江苏省内的茶叶专家和制茶高手，选择南京上等茶树鲜叶，经过数十次反复改进，在 1959 年春，制成"形如松针，翠绿挺拔"的茶叶产品，并正式命名为雨花茶，以此来纪念在南京雨花台殉难的革命先烈，意寓革命烈士忠贞不屈、万古长青。

雨花茶在清明前后开始采摘，采摘一芽一叶初展的茶青。经过摊放、杀青、揉捻、整形干燥等环节精制而成，品质有特级和一至四级。其干茶外形紧直圆绿，锋苗挺秀，形似松针。冲泡以后，汤色温润如碧玉，清雅的香气和甘醇的滋味更使其闻名于世。在 1959 年，南京雨花茶入选中国十大名茶之列。若读者来到被称为六朝古都的南京，不妨品上一杯雨花茶，感受历史的兴衰起伏。

027　湘西黄金茶是什么茶？

湘西黄金茶，具有"高氨基酸、高茶多酚、高水浸出物、高叶绿素含量"和"香气浓郁、汤色翠绿、入口清爽、回味甘醇"的品质特点，人称四高四绝。早期春茶氨基酸的含量高达 7.47%，是同期绿茶的两倍以上。茶多酚的含量是 18.4%，水浸出物的比值为 41.04%，被喜爱的茶友誉为中国最好的绿茶。

相传明代嘉靖年间，巡抚湖广都御史陆杰巡视兵防，将士们途经保靖时，在葫芦密林中感染瘴气，幸得苗族向姓老阿婆采摘自家门前的老茶树叶，沏汤后赠予将士们，将士们服下后，身体得以痊愈。为感谢救命之恩，陆杰赏黄金一两给老阿婆，从此便有了"一两黄金一两茶"的传说，茶也因此而得名"黄金茶"。

湘西以吉首市隘口一带为主的黄金茶基地，拥有由砂岩、石灰岩以及古老的板岩、石英砂岩等成分构成的土壤，再加上特殊的峡谷气候，云山雾罩，雨水充沛，漫射光多，非常有利于茶树的生长。而且，黄金茶树每年春天抽芽的时间要比其他品种提前十几天，密度大，持嫩性强，在市场上具有一定的先天优势。沏上一杯湘西黄金茶，其汤色绿中带黄，饮之香沁心脾，醇和绵厚，使人难以忘却。另外，由相同茶鲜叶制作而成的湘西黄金红茶也别具特色，成为湖南红茶"花蜜香，甘鲜味"品质的代表。

如今，作为黄金茶主产区的吉首市、古丈县和保靖县是全国重点的产茶县，2018 年湘西土家族苗族自治州被中国茶叶流通协会授予"中国黄金茶之乡"的称号。多年开创的保靖黄金茶、古丈毛尖入选湖南十大茶品牌，并与湘西黄金茶、古丈红茶一同成为国家地理标志保护产品。魅力湘西，茶香古韵，茶文化氛围浓厚，每年在吉首都会举办盛大的茶文化节。

028 湄潭翠芽是什么茶？

湄潭翠芽茶属于炒青绿茶，产于贵州高原东北部素有云贵小江南美称的贵州省湄潭县，和盛产茅台酒的仁怀县毗邻，同属遵义地区。湄潭县的湄江茶厂地处湄江河畔，气候温和，雨量充沛，土壤肥沃，极宜于茶树生长。清代《贵州通志》曾记载："湄潭云雾山茶有名，湄潭眉尖茶皆为贡品。"这"眉尖茶"就是"湄潭翠芽"的前身。相较于其他的历史名茶，湄潭翠芽起源于抗战时期，历史其实很短，而且与西湖龙井茶颇有渊源。

1939 年，江浙一带沦陷，茶叶作为出口的重要经济作物受到了严重的影响。当时的国民政府决定搬迁至重庆、贵州、云南等大西南后方。民国政府中央农业实验所搬到了贵州遵义的湄潭县，并在此设立了中央实验茶场。随后，国立浙江大学在竺可桢校长的率领下，踏上漫漫西迁之路，于 1940 年抵达贵州遵义、湄潭、永兴等地坚持办学 7 年之久。著名的浙江大学教授刘淦芝作为第一任的实验茶场场长，在 1943 年以湄潭县当时的"湄潭苔茶群体种"茶树为原料，采用西湖龙井茶的制作工艺，创制出了首批湄江茶，该种茶当时被戏称为西湖龙井茶的贵州私生子，并于 1954 年正式定名为湄潭翠芽。

湄潭翠芽外形条索扁平挺直、光滑匀整、形似葵花籽，色泽黄绿润。湄潭翠芽富有清香、嫩香、栗香，香气浓郁持久。冲泡以后，汤色嫩绿明亮，入口滋味鲜爽，有回甘，叶底嫩匀、黄绿明亮。湄潭翠芽是可以与西湖龙井相媲美的茶，常饮有益身体健康。笔者曾在杨晓红老师举办的茶会上，了解到用湄潭翠芽的茶汤搭配小汤圆的吃法，甜甜的汤圆配上清鲜的茶汤，不腻不涩，味道好极了。

029 顾渚紫笋是什么茶？

"史载贡茶唐最先，顾渚紫笋冠芳妍。"顾渚紫笋也称湖州紫笋、长兴紫笋，产于浙江省湖州市长兴县水口乡的顾渚山一带，属于半烘炒型绿茶，是浙江传统名茶。由于其制茶工艺精湛，茶芽细嫩，色泽带紫，形如雨后破土而出的春笋，故此得名为紫笋茶。但是要注意了，紫笋茶的紫色并不是因为紫外线过强，或温度过高，导致茶树花青素合成过多而呈现的叶片紫。顾渚紫笋的紫色，其实并不是人们现在认知中以红蓝两种颜色所调配出的那种紫色，而是一种微红近紫的红棕色。读者想想正宗紫砂壶的颜色和紫禁城城墙的颜色就理解了。

相传茶圣陆羽于唐肃宗乾元元年（公元 758 年），辗转来到湖州长兴境内的顾渚山隐居避世，专心著述。一日外出游走，陆羽偶然发现一株野茶树，其嫩芽迎着阳光看来，呈现出紫色。经过细致的考察，陆羽确定这是品质甚佳的好茶，完全符合好茶的界定标准，并将其命名为"顾渚紫笋"。后来，朝廷下令在顾渚山建立贡茶院，为皇家制作贡茶。当时，紫笋茶与当地的金沙泉水要放入银瓶中一同进贡，因而有了"顾渚茗，金沙水"的说法。作为贡茶之一的顾渚紫笋，自唐朝经过宋、元至明末，连续进贡了 876 年，其他茶叶难望其项背。

顾渚紫笋茶于每年的清明至谷雨期采摘，采摘一芽一叶或一芽二叶初展的茶芽。鲜叶采回后，经过 5~6 小时的摊放，在发出清香时开始制作。通过杀青、理条、摊凉、初烘、复烘等环节制成的极品茶，芽叶相抱似笋。上等茶，芽嫩叶稍展，形似兰花。顾渚紫笋茶色泽翠绿，银毫明显，香气清高，富有兰香，入口滋味甘醇而鲜爽，叶底细嫩成朵，风格独特，深受广大消费者的喜爱。

030 宜兴阳羡茶是什么茶？

宜兴不仅有紫砂壶名扬天下，更有被陆羽所盛赞的阳羡茶，并列贡茶首选，故有"天子未尝阳羡茶，百草不敢先开花"之说。宜兴古称阳羡，其南部山区多产茶叶，是中国最享有盛名的古茶区之一，也是中国重要的茶叶基地之一，是全国首批 20 个无公害茶叶生产示范基地市（县）之一。据史载，早在汉朝便有"阳羡买茶"和汉王到宜兴茗岭"课童艺茶"的记载。这表明宜兴早在两千多年前已开始招收学童，传授茶叶生产技术了。茶圣陆羽为撰写《茶经》，曾在阳羡南部山区做了长时间的考察，认为阳羡茶"阳崖阴林，紫者上，绿者次，笋者上，芽者次"，并认为其"芬芳冠世产，可供上方"。由于陆羽的推荐，阳羡茶名扬全国，声喧一时，并被纳为贡茶，上供朝廷。

新中国成立后，特别是改革开放以来，宜兴的茶叶生产得到了较快的发展。芙蓉茶场、阳羡茶场、乾元茶场、岭下茶场等一大批优质茶场发展迅猛，茶园面积、茶叶产量均居江苏省之首。这些茶场先后创制的"阳羡雪芽""荆溪云片""善卷春月""竹海金茗""盛道寿眉"等一系列名茶，在历届全国名特茶评比中屡获殊荣。而且，"阳羡茶"还荣获了国家地理标志认定。

阳羡茶、金沙泉、紫砂壶，宜兴有此饮茶三绝，再加上众多的古刹名寺和秀丽的风景，真乃爱茶之人必去的宝地！

031 古丈毛尖是什么茶？

位列湖南四大名茶之一的湘西古丈毛尖，是产于湖南省武陵山脉土家族苗族聚居区古丈县境内的条形炒青绿茶，因地而得名。战国时期，巴人种茶、制茶和饮茶的习俗，因楚巴战争传入古丈。古丈种茶最早的文字记载，是在东汉时期的《桐君采药录》一书中，书中言，永顺之南（今天的古丈县境内），列入全国产茶地之一。唐代的杜佑在《通典》中记载："溪州土贡茶芽、灵溪郡土贡茶芽二百斤。"可见古丈地区，自古就出产能够作为贡品的优质茶叶。

古丈毛尖选用一芽一二叶的茶青，经过摊青、杀青、初揉、炒二青、复揉、炒三青、做条、提毫收锅八道工序制成。其外形紧直多毫，色泽翠绿，栗香馥郁。在冲泡古丈毛尖时，应使用 80~85℃的水。因为古丈毛尖的原料很细嫩，若是水温太高，鲜爽度会被冲没，汤色也会发黄。古丈毛尖冲泡以后，清汤绿叶，滋味醇爽回甘，叶底嫩匀，十分耐泡。1982 年商业部评选全国 30 大名茶时，古丈毛尖名列第九，入选中国十大名茶之列。2007 年古丈毛尖成功申报为国家地理标志保护产品。欢迎来到湘西的古丈，品香茶，赏美景，唱山歌，舞起来！

032　午子仙毫是什么茶？

陕西省不仅有作为世界文化遗产的秦始皇兵马俑，在秦岭以南还有一款国家级的名优绿茶——午子仙毫。创制于 1984 年的午子仙毫，原产于陕西省汉中市西乡县城东南方向 20 里外的午子山。午子山作为道教圣地，主峰海拔896 米，三峰峭立，二水环流，素有"陕南小华山"的美誉。据《西乡县志》记载，西乡产茶始于秦汉，盛于唐宋。另外，据《明史食货志》记载，西乡在明朝初期是朝廷"以茶易马"的主要集散地之一，可见西乡自古便与茶叶结下了不解之缘。

午子仙毫通常于清明前至谷雨后的 10 天内采摘，以一芽一二叶初展为标准，经过摊放、杀青、理条、做形、提毫、烘干、拣剔等工序，制成色泽翠绿，外形条索扁平，挺秀显毫的茶叶。冲泡以后，汤色清澈明亮，清香持久，滋味醇厚，爽口回甘。1986 年午子仙毫被商业部评为全国名茶，结束了陕西省无全国名茶的历史。为了更好地推广陕西茶叶，2007 年 12 月，午子仙毫、定君茗眉、宁强雀舌三款特色茶，被汉中市政府统一更名为汉中仙毫，作为汉中仙毫类名优茶的总称。

笔者曾经受邀前往陕西考察茶叶，当地朋友所制作的汉中仙毫，滋味鲜醇，价格实惠，性价比高，是一款适合春季追鲜的好茶。

033　松萝茶是什么茶？

安徽产茶历史悠久，广为人知的中国十大名茶中，黄山毛峰、太平猴魁、六安瓜片、祁门红茶都出自安徽。其实，历史上徽州一开始生产的茶叶对外并没有打得响的名号。明隆庆初年（1567 年），居住在休宁县海阳镇松萝山的僧人大方，用产于休宁县万安镇琅源山上的鲜茶，通过炒青技术改良了制茶方式，研制出了一种新茶。新茶条索紧卷匀壮、色泽绿润，用烧开的山泉冲泡后香气弥漫，茶汤透明，入口后唇齿甘甜，因为制茶地为松萝山，僧人大方将此茶取名为"松萝茶"。

作为徽茶始祖的松萝茶诞生以后，依托徽州籍官员的推广和徽商搭建的遍布全国的销售网，实现了徽茶质的飞跃。徽茶逐渐形成了以松萝山为核心，以徽州六县为生产基地，以"松萝"为地域品牌的茶叶新贵。松萝茶成为和苏州碧螺春、西湖龙井齐名的茶界第三大名茶，并一直延续到了清末，是当时中西方贸易活动中最重要的茶叶品类，茶业也成为徽商称霸商界的四大行业之一。由于清乾隆二十二年（1757年）开始执行的闭关锁国政策，松萝茶的市场份额持续下降，松萝茶之名逐渐在徽茶中淡出。

值得一提的是，1987年瑞典潜水员从沉没了200余年的哥德堡号货船上，打捞出许多茶叶，其中的大部分就是松萝茶，受此事件的激励，安徽茶农得以将松萝茶重现世间。现如今，有两份从沉船打捞上来的茶样作为镇馆之宝，收藏于中国茶叶博物馆。

034 屯溪绿茶是什么茶？

"屯溪船上客，前渡去装茶。"屯溪绿茶是主产于安徽黄山市休宁县、歙县、黟县、绩溪、宁国、祁门东乡和屯溪区的长条形炒青绿茶，以"叶绿、汤清、香醇、味厚"四绝闻名。明朝隆庆年间休宁创制的"松萝茶"正是屯溪绿茶产制的基础。

屯溪绿茶并不是屯溪生产的绿茶产品简称，而是一个地域品牌。屯溪古时称昱城，为皖南繁华重镇，茶叶贸易尤为兴隆。过去皖南山区所产的茶叶都集中在屯溪加工和输出，故称屯溪绿茶，简称"屯绿"。

屯溪的茶叶经营始于明而盛于清，开始以内销为主，谓之"北达燕京、南及广粤"。咸丰年初，屯溪"俞德昌"等四家茶号制作眉茶千余箱在香港热销。清末民初为屯绿外销鼎盛时期，年产销最高为32万箱，以每箱25公斤计，则外销8000吨，曾被誉为"首屈一指的好茶""绿色金子"。光绪二十二年（1896年），屯溪"福和昌"茶号老板余伯陶创制的"抽心珍眉""特级贡熙"等眉茶花色，出口的情况非常好。

历史上屯绿为手工制作，众多小茶号无统一标准且品目繁多。现在统一简化为珍眉、贡熙、秀眉、特针、雨茶、绿片等。屯绿珍品有祁门"四大名家"（杨树林茶、下土坑茶、杨村茶、骑马洲茶。）、休宁四大名家（大源茶、沂源茶、平源茶、南源茶）和婺源四大名家（溪头梨园茶、砚山桂花树底茶、大畈灵山茶、济溪上坦园茶）。屯绿通常条索紧结壮实，色泽灰绿光润，栗香高长鲜爽，滋味浓醇回甘。若读者有机会前往屯溪，不妨品尝一下屯溪绿茶，或许能发现惊喜。

035　景宁惠明茶是什么茶？

浙江自然地理条件优越，出产非常多的好茶。位于浙江省的景宁，是全国唯一的畲族自治县。在此地，畲族的先民与一位叫作惠明的僧人，共同辟地种茶，将茶业逐渐发展起来。据《景宁县志》记载："中唐时云游四方的峨眉山僧人惠明，被南泉山（今天的敕木山）的美丽景色所吸引，在此结庐修禅，并在禅房旁广泛种植茶树。惠明乐善好施，时常为四周百姓除病解痛，备受乡民爱戴。乡民感其德，于唐咸通二年（861年），以其名筑寺，并将寺旁茶树所产的茶称为惠明茶。"

惠明茶的手工制作分为摊晾、杀青、揉捻、初烘、辉锅等工序，以一芽一叶至一芽二叶初展为鲜叶的采摘标准。品质优异的惠明茶，在明成化十八年（1482年）被列为贡品。1915年，由惠明寺村畲族妇女雷承女炒制的惠明茶，在美国旧金山举办的巴拿马万国博览会上获得一等证书和金质奖章，誉满全球。1979年，浙江人民出版社出版的《中国名茶》专著中评价惠明茶时说道："茶条肥壮紧结，色泽绿翠毫显，汤色清澈明净，旗枪朵朵排列，滋味甘醇爽口，花香果味齐全。一杯淡，二杯鲜，三杯甘又醇，四杯五杯茶韵犹存，堪称名茶极品。"

036　崂山绿茶是什么茶？

"我昔东海上，劳山餐紫霞"，获得诗仙李白赞美的崂山位于中国山东青岛，因受海洋性气候影响，这里四季分明，冬无严寒且多有云雾。另外，这里的土壤pH值为4.5~6.5，呈酸性或微酸性，土质较厚，有机质含量高，形成了适宜茶树生长的局部环境。

20世纪50年代，有民间农业科技人员提出"南茶北引"的设想，并于1959年成功引种茶苗，并且后期不断扩充引种的茶树品种。例如：黄山群体种、祁门种、龙井43号、福鼎大白茶等数十个中小叶、抗寒性较强的优良品种。随着崂山绿茶的不断发展，2006年4月，国家质检总局发布公告，认定崂山绿茶和青岛啤酒一样成为山东的地理标志产品。

崂山绿茶通常有卷曲形和扁形两种干茶外形。由于北方温差大，茶叶生长缓慢，但茶叶所含物质较多，形成了"叶片厚、豌豆香、滋味浓、耐冲泡"的品质特征。值得一提的是，崂山绿茶的氨基酸含量高，茶汤浓醇鲜爽，饮后齿颊留香，令各地茶友赞不绝口，是中国北方绿茶中的经典名品。若有机会到青岛，可以到当地茶农处买些正宗的崂山绿茶，品尝不同于南方绿茶的北方滋味。

037 乌牛早是什么茶？

乌牛早是古代名茶，又名岭下茶，曾经失传多年，在 1985 年重新恢复。此茶主产于浙江永嘉县乌牛镇，茶树品种最大的特点就是发芽的时间特别早，一般在 2 月下旬、3 月上旬，比其他品种早将近一个月。1988 年，正式定名为"永嘉乌牛早"。1994 年以乌牛镇为中心的乌牛早茶叶基地，连片茶园达 80 公顷，并向周围乡镇辐射。如今，乌牛早茶园遍布周边省市及省外绿茶产区。乌牛早茶树种植广泛，价格便宜，外形美观，适合制成扁形茶。因此，市场上存在所谓的乌牛早龙井茶。其实，乌牛早和龙井的茶树是两个品种，不能等同。乌牛早茶的外形，壮实饱满，颜色偏绿，叶片光滑，但香气不足，滑润度也不够。而龙井茶的外形，紧细偏黄，香气更富层次，悠长，所以其价格、价值也不同。由于市场上追求明前茶的风潮，采摘早就意味着可以早上市卖个好价钱，所以部分商家推出了乌牛早龙井茶，不了解的朋友可能会为追明前茶风潮而多花了冤枉钱。

038 雷公山银球茶是什么茶？

雷山银球茶冲泡时如花朵般绽放，产自贵州雷公山，是著名的贵州凯里千户苗寨附近的紧压绿茶。

20 世纪 80 年代，雷山县委、县政府开始在雷公山大力发展茶产业。此时，一位年近 50 岁，在县科委供职的毛克翕先生，偶然间发现一片几近荒废的茶园，园中杂草丛生，茶树几近枯萎，让人感到十分可惜。于是在当时政策的支持下，他离开了县科委办公室，安营扎寨，将茶园一点点恢复了生机，并且创办了茶叶加工厂。在炒茶的时候，毛克翕发现叶片总是卷曲抱成一团，变成一个个圆球，这启发了他，为什么不能把茶直接做成球状呢？经过研究发现，茶叶片之所以会粘在一起，是因为雷公山独特的地理条件和气候条件使得种植出的茶叶富含果胶，炒制时果胶受热析出，便让茶叶粘成了球状。经过反复试验，毛克翁选择了位于雷公山区海拔 1000 米以上，一芽二叶初展的优质茶青为原料，创制了这种全新的绿茶品种。当时，中国乒乓球正迎来鼎盛时代，而雷公山腹地居民又多以苗族为主，银铃铛作为苗族姑娘最显著的特色饰品广为人知；毛克翁将这两个当时最有特点的要素融在一起，把这种茶球命名为"雷山银球茶"。这一创新之举受到了当时国内的广泛关注，1991 年雷山银球茶更是被外交部选作馈赠外宾的礼品。

银球茶造型独特，属国内首创，其球体直径 18~20 毫米，表面呈银灰墨绿，干球重 2.5 克，每杯放一颗，用沸水 150 毫升冲泡，3 分钟后球体在杯中徐徐舒展，宛若茶苞初绽。茶汤颜色黄绿明亮，香气清高，有栗香。入口滋味鲜爽回甘，叶底嫩绿成朵。此外，茶叶含硒量高达 2~2.02 微克 / 克，是一般茶叶平均含硒量的 15 倍。

雷山银球茶对制作原料的要求非常严格，需要以条索紧凑、色泽乌润的高级炒青茶作为原料。假的银球茶，再怎么冲开水，茶叶也不好散开；或者即便散开一点，也不能像菊花那样漂亮地舒展开。另外在制作过程中，主要技术难点在于成型和干燥，如果处理不好，茶叶不易于成团；或者外干内湿，导致发霉。

039 银猴茶是什么茶？

浙江自然生态条件优异，是吴越文化、江南文化的发源地，被称为丝绸之府、鱼米之乡，所出产的西湖龙井茶、安吉白茶名扬海内外。在浙江南部的松阳一带有一种茶，因茶叶的轮廓形似小猴，披满白毫，好似一只银色的小猴子，故叫作银猴茶。2004 年，银猴茶被评为浙江十大名茶之一。

银猴茶，也叫"逐昌银猴""松阳银猴"，是产于浙江逐昌和松阳的牛头山、九龙山、白马山一带的半烘炒型绿茶。1980 年春季，松阳县农业局茶叶技术干部徐文义、卢良根，指导赤寿乡半古月村茶厂，利用多毫型的福云茶树品种进行了银猴茶的研制，经反复试验取得成功。在 1980 年、1982 年、1984 年连续三届名茶评比会上，松阳银猴茶均被评为省级的一类优质名茶。

银猴茶一般在清明前后 10 天采摘，采摘一芽一叶初展的芽梢。制作工艺包括鲜叶摊放、头青、揉捻、二青、三青、干燥等工序。银猴茶干茶条索肥壮卷曲，色绿光润，白毫显露，形似小猴。冲泡以后，清汤绿叶，滋味醇厚回甘，有栗香，品质优异，风格独特。

040 永川秀芽是什么茶？

中国茶业，兴于巴蜀。在中国重庆的永川地区，出产一种针形绿茶，外形条索紧直细秀，色泽翠绿鲜润，汤色清澈碧绿，香气清香淡雅，滋味鲜醇回甘，名为永川秀芽。1959年，重庆市农业科学院茶叶研究所，采用当地一芽一叶初展的优质茶青，经过摊青、杀青、揉捻、抖水、做条、烘干等工序的精细加工，制成永川秀芽。1963年4月，永川秀芽受到朱德的大力赞赏。1964年，著名茶学专家、六大茶类分类标准的提出者陈椽教授亲自将其命名为永川秀芽。如今，永川秀芽主产于重庆市永川区的云雾山、阴山、巴岳山、箕山、黄瓜山五大山脉的茶区。电影《十面埋伏》曾在茶山竹海景区的扇子湾竹海取过外景。

作为重庆茶叶品牌的代表，永川秀芽获得国家地理标志证明商标认证，成为中国优秀茶叶区域公用品牌。2019年，永川秀芽手工制作技艺列入重庆市非物质文化遗产名录。2021年永川秀芽更是被列入央视"品牌强国工程，乡村振兴行动"宣传计划，成为重庆主推的茶叶品牌。如果读者想尝一尝形秀、叶绿、汤清、味醇的永川秀芽，可以选择"兴胜"和茶研所的"云岭"两个品牌，比较正宗。

041 女儿茶是什么茶？

不同于酒中的女儿红是存放用于女儿出嫁时陪嫁的嫁妆，女儿茶在特定地区指特定的茶品。

四大名著之《红楼梦》第六十三回《寿怡红群芳开夜宴　死金丹独艳理亲丧》中有一段描写，林之孝家的带着人来查夜，嘱咐宝玉早睡早起。宝玉忙笑道："妈妈说的是。我每日都睡的早，妈妈每日进来可都是我不知道的，已经睡了。今儿因吃了面，怕停住食，所以多顽一会子。"林之孝家的又向袭人等笑说："该沏些个普洱茶吃。"袭人晴雯二人忙笑说："沏了一缸子女儿茶，已经吃过两碗了。大娘也尝一碗，都是现成的。"其中就提到了女儿茶。

关于这个女儿茶是什么，主要有泰山女儿茶和云南女儿茶两种说法。就泰山女儿茶而言，最早的泰山女儿茶并不是真正意义上的茶。据明代李日华所著《紫桃轩杂缀》中记述："泰山无好茗，山中人摘青桐芽点饮，号女儿茶。"而明末查志隆等编著的《岱史》中记载："茶，薄产岩谷间，山人采青桐芽，号女儿茶。"可见，这个"女儿茶"就是采用产自山东的青桐（中国梧桐树）芽制成的。而实际上的茶，自1966年起泰山开始真正引种茶树后才出现，只是沿用了"女儿茶"这个名字。

　　而云南女儿茶的说法，指的是普洱茶的一个品种，是盛行于清代宫廷和官宦人家的名贵贡茶。当时的普洱茶是从云南作为进贡的贡茶运到北方的，而女儿茶类似现今制茶采摘鲜叶时，摘取细嫩毛尖制成的古树春茶，因为鲜叶娇嫩可人，才被称作女儿茶。

042　大理感通茶是什么茶？

　　天下名山僧侣多，自古高山出好茶，历史上许多名茶就出自禅林寺院。感通寺茶在地方志中列为大理的首选名茶，早在南昭、大理时期，感通寺的僧侣就已经开始种茶、制茶，茶已成为寺僧之业。现今感通寺内所保留的两株古茶树，为建寺时所植。当时的感通寺不仅在茶叶的栽培、焙制上有独特的技艺，还十分讲究饮茶之道。

　　饮用感通茶十分讲究，先用木桶取回寺院后山泉水，放在大土罐中煨沸，一旁用小土陶罐装入感通茶，放在木炭火上抖烤，待茶烤至微焦黄时分，装入陶瓷杯中，注入沸水，即刻茶香四溢。

　　1985年，下关茶厂为了重振历史名茶，专门组织技术人员对大理感通茶进行了历史和现状的考察分析，经过反复的试制，最终以春季幼嫩芽叶作为原料，参照历史记载的加工工艺，结合现代新技术，成功制成了感通茶。

　　感通茶属于今天所说的"古树乔木茶"，以茶树一芽一叶或一芽二叶初展的嫩梢为原料，经杀青、揉捻、初烘、复揉、整形、毛火、足火等工艺加工而成。明代著名地理学家徐霞客在1639年游历感通寺后，称赞感通茶味道绝佳。现在，感通寺周边发展了大片的茶园，成为大理出口的名茶。曾经难求的佛茶，已进入了寻常百姓之家，这是茶人之福，更是百姓之福。

043　普陀佛茶是什么茶？

　　好山好水出好茶，名茶常常与名山、名水相伴。普陀佛茶，又称普陀云雾茶，因其出产自中国佛教四大名山之一的普陀山，加上最初由僧人栽培制作，以茶供佛，故得名普陀佛茶，是半烘炒型的绿茶。

普陀佛茶历史悠久，始栽于1000多年前的唐代。海岛独特的自然环境，使得茶叶色泽翠绿，香气馥郁，甘醇爽口。但是，由于产量稀少，珍贵异常，普陀佛茶专供观音菩萨，即使是少数高僧也难以享用，民间就更难得了。直到清康熙四年（1665）至雍正十三年（1735）间，才有少量茶供应香客。

随着普陀山佛事的几经盛衰，佛茶的生产亦随之起落。1980年，停产已久的普陀山佛茶开始恢复研制，通过采摘一芽二叶的茶青，经过杀青、揉捻、搓团提毫、干燥制成。其制法略似洞庭碧螺春，成茶品质亦与碧螺春略同，茶芽细嫩，卷曲呈圆形，白毫显露，银绿隐翠，清香袭人，鲜爽回甘，汤色明亮，芽叶成朵。1984年普陀佛茶荣获浙江省名茶称号。若读者有机会前往"海天佛国"普陀山，一定要尝一尝这款佛茶，体会禅茶一味的意境。

黄茶

黄茶音频

044　黄茶是什么茶？

黄茶是六大基本茶类之一，属于轻发酵茶。因经过独特的闷黄工艺使得叶色变黄，故得名黄茶。黄茶的制作工艺与绿茶很接近，通常经过杀青、揉捻、闷黄、干燥等环节制作而成。黄茶制作核心工艺是闷黄，利用湿热反应促使茶叶内含的茶多酚发生一定的氧化反应，转化出茶黄素，不但让茶叶呈现黄色，还减少了刺激性，形成了黄茶"黄汤、黄叶，甘香醇爽"的特点。根据所用鲜叶的嫩度和大小，黄茶可分为黄芽茶、黄小茶和黄大茶三类。黄芽茶是以单芽或一芽一叶为原料制成的黄茶，主要品类有君山银针、蒙顶黄芽、霍山黄芽。黄小茶是以一芽一、二叶的细嫩芽叶制成的黄茶，主要品类有沩山毛尖、北港毛尖、远安鹿苑、平阳黄汤等。黄大茶是以一芽二、三叶至一芽四、五叶为原料制成的黄茶，主要品类有霍山黄大茶、广东大叶青等。黄茶既有绿茶的鲜爽，又有发酵茶的柔和醇香，虽为小众茶，却独具特色，很适合胃寒的人饮用。

045　君山银针是什么茶？

"先天下之忧而忧，后天下之乐而乐"，来自宋朝范仲淹《岳阳楼记》的一句名言，使得无数人知晓了洞庭湖畔的岳阳楼。而与岳阳楼隔湖相望，有一座小巧玲珑的君山岛，仅接近1平方公里。君山岛四面环水，竹木苍翠，风景秀丽，出产中国十大名茶中唯一的一款黄茶——君山银针。

相传君山茶的第一颗种子是四千多年前娥皇、女英播下的。关于君山银针，有这样一个民间传说：后唐的第二个皇帝明宗李嗣源，第一回上朝的时候，侍臣为他捧杯沏茶，开水向杯里一倒，一团白雾立刻腾空而起，慢慢地出现了一只白鹤。这只白鹤对明宗点了三下头，便朝蓝天翩翩飞去了。再往杯子里看，杯中的茶芽都齐崭崭地悬空竖了起来，就像一群破土而出的春笋。过了一会儿，茶芽又慢慢下沉，就像是雪花坠落一般。明宗感到很奇怪，就问侍臣是什么原因。侍臣回答说："这是君山的白鹤泉水（即柳毅井）泡黄翎毛（即银针茶）的缘故。"明宗心里十分高兴，立即下旨把君山银针定为"贡茶"。

用玻璃杯冲泡君山银针时可以先浸透茶叶，然后再加水至七八分满并加盖观察。开始时茶芽横卧于水面上，吸水时芽叶间含有气泡，犹如雀舌含珠。慢慢吸水后，茶芽渐渐直立，竖立悬浮于水面下，如刀枪林立。之后茶芽慢慢下沉，少数茶芽还能在牙尖气泡的浮力作用下，再次浮起。这种上下浮沉的动感十分迷人，经常令不少第一次见到的人感到神奇。打开杯盖，一缕含着甜香的白雾从杯中冉冉升起，然后消失，雅称"白鹤飞天"。当大部分茶芽沉于杯底之时，茶芽林立，十分壮观。这时端杯品茶，甜醇的香味会使人深深地感到生活的美好和休闲的惬意。

君山银针外形肥壮挺直，满被绒毛，香气清鲜，滋味甘爽，汤色浅黄，是一种以赏景为主的特种茶，讲究在欣赏中饮茶，在饮茶中欣赏。黄茶的加工工艺由鲜叶采摘、杀青、闷黄、干燥等环节组成。独特的闷黄工艺使得黄茶类茶品的口感不像绿茶那么刺激，醇和不失鲜爽，对肠胃功能弱的人群很友好，是非常有潜力的一类茶。当然，由于一些区域为了促进茶产业的经济发展，借用了本为黄茶的名字，实质上生产的是绿茶，导致消费者在认知上产生了混淆。因此，当去市场上选购君山银针等黄茶类时，大家需要留心一下茶的类型。

046 蒙顶黄芽是什么茶？

蒙顶黄芽属于黄茶中的黄芽茶，原产于四川省雅安市的蒙顶山。蒙顶山作为历史上有文字记载的人工种植茶叶最早的地方，种茶历史距今已有两千多年，自然生态环境优异，雨量充沛，土壤属于红砂土壤类型，最高海拔

1440 米，所产茶叶作为贡品进贡历代朝廷。蒙顶黄芽的采摘标准比较高，必须是 1.5 厘米到 2 厘米、芽头肥壮的单芽，或者一芽一叶初展的芽头，经过杀青、初包、复炒、复包、三炒、堆积摊放、四炒、烘焙八道工序制成，特点是闷炒相结合。成茶外形扁直匀整，芽头肥硕，色泽淡黄。冲泡之后，汤色橙黄明亮，入口滋味鲜醇甘爽，甜香浓郁，叶底嫩黄匀齐，具有干茶黄、汤色黄、叶底黄的三黄特征，是蒙山茶中的极品。

047 霍山黄芽是什么茶？

　　霍山黄芽属于黄茶中的黄芽茶，与黄山、黄梅戏并称"安徽三黄"。霍山黄芽主产于安徽省西部六安市霍山县海拔 600 米以上的山区，例如大化坪、金竹坪、金鸡山、火烧岭、金家湾、乌米尖、磨子潭、杨三寨等地。霍山种茶历史悠久，唐代即有"寿州霍山之黄芽"的记载，明代王象晋的《群芳谱》亦称寿州霍山黄芽为佳品。在近现代，霍山黄芽的加工工艺一度失传，直到 1971 年才得以挖掘、研制、恢复生产。1972 年 4 月 27 日~30 日，霍山县农业局茶叶生产办公室派茶叶技术干部胡翠成、李胜修、谢家琪到乌米尖，同近八十高龄的詹绪纯等 3 位茶农共同炒制黄芽 14 斤，用白铁桶封装 6 斤上报国务院鉴评，作为国家招待贵宾之用。

　　茶农们在谷雨前两三天，采摘单芽至一芽一、二叶初展的鲜叶作为原料，经过摊晾、高温杀青、低温做形、初烘、闷黄、摊晾、复烘、摊晾、足焙等工艺环节制成霍山黄芽茶。在杀青整形的时候，不能直接用手，需要使用一种像小扫帚的工具——"芒花帚"，在锅里不停地按三角形轨迹，采用挑、拨、抖的手法进行翻炒，否则会使芽叶颜色发暗。霍山黄芽茶成茶条形紧密，形如雀舌，颜色金黄，白毫显露。冲泡以后，汤色黄绿，香醇浓郁，甜和清爽，有板栗香气。1990 年霍山黄芽获商业部农副产品优质奖，1993 年获安徽省科技进步四等奖、全国"七五"星火计划银奖，1999 年获第三届"中茶杯"名优茶评比一等奖，2001 年、2002 年连续荣获中国芜湖茶博会金奖，2003 年获国际名茶评比金奖。2012 年霍山黄芽证明商标被国家工商总局商标局正式认定为"中国驰名商标"。

048 莫干黄芽是什么茶？

　　莫干黄芽是浙江省湖州市德清县的一种黄茶珍品，产于莫干山地区的竹林间。莫干山位于德清县西北，是中国著名的避暑胜地，相传是干将、莫邪的铸剑之地。莫干山竹林似海，自然环境条件优异，早在晋代就有僧侣上莫干山结庵种茶，直到清末后这种现象才逐渐消失。据《莫干山志》记载："莫干山茶采制极为精细，在清明前后采制的芽茶，因嫩芽色泽微黄，茶农在烘焙时因势利导，加盖略闷，低温长烘，香味特佳，称为莫干黄芽。"1956年春天，到莫干山避暑休养的浙江农学院教授庄晚芳先生，偶然间在街市上发现了一种香味极好的茶叶，认为它足以媲美其他的名茶，还作了一首诗："试把黄芽泉水烹，香佳味美不虚名。塔山古产今何在？卖者何来实未明。"1979年，浙江农业大学茶叶系的两位教授——张堂恒和庄晚芳，在德清县有关部门的领导下，恢复了莫干黄芽的生产技艺。后来，莫干黄芽和西湖龙井一并被列入浙江省首批"省级名茶"的名单中。

莫干黄芽选用清明到谷雨之间，一芽一叶至一芽二叶初展的鲜叶作为原料，经过摊晾、杀青、揉捻、闷黄、初烘、锅炒理条、足烘等工序制成。其干茶外形卷曲，呈暗褐色，部分显黄。冲泡以后，汤色嫩黄明亮，滋味甘醇，有淡淡的甜玉米香，温和、不刺激，有助于调理脾胃、舒缓神经、解压。2017年12月22日，农业部正式批准对"莫干黄芽"实施农产品地理标志登记保护。由于黄茶直至今日仍属于小众茶品，而且不懂的人会认为黄茶是陈放的绿茶，影响销售，因此，20世纪八九十年代，当地部分茶农、茶企将其按照绿茶的加工工艺改制成绿茶进行销售。这种现象在许多黄茶产地都或多或少地存在，在购买黄茶时要格外注意。

049 平阳黄汤是什么茶？

平阳黄汤，亦称"温州黄汤"，是原产于浙江省温州市的平阳、泰顺、瑞安等县市的条形黄小茶，品质以平阳北港（南雁荡山区）所产为最佳，与君山银针、蒙顶黄芽、霍山黄芽等知名黄茶齐名。因为历史上以平阳的茶产量为最多，故通常都称其为平阳黄汤。

平阳黄汤创制于清乾隆年间，以其优异的品质和独特的风味成为朝廷贡品，距今已有200余年。万秀锋等故宫专家编写的《清代贡茶研究》记载："浙江的贡茶中，数量最大的不是龙井茶，而是黄茶。黄茶是作为清宫烹制奶茶的主要原料。如：乾隆三十六年（1771）巡行热河时，茶库给乾隆预备的是六安茶六袋、黄茶二百包、散茶五十斤。黄茶是浙江地方官督办的主要例贡茶，每年要向宫廷进贡数百斤。"

后来，由于战乱等原因，平阳黄汤的加工技术曾一度失传，1982 年之后才重新开发生产。平阳黄汤选用平阳特早茶或本地群体种一芽一、二叶初展的嫩芽，采摘时要求芽叶形状、大小、色泽一致。然后，经过摊青、杀青、揉捻、"三闷三烘"等工序，历时 48~72 小时不等精制而成。其外形细紧纤秀匀整，色泽黄绿显毫，香气清高幽远，汤色杏黄明亮，滋味甘醇爽口，叶底嫩黄成朵匀齐，以"干茶显黄、汤色杏黄、叶底嫩黄"的三黄而著称。由于黄茶在闷黄过程中会产生大量的消化酶，且富含茶多酚、氨基酸、可溶糖、维生素等天然的物质，因而在美容养颜、抗哀延年、健脾养胃、调节机理等方面有一定的辅助作用。

050 沩山毛尖是什么茶？

沩山毛尖属于黄茶中的黄小茶，主产于湖南省宁乡县沩山乡的沩山、沩泽、八泽等村，最早产于明朝，长期作为贡茶进贡朝廷，为中国传统名茶。清同治年间《宁乡县志》记载："沩山六度庵、罗仙峰等处皆产茶，唯沩山茶称为上品。"民国《宁乡县志》载："沩山茶雨前采制，香嫩清醇，不让武夷、龙井。商品销甘肃、新疆等省，久获厚利，密印寺院内数株尤佳。"而且，沩山毛尖作为在沩山密印寺僧侣们呵护下发展起来的佛教茶，在中国禅茶文化中扮演着不可或缺的角色。

沩山自然条件优异，常年云雾缭绕，土地肥沃，拥有黑色砂质土壤，富含各类优质微量元素，特别适合茶树的生长。沩山毛尖通常在清明后到谷雨前开始采摘，以一芽一、二叶为标准，经杀青、闷黄、揉捻、烘焙、拣剔、熏烟等环节制成。与其他黄茶不同，沩山毛尖在揉捻的时候，会撮散成朵，做成朵形茶而不是条形茶。而且，独特的熏烟工序使其别具风味，这与湖南人（尤其是宁乡一带）喜欢熏制食品有一定的关系，是湖南特色之一。制作好的沩山毛尖，芽叶微卷，干茶色泽黄润，白毫显露，烟香扑鼻。冲泡以后，汤色杏黄明亮，松烟香味浓郁，入口滋味香醇爽口，叶底黄亮嫩匀。

051 北港毛尖是什么茶？

一听到毛尖，很多人就想到绿茶，比如著名的信阳毛尖。实际上，北港毛尖是市场上稀缺的黄茶。（黄茶采摘标准为单芽或一芽一、二叶，按叶分为黄芽茶、黄小茶、黄大茶。同样产于岳阳的十大名茶之一的君山银针是黄芽茶。安徽六安金寨一带主要生产黄大茶。)

北港毛尖属于黄茶类中的黄小茶，因产于湖南省岳阳市的北港而得名。相传唐朝文成公主入藏时所携带的茶中，湖南的名茶"邕湖含膏"就是今天的北港毛尖茶，不过唐朝制茶技艺还没废团改散，是否有原叶茶尚不能确定。北港毛尖通常于清明后的5~6天，以一芽二、三叶为标准在晴天采摘，当天采，当天制，通过锅炒、锅揉、拍汗、烘干四道工序制作而成。其中，它的翻炒与别的茶叶不同，必须在高温下投放鲜叶，然后中温炒制，充分地破坏茶叶中的叶绿素。等到锅中温度下降为40℃时，采用锅揉，而后将炒好的北港毛尖堆积拍紧，上面覆盖一层棉布用来保温、保湿。最后，形成色泽金黄、毫尖显露、芽壮叶肥的北港毛尖。冲泡以后，其汤色橙黄，香气清高，滋味醇厚、甘甜，是值得各位茶友品饮的好茶。

052 远安鹿苑是什么茶？

远安鹿苑亦称鹿苑毛尖、鹿苑茶，因产于湖北省远安的鹿苑寺附近而得名，属于黄茶中的黄小茶。鹿苑寺附近山川秀美，林木繁茂，拥有丹霞地貌，红砂土壤富含有机质，而且当地雨量充沛，适宜茶树的生长。据当地县志记载：鹿苑茶是鹿苑寺在1225年建寺的时候，僧人们发现并栽培的，当地村民见茶叶品质优异，便纷纷引种。清朝乾隆年间，鹿苑茶成为进贡朝廷的贡品。清光绪九年（1883年），临济宗四十五世僧人金田曾到访鹿苑寺讲经，品饮鹿苑茶以后，作诗一首夸赞此茶："山精石液品超群，一种馨香满面熏。不但清心明目好，参禅能伏睡魔军。"

鹿苑茶选用一芽一、二叶作为原料，经过摊放、杀青、初闷、炒二青、闷黄、拣剔、炒干等环节制成。干茶色泽金黄，白毫显露，条索呈环状，俗称"环子脚"，内质清香持久，叶底嫩黄匀亮。冲泡以后，汤色黄绿明亮，滋味鲜爽甘醇，有浓郁的板栗香。在当地民间，过去讲究拿紫砂壶，用当地鸣凤河的水来冲泡鹿苑茶，搭配瓜子花生来饮用。慢慢地还形成了民谣："鸣凤河的水，鹿苑寺的茶，紫砂茶壶要把，瓜子花生随便抓。"

053 霍山黄大茶是什么茶？

霍山黄大茶，亦称皖西黄大茶，主产于安徽省大别山区的霍山、金寨、六安、岳西，以及湖北英山等地。其中，霍山县大化坪、漫水河及诸佛庵等地所产的黄大茶品质最佳。霍山石斛对生长环境的要求十分苛刻，从这方面也可以看出，当地的自然生态条件是十分优异的。

霍山黄大茶起源于明朝，创制于明朝隆庆年间。霍山黄大茶以一芽四、五叶为采摘标准，叶大梗长，鲜叶采回后应摊晾 2~4 小时，以便炒制。然后，经过生锅杀青、熟锅做形、初烘、闷黄、拉小火复烘、拉老火烘焙等环节制成。霍山黄大茶的外形梗壮叶肥，叶片成条，金黄显褐，色泽油润，梗叶相连似鱼钩。冲泡以后，汤色深黄显褐，滋味浓厚醇和，具有高爽的焦香，好似锅巴，叶底黄中显褐。当地俗称黄大茶为"古铜色，高火香。叶大能包盐，梗长能撑船"，是一种外形很特别的茶。2010 年，霍山黄大茶被国家农业部认定为国家地理标志保护产品。

霍山黄大茶茶性温和，性价比高，有消食解腻、去积滞等作用，适合作为老百姓日常品饮的口粮茶。由于决定黄茶品质特征的关键工艺是"闷黄"，有一定的技术难度，建议第一次购买黄茶的朋友选择有品牌的茶叶公司，以尝到正宗的黄茶。

054 广东大叶青是什么茶？

广东大叶青是黄茶中的黄大茶，属于微发酵茶，主产于广东的韶关、肇庆、佛山、湛江等地。广东大叶青是采摘云南大叶等大叶种鲜叶的一芽三、四叶以后，经轻萎凋、杀青、揉捻、闷黄、干燥制成。在揉捻之后进行闷黄，可以加快茶叶的转化速度，增强茶汤滋味。大叶青干茶色泽褐中带黄，叶大梗长，内质香气纯正。冲泡以后，汤色深黄明亮，入口滋味浓醇甘爽，具有浓郁的锅巴香，勾人食欲。广东大叶青茶的销售范围主要集中在广东省内，是一款小众黄茶。

055 岳阳洗水茶是什么茶？

茶叶的制作，总体上是一个不断减少含水量的过程。然而，洗水茶听起来却似乎反其道而行之。其实在岳阳的民间，很多农家都习惯做洗水茶，它属于黄茶种类。与常见的茶叶制作相比，主要区别在于杀青环节。洗水茶采用一种叫作"捞水"的古代制茶工艺，先将鲜叶置于木制容器中，将烧好的开水冲入容器中，盖住茶叶。然后立即把茶叶捞起来，过冷水进行降温。就像咱们平常做饭，把菠菜用开水焯一下。杀青后的茶叶，经过后续的初揉和闷黄环节，还需经过一个叫作"洗水"的特殊环节，目的是洗去粘在茶叶表面的物质，及时冷却茶叶，保持茶的韧性。最后再经过复揉、炭火烘焙、摊凉等环节，制成色泽微黄、汤色澄黄、叶底黄亮的洗水黄茶，别有一番滋味。

青茶

青茶音频

056　青茶是什么茶？

青茶，民间亦称乌龙茶，是六大基本茶类之一，属于半发酵茶。青茶是采摘鲜叶后，经过萎凋、摇青、炒青、揉捻、干燥等环节制作而成，核心工艺是摇青（做青）。通过调整摇青的程度，可以制作出六大茶类中香气和滋味类型最为丰富的茶，色泽青褐，汤色黄亮，叶色通常为绿叶红镶边，有浓郁的花香。青茶按主产区可主要分为闽北乌龙、闽南乌龙、广东乌龙和台湾地区乌龙四类。闽北乌龙的代表有武夷岩茶、闽北水仙。闽南乌龙的代表有安溪铁观音、白芽奇兰、漳平水仙、永春佛手等。广东乌龙的代表有凤凰单丛、岭头单丛等。台湾地区乌龙的代表有东方美人、文山包种、木栅铁观音、冻顶乌龙、金萱等。发酵中等、香气丰富多变的青茶非常受老茶客的欢迎，是发烧友众多的茶叶品类。

057　安溪铁观音是什么茶？

安溪铁观音原产于福建省泉州市安溪县西坪乡，属于半发酵的乌龙茶类，是中国十大名茶之一，素有"七泡有余香"之美誉。其干茶有"蜻蜓头、蛤蟆背、田螺尾"的特征，茶汤呈现琥珀金的色泽，水里含香，不轻浮，有"绿叶红镶边、三红七绿"的叶底。

关于铁观音的来源，主要有"魏说"和"王说"两种说法。

魏说讲的是：传说松岩村松林头茶农魏荫，每日都以清茶敬奉观音菩萨。观音菩萨感其心诚，托梦使其发现一株茶树。他用心养护茶树，制成的茶叶品质非常好。因茶树为观音所赐，茶叶外形紧结沉实似铁，故名"铁观音"。

王说讲的是：清乾隆元年（1736年）春，安溪西坪南岩人王士让在其读书处"南轩"发现了茶树，并移植到山下的苗圃，然后制作茶叶进贡朝廷。因此茶乌润结实，沉重似铁，味香形美，犹如"观音"，故乾隆赐名"铁观音"。

福建安溪山清水秀，适宜于茶树的生长，目前境内保存的良种有60多种，例如铁观音、黄旦、毛蟹、梅占等全国知名良种，有茶树良种宝库之称。铁观音品种茶树的鲜叶，就是铁观音茶品的原料。铁观音既是茶叶的名称，也是茶树的品种名。安溪县西坪乡的地势，从西北向东南倾斜，根据气候等不同分为"内安溪"和"外安溪"。内安溪包括西坪、祥华、感德、龙涓、剑斗、长坑、蓝田等乡镇。外安溪包括官桥、龙门、湖头、金谷、蓬莱等乡镇。铁观音是经过晒青、凉青、摇青、摊青、杀青、揉捻、包揉、干燥等多个步骤制作而成的。现如今，市场上的铁观音主要有：发酵程度较低，汤清色绿的清香型铁观音；发酵度较高，茶叶色泽偏向黄黑的炭焙浓香型铁观音；近年来在成品的工艺上，经过二次加工，能储存较长时间的陈香型铁观音。其中，清香型铁观音干茶色泽砂绿，圆形紧结，汤色较为清淡、黄中带绿，滋味鲜爽清淡，兰花香高昂。但因发酵程度较低，故对脾胃的负担比较大，不建议多饮。而且，需要低温、密封或真空储藏，以保证茶叶的香气品质不受外界影响。浓香型的铁观音，因经过炭焙，发酵程度较高，干茶颜色略深，墨绿中带有微微的黑色，整体形状似蜻蜓头。冲泡后，汤色金黄明亮，滋味醇厚甘爽，回甘悠久，其特殊的层次丰富的香气，因为用语言难以描绘，故被尊称为"观音韵"。铁观音在市场上较为出名的品牌有八马茶业、华祥苑茗茶、天福茗茶等。

这么好的茶叶，为什么在茶叶市场上见的比较少了呢？甚至在北京的茶博会上都难觅其踪迹？笔者认为，问题的核心就在于对铁观音的无底线炒作，影响了茶叶的品质。第一点：伤胃。为迎合市场追求绿色的需求，许多铁观音在制作的时候杀青程度过低，一路向着绿茶化而去，乱象丛生。部分新入门的茶友，就有将铁观音误以为绿茶的现象。茶友们说，现在的铁观音失去了特有的韵味，喝了还有拉肚子、胃寒的情况。第二点：农残。由于市场的火爆，安溪的茶园不得不多次采摘，使用各类促进生产的农药、除草剂、化肥乃至激素，导致茶汤滋味寡淡，香气流于表面，失去了铁观音丰富的层次感和韵味。2011年立顿的铁观音稀土超标事件，极大地影响了铁观音的口碑。第三点：假冒。同样是由于市场销售的火爆，安溪周边许多地区，甚至是省外不适宜铁观音茶树种植的地方，也都引种铁观音品种的茶树，并且将制成的茶叶冠以安溪铁观音之名对外售卖，造成市场价格混乱，再加上网上所谓9块9包邮的铁观音茶叶，使得消费者对其彻底失去信心，铁观音在茶叶市场的份额也大幅度下降。不得不感叹，对茶叶的过度炒作是茶产业的一颗毒瘤。毕竟茶叶只有让老百姓喝了，才是真的，才能带来健康。当然，笔者身边的朋友中，也有不少人没有放弃铁观音，依然拜托笔者带一些来喝。笔者相信，随着当地环境土壤得到治理，传统制作工艺再次回归，铁观音依旧能绽放出属于自己的光彩。

058　肉桂是什么茶？

提起肉桂，不喝茶的朋友一般会联想到做饭用的桂皮调料。没错，在茶圈里还真有一种茶带有类似桂皮的香气，叫武夷肉桂茶。

俗话说"香不过肉桂，醇不过水仙"。近年来，因为肉桂广受欢迎，其种植面积不断扩大，已经遍布武夷山正岩产区，而且发展到闽北各县市和省外，与水仙一道成为武夷岩茶中的当家品种。民间所说的广义的大红袍，主要是指肉桂水仙等武夷岩茶。

肉桂又名玉桂，属于半发酵的青茶，也就是乌龙茶。茶树为灌木型，中叶类，晚生种。早期肉桂茶产地为武夷山的慧苑岩、马枕峰等地，茶人们每年用5月上旬采摘的春茶，经过晒青、摇青、杀青、揉捻、焙火等工序制成品质上佳的茶品。焙火作为武夷岩茶形成特有风味的关键工艺，可以使得岩茶存放的时间更加长久，减轻岩茶的涩味，使得茶汤香气浓郁，甘润，温而不寒，久藏不变质。精品肉桂茶，外观条索紧实，色泽乌润砂绿有光泽，一部分茶叶背面有类似蛙皮状的细小白点，俗称蛤蟆背，耐冲泡，7~8泡仍有余香。作为一款高香的茶，如果想要泡出高香的味道，一定要用高温水进行冲泡来激发茶香。通常投茶量为7~8克，茶水比例为1:22。冲泡以后，茶汤色泽橙黄清澈，香气浓郁辛锐，似桂皮香，滋味醇厚甘爽，岩韵明显。品之唇齿留香，回味悠长，肉桂因而受到了广大茶友的认可与喜爱。但是受制作工艺的影响，为避免上火，也避免焙火的味掩盖茶叶本身的香气，肉桂新茶需要放置一段时间后再品饮更好。

059　茶叶中的"牛肉"和"马肉"指的是什么？

其实这两种茶叶名词，指的是武夷山各种不同山场的肉桂岩茶。牛肉指的是"牛栏坑肉桂"，岩韵十足，汤感醇厚，水香一体，口感霸道丰富。而马肉，指的是"马头岩肉桂"，新锐的桂皮香中含着几分花果香，醇滑甘润。马肉和牛肉之所以价格比较高，主要原因是这些年的炒作。这种炒作的行为不仅影响了消费者，更是对当地茶叶市场造成了长久的伤害。最终，当市场不再接受这些概念的时候，高位接盘的爱好者、盲目扩大生产的茶农只能面对惨痛的现实。所以，读者想喝肉桂的时候，不必追求马肉或者牛肉，只要是正岩所产就可以了。对于大多数人而言，品质上的差异并没有宣传的那么大。

060 白鸡冠是什么茶？

在武夷山，除了著名的大红袍，还有四大名丛，其中最具有辨识度的，便是白鸡冠茶。白鸡冠茶是产于慧苑岩下的外鬼洞和隐屏峰蝙蝠洞的茶树，它的茶芽叶奇特，属于光照敏感型的黄化品种茶树（安吉白茶属于低温敏感性的白化品种）。白鸡冠茶树的新芽呈嫩黄色，叶片为淡绿色，十分显毫。因为形态像鸡冠，所以叫白鸡冠。

相传，白鸡冠是道教金丹派南宗创派人白玉蟾发现并培育的茶种，采制后作为道士静坐入定调气养生的茶饮，是道家的养生茶。白鸡冠茶是武夷岩茶中的精品，采制特点与大红袍类似。由于采摘的鲜叶相对幼嫩，通常采用轻焙火制作。制成的干茶，外形条索紧结，呈黄褐色。冲泡以后，汤色橙黄，有明显的玉米香，入口滋味鲜爽甘甜，苦涩味较低，有岩韵。与其他的岩茶相比，此茶火功不高，属于清新型。

061 铁罗汉是什么茶？

铁罗汉是武夷传统四大珍贵名丛之一，不仅名字有厚实感，滋味更有厚度。自带淡淡药香的铁罗汉，在岩茶中十分少见。因 1890 至 1931 年间，惠安县两次发生瘟疫，患者喝茶庄的铁罗汉茶后，病情得到了缓解，老百姓因此觉得此茶如罗汉菩萨救人济世一般，从此铁罗汉茶名声大震。

关于铁罗汉的原产地，一说是慧苑岩的内鬼洞（蜂窠坑），又一说为竹窠岩。相传一百多年前，惠安有个陈姓茶庄主，在武夷山开了一个叫作"集泉"的茶庄，经营武夷岩茶。由于庄主非常喜欢铁罗汉茶，因而特地研究出了一种配制的方法来制作铁罗汉。因为铁罗汉茶树种群稀少，而且繁育困难，因而在历史上相当长的时间里，铁罗汉都以配制为主要方式来生产，直到今日才开始具备大面积种植的能力。当拥有大量的铁罗汉生产能力以后，铁罗汉开始远销海外，在东南亚一带广受好评。

从外形上看，干茶条索粗壮，紧结匀整，色泽乌褐油润有光泽，呈铁色，皮带老霜（蛤蟆背）。汤色明澈浓艳，香气馥郁，入口滋味又苦又烈，但是立马回甘，有明显的岩韵特征，饮后齿颊留香。

062 水金龟是什么茶?

名扬天下的大红袍，原是武夷山天心寺庙的庙产。在此庙还有一种叫作"水金龟"的茶也很不错，属于四大名丛之一。其叶形椭圆，叶面微微隆起，纹路交错，好似龟甲；而且，其叶片深绿，光泽度好，有油光，在阳光照耀下，闪闪发光，故而得名。民国的茶学家林馥泉记载：水金龟原是属于天心庙的庙茶，种植于牛栏坑杜葛寨的山峰上。一日倾盆大雨，水金龟的茶树被冲到了山下面的兰谷茶场，被养护了起来。然而，当天心寺庙的人发现水金龟茶树在兰谷茶场后，双方于 1919 年至 1920 年，耗费千金打官司争夺茶树的产权，使得水金龟名声大振。后人为此事感叹，还在牛栏坑刻下了"不可思议"四个大字。

水金龟茶的采制工艺与"大红袍"类似，制成的干茶色泽绿褐，条索匀整，乌润略带白砂，具有"三节色"，是一款火功不错的岩茶。冲泡以后，汤色橙红，口感滑顺甘润，滋味醇和、厚重，有花香、果香，典型的品种香是类似于蜡梅花的香。

在武夷四大名丛中，水金龟的特性并没有那么突出，但是能够靠均衡地呈现武夷岩茶的共性占据一席之地。

063 凤凰单丛是什么茶?

"茶中香水，人间单丛"，凤凰单丛属于半发酵型乌龙茶，是四大乌龙茶中广东乌龙的代表。清同治、光绪年间（1875—1908 年），经过长期细心观察和实践，茶农从数万株古茶树中，选育出优异单株并加以分离培植，实行单株采摘，单株制茶，单株销售，"单丛茶"由此出现。又因其发源于潮州凤凰山，故名"凤凰单丛茶"。1995 年，凤凰镇被评为乌龙茶之乡。

凤凰单丛茶最主要的特点是耐冲泡、回甘强劲，以及香气高扬。其中，耐冲泡是所有接触凤凰单丛茶的人们最明显的感受，凤凰单丛通常可以冲十五泡以上，甚至二三十泡，远高于同为乌龙茶、被誉为"七泡有余香"的安溪铁观音。茶多酚和生物碱作为影响回甘的重要因素，在凤凰单丛中含量丰富，制作得当的茶经过特定的工夫茶冲泡方式，可使茶叶中的茶多酚不过多析出，回甘明显。例如：前几泡讲究水的快进快出，品饮后舌底和喉内会呈现出强烈回甘和生津的感觉。香气高扬的凤凰单丛，香型也非常多，被誉为"茶中香水"。其繁复的品种，更是有着"一树一香型，丛丛各不同"的说法。现今最常见的有十大香型，包括：黄栀香、芝兰香、蜜兰香、桂花香、玉兰香、夜来香、茉莉花香、杏仁香、肉桂香、姜花香。通过采摘、萎凋、做青发酵、杀青、揉捻和干燥六大工艺制作而成的凤凰单丛，外形条索紧结肥硕，色泽乌褐，内质香气清高，细腻持久，滋味浓醇爽滑，汤色金黄，清澈明亮，有特殊的"山韵""蜜韵"。"芳香溢齿颊，甘泽润喉吻"，只要多喝、多比较，您也能找到自己喜欢的那杯凤凰单丛茶，体味最正宗的潮州工夫茶。

前两年笔者去过凤凰山的石古坪村，该村是畲族的发源地，有着关于畲族始祖与茶的美丽传说。凤凰山还有宋帝赵昺被元兵追至乌岽山，饮红茵茶称赞遂称宋种的传说，至今这里还保留宋种繁育数百年的后代。作为工夫茶的发源地，当地人们可以一日无肉，不可一日无茶。希望凤凰单丛能够像潮州工夫茶那样名满四方，受到更多人的喜欢。

064 宋种是什么茶？

宋种为茶树品种，是凤凰茶区现存最古老的茶树，因种奇、香异、树老而著名。宋种茶树属乔木类，树高约二到三人的高度，是从乌岽山凤凰水仙群体品种的自然杂交后代中单株筛选而出。传说南宋末年，宋帝昺南下潮汕途经凤凰山区的乌岽山，日甚渴，侍从们采下一种叶尖似鸟嘴的树叶加以烹制，饮之止咳生津，立奏奇效。从此广为栽植，称为"宋种"，迄今已有 900 余年历史。宋种茶属于半发酵乌龙茶，是凤凰单丛中最高端的品种。现今包括四个品种：宋种芝兰香、宋种蜜香单丛、宋种东方红、宋种八仙单丛茶。宋种的干茶条索紧结，色泽乌润有光泽，香气馥郁，天然花香突出。宋种茶冲泡以后，汤色橙黄明亮，无杂质，而且余香幽深，滋味绵长，有一种幽幽渺渺、清清凉凉的气息穿越齿颊之间。

065 鸭屎香是什么茶？

鸭屎香茶是凤凰单丛分支下的一种乌龙茶。关于这种茶的名称由来，有一种传说：一个茶农用院子里一丛茶树做出一款好茶，茶农担心茶叶被偷，便以种植茶树的黄壤土长得像鸭屎为由头，故意起了这么个贬低茶的名字。别看这种茶名字不雅，其实它香气优雅，口感诱人。干茶闻起来很甜，很清新。茶汤喝进嘴后，香气充盈整个口腔，最舒服的还是咽下后回味起来的甘甜，说着话都能明显感觉到齿颊留有余香，连口水都带着香甜。如今，它已是凤凰单丛里面的上上之品，被广泛栽培和制作。鸭屎香已经和虫屎茶、东方美人茶等一样，成为知名茶品。

066 白芽奇兰是什么茶？

"人本过客来无处，休说故里在何方。随遇而安无不可，人间到处有花香"，留下此名句的著名学者林语堂，出生于中国福建省漳州平和县。在他美丽的故乡，有一种魅力十足的乌龙茶——白芽奇兰。它是珍稀乌龙茶良种，国家地理标志保护产品，名字非常有诗意。白芽奇兰发源于福建漳州平和县的彭溪村，因其鲜叶芽尖带白毫，成茶具有独特的兰花香而得名，与安溪铁观音、武夷岩茶、闽北水仙、永春佛手同为福建省乌龙茶类五大茶叶名品。白芽奇兰现主产区为平和县的崎岭乡和九峰镇等区域，属于闽南第一高山、海拔1544米的大芹山一带。在闽南下雪是十分罕见的景象，只有平和有。下雪的时候，在大芹山山顶甚至还能看见雾凇奇景。平和县不仅产茶，而且还大量栽种琯溪蜜柚，茶园在山顶（平均海拔800米以上），柚子树在山坡上。因此，茶园病虫害较少，不需要使用农药。另一方面，也使得茶汤的后味中带有蜜柚的清香。

清乾隆年间，彭溪茶农就开启了以种茶、制茶、贩茶为业的历史。1981年，平和县崎岭乡彭溪村的茶农何锦能先生偶然发现几株老茶树与其他茶树长势不同，新梢茂盛，芽尖白毫明显；于是赶忙摘取适量茶鲜叶进行试制，成茶品质良好。经过多年大面积的试种观察，平和县茶叶指导站确定白芽奇兰的各方面指标优异。于是在1989年后，白芽奇兰的苗木繁育与推广种植逐渐大面积推展。为保护弥足珍贵的白芽奇兰茶母树，1993年将该茶树从坑岸边迁栽至白芽奇兰发现人何锦能先生创办的平和县阳山茶厂内，方便呵护管理，使母树得以保护与传承。

农业部曾对白芽奇兰这样评价：外形坚实匀称，深绿油润，汤色橙黄，香气清高，滋味清爽细腻，叶底红绿相映，属青茶类中的优质产品。因为其内含的儿茶素总量高达12%，所以建议使用85℃的水温冲泡，不要久泡，以免茶汤苦涩，掩盖住茶汤的甘润。对于清香型的白芽奇兰，建议密封以后使用冰柜储存。而浓香型白芽奇兰虽然无须冷藏，但仍需注意避光，密封好后放在阴凉处保存即可。目前，白芽奇兰还稍显小众，溢价程度较低，性价比高，是一款值得品鉴的好茶。

067 漳平水仙是什么茶？

漳平水仙茶形似一个小方块，是乌龙茶类中唯一的紧压茶，兰花香气高扬持久，方便携带储存，主产于福建省龙岩市漳平九鹏溪地区。20世纪20年代，一位海外华侨曾到宁洋找一位名为刘永发的茶人，要求按照包种茶的样子生产水仙茶，还制订了明确的规格：每斤25包，大约每包20克。与传统的包种茶相比，这种水仙茶体积更小，紧实，节省了空间，利于运输，还可以免去称重的烦琐步骤。加工漳平水仙的工艺步骤有：采摘大叶鲜叶（芽头口感苦）、晒青、晾青、做青、杀青、揉捻、造型和烘焙。工艺结合了闽南铁观音和闽北水仙的制作方法。其中，一道重要步骤，是把炒青后还没有干燥的湿茶，放进四方模具中压制成块再包上纸张，用炭火焙干，使得茶叶的香气和滋味再次得到了提炼。冲泡以后，自带如兰气质的天然花香，茶色赤黄，喝起来滋味醇爽细润，鲜灵活泼，细品有水仙花香，喉润好，有回甘，非常耐泡。漳平水仙老少皆宜、高性价比的特点，使其受到了市场的欢迎，畅销于闽西各地及福建省外，并远销东南亚国家和地区。

068 永春佛手是什么茶？

在中国福建省的泉州，不但有一个安溪县生产名茶铁观音，还有一个永春县盛产独具地方特色的永春佛手茶。永春佛手茶在印度尼西亚、马来西亚等国家很出名。永春佛手茶，又名香橼种、雪梨，属于灌木大叶茶。因其叶子如手掌般大，椭圆状，形似佛手，故又称金佛手。永春佛手分为红芽佛手、绿芽佛手两种，以红芽佛手为佳，主产于福建永春县的苏坑、玉斗、桂泽等乡镇海拔600米至900米的高山处，是福建乌龙茶茶中风味独特的名品。佛手茶相传为闽南一个寺院的住持将采集来的茶树枝条嫁接在佛手柑上得来的。而且，永春县是芦柑栽培的适宜区（均为山地栽培），是全国最大的芦柑产区，被农业部有关部门授予"中国芦柑之乡"的称号，山间种植的芦柑，对佛手茶的香气和滋味有一定的影响。永春县与安溪县距离很近，直线距离仅30公里左右，受到安溪铁观音制作工艺的影响，佛手茶的外形通常是比较大的颗粒，较重实，色泽乌润砂绿，稍带光泽。佛手茶内质香气浓郁，品种香比较明显，优质品有雪梨香，上品具有香橼香。茶汤汤色橙黄明亮、清澈，滋味醇厚甘鲜，叶底肥厚，饮之满口生津，落喉甘润。永春佛手茶目前还是一个小众的茶品，但其甘甜、清爽的滋味，使人难以忘怀。

069　毛蟹是什么茶?

毛蟹除了吃，还能做茶吗？其实这里说的毛蟹并不是吃的那种大螃蟹，而是用一种品种叫作"毛蟹"的茶树鲜叶制作的茶。这种茶树品种的鲜叶，叶张圆小，头大尾尖，最明显的特征就是茶鲜叶的边缘锯齿深、密、锐利，叶面有密布的白色毫毛。而且如果仔细观察那些锯齿，会发现那些锯齿与其他的茶叶不一样，是向内钩的，看起来跟螃蟹壳的边缘一样，因此而得名"毛蟹"，与铁观音、本山、黄金桂，并称为安溪四大名茶。毛蟹茶原产于福建安溪县大坪乡福美村的大丘仑，具有高产、优质、抗逆性和抗病性强，适宜粗放管理的特点，是制作乌龙茶的主要品种之一，属于高级色种乌龙茶。福建省农科院茶研所编写的《茶树品种志》对毛蟹起源有如下记载："据萍州村张加协云:'清光绪三十三年（1907），我外出买布，路过福美村大丘仑高响家，他说有一种茶，生长十分迅速，栽后二年即可采摘。我遂顺便带回 100 多株，栽于自己茶园'。由于产量高，品质好，于是毛蟹就在萍州附近传开。"

毛蟹茶的制作工艺类似清香型"铁观音"的制作工艺，采摘一芽一、二、三叶的鲜叶，经过晒青、摇青、炒青、包揉、干燥等工序制成。成茶外形条索紧结，色泽褐黄绿，质地较铁观音要轻，尚鲜润，内质香气清高，稍带一丝甜味和茉莉花香。冲泡以后，汤色青黄或金黄色，富有清香，入口顺滑，口感醇厚。尽管毛蟹茶品质比不上铁观音，但是其生产成本较低，产量很大。也因此，在过去铁观音风靡全国的时候，一些不良的商家常常用毛蟹这类与铁观音相似的茶叶来冒充，牟取暴利。对于初入茶界的新人来说，从干茶的外表上，很难区分毛蟹茶和铁观音。要想确定购买的茶叶是毛蟹茶还是铁观音，可以通过观察叶底来区分。一是通过毛蟹茶叶子边缘的锯齿特征做分辨，二是通过观察叶片卷曲的方向以确定。毛蟹的叶底是向内卷曲的，也就是向叶面的方向卷曲，而铁观音刚好相反，是向外翻卷，也就是向叶背的方向卷曲，叶脉较平滑。有些人认为，闽南色种茶比不上铁观音。其实，毛蟹茶作为高级的色种茶，如果制作得当，品质并不比普通的铁观音差，而且产量大，价格适中。

红茶

红茶音频

070 红茶是什么茶?

红茶是六大基本茶类之一,属于全发酵茶。因其冲泡的茶汤颜色红艳明亮,故得名红茶。由于红茶鼻祖正山小种的干茶色泽乌黑,国际茶叶采购商根据干茶的色泽称红茶为 Black Tea 而不是 Red Tea。红茶经过萎凋、揉捻、发酵和干燥等环节制成,核心工艺是发酵,促进茶叶内的茶多酚发生酶促氧化反应,生成茶黄素、茶红素等成分,具有红汤、红叶、滋味甘醇的品质特征。根据制造方法的不同,红茶可分为小种红茶、工夫红茶和红碎茶。代表红茶有小种红茶、祁门红茶、金骏眉、滇红、九曲红梅、英德红茶、宁红、坦洋工夫红茶、阿萨姆红茶、大吉岭红茶等。在历史上,由于以英式下午茶为代表的红茶文化风靡世界,故现在生产的红碎茶主要供国际出口使用,是世界茶叶消费量最大的茶叶类型。

071 正山小种是什么茶?

正山小种诞生于明朝末年,是世界红茶的鼻祖,出产于武夷山的桐木关。桐木关为国家级自然保护区,水如碧玉,常年云雾缭绕,自然生态极好。

关于正山小种的诞生,有两种主流说法。一种说法是:明朝时的一支军队由江西进入福建时路过桐木关,夜宿茶农的茶厂,由于正值采茶时节,茶厂铺满了刚采下的鲜叶,准备做绿茶的鲜叶成了军人的床垫。当军队离去时,心急如焚的茶农赶紧用当地盛产的松木烧火将鲜叶烘干,烘干后把变成"次品"的茶叶挑到星村贩卖。本以为走霉运的农民,在第二年竟然被人要求专门制作去年耽搁了加工的"次品",第三年、第四年的采购量还越来越大,于是桐木关当地茶农不再制作绿茶,专门制作这种以前没有做过的茶叶。这种生产量越来越大的"次品"便是如今享誉国内外的正山小种红茶,只是当时的桐木关茶农并不知道,他们眼中的次品却是英国女王伊丽莎白的珍爱。

另一种说法是:武夷茶原本是绿茶,由于海上航行的时间很长,绿茶自然发酵，干茶和汤色都变成深色，但是产生了诱人的香气和独特的滋味，深受英国皇家的喜爱。因此，销区的旺盛需求推动了正山小种的发展。

据清代的《片刻余闲集》记载，因所产之茶黑色红汤，现在所产的正山小种曾经叫作江西乌。随着海上贸易的兴起，乌茶大量出口欧洲，风靡世界的英式下午茶用的便是正山小种。因产自武夷山，所以当时欧洲称其为武夷茶，它也成为中国茶在欧洲的象征。接着，由于出口需求和国际茶叶贸易竞争的加剧，出现了很多产自非桐木村的仿制小种茶。为了区分，便有了"正山"之说。而"小种"则是因为原茶树树种属小叶种，故名"小种"。

历史上，正山小种红茶最辉煌的年代在清朝中期。据史料记载，在嘉庆前期，中国出口的红茶中有 85% 冠以正山小种红茶的名义。鸦片战争后，正山小种红茶对贸易顺差的贡献作用依然显著。

正山小种的传统工艺具体表现有两点：一是在制作时会有一道通过红锅的工序，二是在干燥环节通过燃烧马尾松来加温干燥，同时可以让茶吸附烟香的工艺。正山小种条索紧结、肥壮，颜色乌润，汤色呈带金黄色的橙红色，拥有独特的桂圆味或粽叶味，属于全发酵茶，茶性温和，适合绝大多数人饮用。

19 世纪四五十年代，茶叶大盗福琼来到武夷山，把正山小种红茶的茶树、工艺偷走带到印度、斯里兰卡，并带走了一批茶工，自此开启了红茶全世界种植、加工的序幕。

随着国际对红茶的需求及国内经济的发展，红茶工艺传到各地，产生了祁门红茶、滇红、英红、宜红、川红等红茶品类。近年来，在桐木关又诞生了用纯芽头制作的金骏眉，风靡全国。现在，由于红茶耐储存、可以调饮，许多绿茶产区都在尝试生产红茶。

随着时代的变迁，尽管现在人们很少喝传统意义上的烟熏正山小种了，但是红茶已经成为名副其实的世界茶饮。

072 祁门红茶是什么茶？

中国十大名茶安徽就占了四个，而黄山占了三个，其中祁门红茶是唯一的红茶。"祁红特绝群芳最，清誉高香不二门。"祁门红茶在国际上与印度大吉岭茶和斯里兰卡的乌瓦红茶并称为世界三大高香红茶，享有"群芳最、红茶皇后"的美誉。

祁门红茶在清朝光绪年间的安徽省祁门一带首创。关于祁红的诞生，有史料佐证的说法有两种。一种是胡氏说。胡元龙作为贵溪人（今天的池州），雇用了宁州茶工，通过仿制宁红的制作工艺自制了红茶，也就是祁门红茶，在汉口销售时获得了巨大的成功。而且，由于清末绿茶滞销，祁红的外销成功引起当时财政税收捉襟见肘的清政府的重视，并在朝廷奏折中给予格外推崇。大清第119号奏折记载祁红创始过程云："安徽改制红茶，权兴于祁、建（至德），而祁、建有红茶，实秉始于胡元龙。"另一种是余氏说。1937年出版的《祁红复兴计划》记载："1876年（光绪二年），有至德茶商余来祁设分庄于历口，以高价诱园户制造红茶，翌年复设红茶庄于闪里。时复有同春荣茶栈来祁放汇，红茶风气因此渐开。"文中的"余"指的是余干臣。新编《黟县志》记载："余干臣，名昌恺，立川村人。祁红创始人之一，原在福建为官，清光绪元年（1875年）在至德（今东至）县尧渡街设茶庄，仿福建闽红的办法试制红茶，次年到祁门县历口设茶庄……"

祁红于国家困顿时期诞生，更多的是背负着振兴中国茶业的使命和过硬的品质，而少了些文人雅士的传颂。1915年在巴拿马太平洋国际博览会上，祁门红茶击败印度红茶获得金奖，在列强打压中国茶的情况下，它更是重塑了中国茶叶的形象。

传统祁门红茶色泽乌润，金毫显露，汤色红艳明亮，香气馥郁持久，滋味醇厚，以似花、似果又似蜜的"祁门香"征服世界，是英国王室的最爱。祁红主产于安徽祁门、池州，以及江西原属于历史上徽州的部分地区，有大小祁红产区之说。小产区是指：祁门县境内除安陵区外的所有产茶区，其中的"历口"正是祁红的创始地，1915年获巴拿马金奖的祁红，就是位于历口的同和昌茶号选送的茶样。大产区是指：祁门县，祁门县周边的黟县、石台、东至、贵池，以及江西省的浮梁县等地。其中，祁门县和黟县归属于黄山市，而石台、东至、贵池归属于池州。作为在世界享有盛誉的祁门红茶，围绕其地理标志商标的适用范围，池州和黄山两地一直纷争不断。自2004年9月祁门红茶协会提出商标申请以来，历经多次诉讼，总计耗费13年，最终于2018年，最高法院驳回了祁门红茶再审申请，祁红商标的纷争以确认符合客观史实和大众认知的大产区为结果落幕。不难看出，背后各方的利益纠葛是纷争持续不断的主因。实际上，较快地解决地理商标的问题，才能更好地将精力投入到创新发展上，使得茶产业兴旺、茶文化兴盛。若把那一亩三分地都拢在自己手里，试问产量真的能满足市场的需求吗？到头来还不是仿制品走遍天下，令人黯然神伤？笔者相信，共同将市场做大、做强才是正途。

祁门红茶的制作方式可分为初制和精制两大部分。初制部分包含采摘、萎凋、揉捻、发酵和烘焙 5 道工序，制成毛茶。精制部分将长短粗细、轻重曲直不一的毛茶分类，包含筛分、整形、审评提选以及分级归堆 4 道工序。为了提高干度，保持品质以便于储藏和进一步发挥茶香，可再进行复火和拼配，制成外形与质量兼优的成品茶。

市场上常见的祁红大致分为传统祁红和创新祁红两类。传统祁红即为祁红工夫，以其经典的祁门香和醇厚的口感而著称。由于祁门红茶创制之初以外销为主，所以祁红的茶叶切断为 0.6~0.8 厘米的长度以满足国外对茶叶的标准要求。20 世纪 90 年代末，为拓展国内红茶市场，通过调研市场需求而新创制的祁红为创新祁红，典型代表有借鉴碧螺春制作技艺的祁红香螺和借鉴黄山毛峰制作技艺的祁红毛峰等。相较于传统祁红，创新祁红在滋味上虽然醇厚程度有所下降，但更显清甜。它甜香明显，与似花、似果又似蜜的传统祁门香风格不同，可称为：新祁门香。

品饮祁红时，可按 1∶50 的茶水比来冲泡清饮，也可以搭配其他的食材调饮，例如牛奶、蜂蜜等。储存时注意密封和干燥，放置于阴凉、无异味的地方即可。一些著名的祁红品牌有天之红、祥源茶、润思、祁眉、谢裕大等。笔者曾在安徽工作过十年，多次到过祁门，那里人文荟萃物产丰富，有经典的白墙黛瓦山水古桥人家，让人禁不住深深喜爱古徽州这块风水宝地。这两年笔者也去考察过祁门红茶博物馆，见证了祁门红茶复杂的制作工艺，与非遗传承人陆国富茶师进行了深入交流。祁红为茶中精品，性温味甘，可生热暖胃。天冷的时候，品一品祁红是个好选择。

073　金骏眉是什么茶？

金骏眉的诞生，充分体现了市场需求驱动的价值，销区决定了产区的创新与供应，双方携手创造了一个高端红茶的新市场，从而引领红茶这一品类的复兴。

金骏眉外形细小而紧秀，颜色为金、黄、黑相间。开汤汤色金黄，水中带甜，甜里透香，无论热品、冷饮皆绵顺滑口，一经推出就享誉京城，继而风靡世界。

然而这款茶是如何诞生的呢？2005 年 6 月的一天，在几位北京人（张孟江、阎翼峰和孙连泉、出资人高玉山等）强烈建议采用芽头制作，并承诺以8000 元每斤的高价买走的情况下，武夷山桐木村正山茶业江元勋手下一位叫梁骏德的制茶师傅，以及江进发和胡结兴，以当天下午刚刚从山上采摘的两斤半芽头茶青为原料，制作出了半斤左右的红茶。张孟江几人将茶命名为金骏眉，金为金色，骏为梁骏德的骏，眉为状似眉毛。这种没有完全按照正山小种红茶传统制作工艺来制作的新品种（不用过红锅，因为芽头幼嫩，70% 轻发酵等），在张孟江等人的市场运作下，仅仅 5 年便风靡全国，使得原本以出口为主的红茶品类，增加了内销的新路。后来因为梁骏德从江元勋处分离出来，茶名又有了崇山峻岭的说法，故事很多。如今，金骏眉成为地标品牌，桐木关茶农都可使用。

由此可以看出，茶产业的创新，离不开深刻理解销区茶文化的人参与其中。如此，才能持续优化产品和服务，扩大消费，减少产能过剩，切实助力茶产业的健康发展。

074 坦洋工夫茶是什么茶？

"闽红精品天下高，坦洋工夫列榜首。"坦洋工夫茶是闽红（福建红茶）三大工夫红茶之首，产于福建省福安市坦洋村，距今已经 100 多年，此地在之前生产桂香茶。福安市三面环山，一面临海，气候温和，雨量充沛，土壤肥沃，形成了茶树生长得天独厚的生态环境，为其优良的品质奠定了基础（福建省茶科所也在坦洋村附近）。相传坦洋工夫茶由坦洋村村民于清咸丰元年（1851年）试制成功。为什么叫坦洋工夫茶呢？据说坦洋曾经有位姓胡的茶商（胡福四）运茶出海经销，不巧途中遇到了大风浪，船上的其他伙计全部被风刮进了海里，只有他拖住船板，得到了一位广东行船商人的搭救。经过这位胡姓商人的提议，这位胡姓茶商潜心研制出了属于坦洋自己的红茶。因制作过程繁复，很需要下一番功夫，故而得名。另外，坦洋工夫红茶制茶创始人之一是武举人施光凌，他是著名的丰泰隆茶行创始人。

坦洋工夫通常选择一芽一叶或一芽二叶的鲜叶，经萎凋、揉捻、解块、发酵以及干燥和精制环节制作而成。成品茶外形条索紧结，色泽乌润，芽毫金黄。冲泡以后，汤色明红，滋味甜和，香气高爽，一时间声名鹊起。后更是经过广州运往欧洲进行销售，征服了喜欢饮用红茶的欧洲人，成为英国王室的特供茶。1915 年，坦洋工夫茶与茅台酒一起在巴拿马万国博览会上赢得金奖，跻身国际名茶之列。2007年坦洋工夫茶正式成为国家地理标志保护产品，2009年被北京奥运经济研究会和福建省茶叶学会联合评为"中国申奥第一茶"。

如今，李宗雄老师是坦洋工夫红茶界做了60多年茶的老茶人，成为领军人物，他的儿子李立也已经成为能手。笔者的师兄——李彦晨，则和李宗雄老师一样，在大家的建议下申遗，成为坦洋工夫首批非遗传承人之一，他是李宗雄老师的侄子。而李彦晨的父亲李敏泉，则是上一代国营茶厂技术领军人物，曾经赴非洲索马里指导制茶。

075　宁红是什么茶？

"宁州红茶誉满神州。"宁红茶发源于江西省九江市的修水县，是中国最早的工夫红茶之一。因修水县自古有"分宁、义宁、宁州"等名字，又因该种茶的制作工艺属中国特有的工夫红茶，故称宁红工夫茶，简称"宁红茶"。

宁红茶起源于乾隆晚期（约1785年），名扬于道光初年，鼎盛于光绪年间。作为重要的外销茶，宁红茶以外销俄国为主，外销东南亚为辅，是万里茶道上不可或缺的重要成员。清光绪十七年（1891年），修水著名茶商罗坤化开设于漫江的"厚生隆"茶庄产制的白字号宁红茶，在汉口以每箱100两白银的价格卖给俄商。适逢俄国太子尼古拉·亚历山德维奇游历来华，为宁红茶赠予"茶盖中华，价甲天下"的匾额，宁红太子茶由此得名。1892年至1894年，修水每年出口宁红茶30万箱（7500吨）给俄商，占江西省出口茶叶的80%。到1904年，宁红茶更是成为清朝的贡品。后因第一次世界大战和抗日战争等的影响，宁红茶的销售先后经汉口、上海、广州、香港等口岸茶市进行外销。由于修水地处山区，交通不便利，运输耗时长，在九江、汉口、上海、香港的茶市和口岸，往往会出现等宁红茶到了才开箱品优的现象，因此宁红茶有了"宁红不到庄，茶叶不开箱"的崇高行业地位。在1915年美国旧金山巴拿马太平洋万国博览会上，宁红茶获得甲级大奖章。2015年8月9日，在意大利米兰世博会"百年世博，中国名茶"国际评鉴会上，"宁红茶"获得了公共品牌金奖和企业品牌金骆驼奖双丰收，实现了宁红茶百年再现辉煌。

宁红茶的产区峰峦起伏，林木苍翠，多云雾，其土质肥沃，有机质含量丰富，为茶树提供了优越的自然生态环境，自唐代便有茶叶的生产。北宋年间，黄庶、黄庭坚父子曾将家乡精制的双井茶推赏至京师，赠京师名士苏东坡等，使双井茶名声大噪。

宁红茶对原叶的采摘要求较高，一般需要在谷雨前，选取一芽一叶至一芽二叶，芽叶大小、长短一致的鲜叶作为原料。后经萎凋、揉捻、发酵、干燥等工序制成。宁红茶制作技艺已入选国家非物质文化遗产名录。目前，宁红主要分宁红金毫、宁红工夫茶和宁红龙须茶三个品种。特级金毫据说就是采用和宁红太子茶一样的原料。

宁红龙须茶是一款工艺独特的茶，因为捆上五彩线，作为一担茶的好彩头置于上面，且制成后的成茶"身披红袍，外形似须"而得名。制成的干茶形状像毛笔头，又像古时的红缨枪枪头，故又称"掌上枪"。又因为茶在杯中冲泡时，似菊花绽放，也称"杯中菊花"。

成品宁红茶外形条索紧结秀丽，锋苗挺拔，略显红筋，色泽乌润微红，内质香高持久，上品有果香、兰花香。茶汤汤色红艳，滋味醇厚甜和，叶底红匀，肥厚。宁红茶较耐泡，泡上 3~5 泡不是问题。

宁红茶的龙头企业是宁红公司，宁红集团重组后和浙江更香公司同属一个集团。宁红公司在北京马连道核心位置拥有店铺，笔者经常过去品鉴。近现代宁红的品牌知名度不如祁红、金骏眉等红茶，但是品牌也因此溢价比较少，茶友们若将其作为口粮茶，是个不错的选择。大公司的宁红金毫茶和国际盛会的纪念茶，也是很好喝的。

076 宜红工夫是什么茶?

在美丽雄壮的三峡，不仅有民族英雄屈原、四大美女之一的王昭君，更有三峡葛洲坝和湖北宜红茶。宜红性味之锦绣，可与金骏眉比肩。

宜红工夫亦称"宜红"，是产于湖北宜昌、恩施的条形工夫红茶，为中国国家地理标志产品。宜红工夫茶创制于清道光年间，最早由广东商人钧大福在五峰渔洋关传授红茶采制技术，设庄收购精制红茶运往汉口，再转广州出口。后来，咸丰和光绪年间，广东的茶商到鹤峰县改制红茶，在五里坪等地精制，由渔洋关运往汉口出口。当时，渔洋关一跃成为鄂西著名的红茶市场。1850年，俄国开始在汉口采购湖北一带的红茶。1861 年，汉口列为通商口岸，英国开始在汉口设立洋行，大量收购红茶。因交通关系，由宜昌转运汉口出口的红茶，取名"宜昌红茶"，宜红因此而得名。宜红由英国转售至西欧，美国和德国的商人也时有购买，宜红得到大发展。

新中国成立初期，湖北宜红主要分布在五峰、长阳、鹤峰、恩施、宜都、宜昌、建始、宣恩、利川，以及湘西的石门、慈利等县。1951年，宜都县（今宜都市）建立国营宜都茶厂，收购各县红毛茶进行精制加工，经汉口口岸出口。宜红通常以一芽二、三叶为采摘标准，经萎凋、揉捻、发酵、干燥等工序制成，典型特征为："橘红汤、果蜜香、味醇爽。"成茶条索紧细有毫，色泽乌润。冲泡以后，汤色红亮，香气甜纯高长，滋味醇厚鲜爽，具有"冷后浑"的特点，是中国高品质的工夫茶之一。

中国硒都恩施的利川所产的利川红也属于宜红，在2018年国家元首于武汉接待印度总理莫迪时被选用，经央视新闻联播播出后名扬天下。

077 白琳工夫是什么茶？

19世纪50年代前后，白琳工夫红茶创制于福建省福鼎太姥山麓的白琳、翠郊、磻溪、黄岗、湖林等村。当时，以白琳为集散地，设号收购，远销重洋，白琳工夫也因此闻名海外。白琳工夫曾与坦洋工夫、政和工夫并称为闽红三大工夫茶，是重要的外销茶品。

白琳工夫红茶原以福鼎当地的小叶种菜茶为制茶原料，后期改用福鼎大白茶良种作为原料。为了保证白琳工夫的品质特点，在采摘时，十分讲究鲜叶的嫩度，要求早采、嫩采。否则芽叶过大，会导致成品外形粗松，滋味淡薄，影响品质。茶叶采摘后，经过萎凋、揉搓、解块、发酵、烘焙等环节制成。其干茶外形紧结纤秀，色泽乌黑，含大量橙黄毫芽。冲泡后，汤色红艳明亮，有金圈，滋味清鲜甜和。馥郁的花果香使白琳工夫在历史上一度可以媲美祁门红茶，是一款值得人们关注的好茶。现如今，许多人的脾胃功能都较弱，不妨多尝试一些有益于肠胃的红茶。

078 英德红茶是什么茶？

英德红茶是英国和德国的红茶吗？当然不是！英德红茶虽然在国内的名声比不上正山小种、金骏眉、祁门红茶等，但是早已享誉世界，曾经是新中国成立后最主要的出口茶。英德红茶产于中国广东省的英德地区，有着中国红茶后起之秀、中国红茶之花和东方金美人的赞誉。生产它的茶厂（红旗茶厂）是当时国内最大、成立最早的红茶生产厂，也是现代红茶工艺的摇篮，很多制茶机器都是在这里研发制造的。英德红茶与祁门红茶、滇红并称三大出口红茶。红旗茶厂当年由中南局第一书记陶铸亲自督建，也是著名的知青茶厂。笔者参观茶厂时看到 20 世纪 50 年代的制茶机器仍然在使用，并且还非常科学，虽然很多用的是手工制的木头，却很符合制茶的原理，做出的茶优于一些现代机器制作的，让人由衷感到赞叹。1963 年，英国女王伊丽莎白二世在宴会上使用英德红茶的 FOP（叶茶一号）招待贵宾，FOP 获得广泛称赞和推崇。

广东英德，山川秀美，生态宜人，素有"岭南古邑，粤北明珠"之称。英德的茶业历史悠久，茶圣陆羽就在《茶经》中提到岭南韶州等地产茶，其味极佳。当时的英德就是韶州的主要产茶地。新中国成立后，为了响应新中国出口创汇的战略需要，英德在国家的支持下，1955 年从云南引进国家良种云南大叶种茶籽试种成功。之后经过不断的选育、研制，英德红茶于 1959 年成功问世。茶树在 1986 年被认定为省级良种。当时的英德红茶主要供应出口，产品以红碎茶为主，出口量约占了中国全部红茶产量的 90%。随着时代的变迁，为培育适合英德红茶发展的优良茶树品种，英德依托广东省农业科学院茶叶研究所的科研技术力量，紧密关注茶叶生产中前沿的研究成果，研制出英红 9 号。最高等级的英红 9 号茶叶，被称为金毫茶。金毫茶外形条索圆直紧结，金毫显露，匀称优美，色泽乌黑红润。冲泡以后，汤色红艳明亮，金圈明显，富有茶黄素。金毫茶香气浓郁纯正，带有花香，滋味醇滑甜爽，非常耐泡，沏上十几泡没有问题。而且，其优秀的品质特征，非常适合制作成奶茶饮用。加奶后，茶汤棕红瑰丽，滋味浓厚清爽，色香味俱全，较之采用滇红、祁红制作的奶茶，别有一番风味。经营英德红茶的知名茶企有英九庄园、积庆里等，不仅茶好，环境也很优美，成为特色景区。各茶企的电商园也在乡村振兴中起到很大的作用。

英德在红茶产品的研发上持续创新，2016 年 9 月 15 日，35 棵选育的"英红 9 号"茶树种子，跟随"天宫二号"在酒泉卫星中心升空，在空间飞行了63 天，是太空育种飞行时间最长的茶树种子。另外，作为距离广州最近的著名茶区，英德红茶对广州人来说是一种情结，早已融入他们每天的早茶之中。著名的广东省农科院茶科所也坐落在英德茶区。

079 滇红是什么茶?

滇红和普洱红茶或者古树红茶是一回事吗？当然不！虽然都是云南茶，但因品种和地域工艺不同，特别是品种差异大，做出的红茶外形香气滋味明显不同。滇红以凤庆大叶种为适制品种，该茶树品种属乔木型大叶类，早生种二倍体，外形更为细长紧秀，溶出的茶黄素、茶红素更丰富。普洱红茶则选用各种制作普洱茶的原料，用红茶工艺制作而成，外形不很讲究，滋味醇厚。

滇红是云南特色红茶的简称，属于大叶种红茶类，主产区位于滇西南澜沧江以西、怒江以东的高山峡谷区，包括凤庆、勐海、临沧、双江等县。滇红是工夫红茶的后起之秀，以外形肥硕紧实，金毫显露和香高味浓的品质独树一帜，而著称于世。滇红包括滇红工夫和滇红碎茶。滇红工夫于1939年在凤庆与勐海县试制成功，首批试制成功的滇红共500担，先用竹编茶笼装运到香港地区，再改用木箱铝罐包装投入市场，为历史名茶。滇红碎茶于1958年试制成功。

滇红采用云南大叶种茶树鲜叶为原料，选用鲜叶的标准是一芽二、三叶。滇红工夫的制茶工艺工序有萎凋、揉捻、发酵、干燥。滇红碎茶初制工序有萎凋、揉切、发酵、干燥。

成品滇红工夫外形条索紧结、肥硕，色泽乌润，金毫显露，内质香气鲜郁高长，冲泡后散发出自然果香和蜜香，滋味浓厚鲜爽，富有收敛性，其汤色红艳，叶底红匀嫩亮。滇红CTC（Crush，碎；Tear，撕；Curl，卷）碎茶外形颗粒重实、匀齐、纯净，色泽油润，内质香气甜醇，滋味鲜爽浓强，汤色红艳，加牛奶仍有较强茶味，呈棕色、粉红或姜黄，以浓、强、鲜为其特色。很多出口红茶都要拼配进滇红滋味才够。

滇红内含物质丰富，通常选用80~85℃的水来冲泡，头三泡出汤要快，一秒钟即可出汤，之后可适当延长出汤时间。

080 "九曲红梅"是什么茶？

九曲红梅源出武夷山的九曲，相传闽北、浙南一带的农民北迁，在大坞山一带落户，开荒种粮种茶，为谋生计，制作了九曲红，带动了当地农户的生产。九曲红梅采摘是否适期，关系到茶叶的品质，以谷雨前后采摘为优，清明前后开园，品质反居其下。九曲红梅因其色红香清如红梅，故称九曲红梅，滋味甜醇。九曲红梅茶生产已有近200年历史，早在1886年，九曲红梅就获巴拿马世界博览会金奖，但其名气逊于西湖龙井茶。

081 晒红茶属于滇红吗？

当然不是。滇红诞生于云南省的凤庆，品种与一般普洱茶树种不同，其在工艺上属于全发酵，而晒红采用日光进行干燥，没有高温干燥、烘焙的环节，它的发酵程度比滇红低，大约为70%~80%。在香气方面，由于高效烘干的方式，新制作的滇红有高昂的香气，但香气会随着存放时间的延长而减弱。而发酵没那么彻底的晒红则不同，新制的晒红会有少许青涩味，偏酸，存放一年左右后再品饮味道会更好。若再稍微多存一段时间，会产生一些陈香，别具特色。从制作工艺上来讲，滇红烘干时间短，而晒红干燥时间长短受天气环境影响大，长则需要晒好几天，却也有了阳光的味道，滋味醇厚。从外观上来讲，晒红则没有滇红那么整洁、漂亮。

黑茶音频

082 黑茶是什么茶？

黑茶是六大基本茶类之一，属于后发酵茶，也叫作微生物发酵茶。因其原料较粗老，而且叶色呈现油黑或黑褐，故得名黑茶。在英文中，黑茶为 Dark Tea 而不是 Black Tea。黑茶一般指经过杀青、揉捻、渥堆和干燥等环节制成的毛茶，以及以这种毛茶为原料加工而成的茶。黑茶也包括某些绿茶砖（饼）茶经较长期间存放，经微生物作用而改变原有绿砖（饼）茶风味的茶。黑茶的核心工艺是渥堆，通过营造有益于微生物生存的温湿度环境，促进茶叶在湿热和微生物的共同作用下进行转化，生成茶红素、茶褐素等物质，形成"干茶乌黑油润，汤色黄褐，陈香，滋味醇厚"的特点。黑茶类产品普遍能够长期保存，而且有越陈越香的品质。按产地黑茶主要有湖南黑茶、湖北黑茶、四川黑茶、云南黑茶和广西黑茶，例如：湖南的渠江薄片、安化黑茶，湖北的青砖茶，四川的雅安藏茶，云南的普洱茶，广西的六堡茶，等等。

083 湖北老青砖是什么茶？

内蒙古等地煮奶茶喜欢用青砖茶，它色泽青褐，形似砖头，香气纯正，滋味醇和，冲泡后的汤色橙红，叶底呈暗褐色，属于黑茶类。其产地主要在湖北省咸宁地区的蒲圻、咸宁、通山、崇阳、通城等县。因为其最早在羊楼洞生产，又名"洞砖"。据《湖北通志》记载："同治十年（1871年），重订崇、嘉、蒲、宁、城、山六县各局卡抽派茶厘章程中，列有黑茶及老茶二项。"这里讲的老茶指的就是老青茶，距今已有100多年的生产历史。1890年前后，在蒲圻（湖北赤壁市）的羊楼洞开始生产炒制篓装茶，即将茶叶炒干后打成碎片，装在篾篓里运往北方，称为炒篓茶。约10年后，山西茶商便以此为基础在羊楼洞设庄，以老青茶为原料进行蒸压，试制青砖茶。由于蒸压后的砖面印有"川"字商标，也叫"川"字茶。

有好奇的朋友可能会问，为什么这种茶砖都会印上"川"这个字呢？毕竟青砖茶产于湖北省，当时主要面向北方的蒙古国和俄国销售，又不是销往四川地区。其实啊，这个川字最主要的原因是跟当时经营青砖茶的茶庄和茶商有关。羊楼洞最早与"川"字有关的商号，是清代山西旅蒙最大商号"大盛魁"开办的"大玉川"茶庄（后改名三玉川）。据内蒙古文史资料《旅蒙商大盛魁》记载：著名旅蒙商大盛魁投资设立的"三玉川"茶庄，其据点就设于湖北省蒲圻县的羊楼洞。而这"大玉川"商号名字的来历，其实是取自为纪念茶仙卢仝而制作的一套叫作"大玉川先生"的茶具，因为写下《七碗茶歌》的卢仝，自号就是玉川子。另外，与"川"字有关的商号，还与山西祁县的渠家有关。渠家基业的创始人，字百川，经过艰苦创业，逐渐发家。渠家在羊楼洞开办的茶庄大都与"川"有关，例如"长源川""长盛川""三晋川""宏源川"等茶庄。在渠家大院门楼上挂的"纳川"二字，既有海纳百川、聚财的意思，又寓意着"包容"，是渠家创业先辈对后辈的谆谆叮嘱。

在19世纪70年代至80年代，现今的赤壁市羊楼洞地区不足1平方公里的小镇内，聚集了200多家茶庄和茶叶加工作坊，它是名副其实的国际茶叶贸易名镇。2012年羊楼洞被国家文物局确定为万里茶道的源头之一，是青砖茶之乡。作为近代中国重要的茶叶原料供应和加工集散中心，青砖茶从这里起步，由万里茶道走向世界，推动了汉口和九江两大茶市的发展。

说到制作技艺，青砖茶分为洒面、二面和里茶三个部分。面茶较精细，里茶较粗放。一级的洒面茶以青梗为主，基部稍带红梗，条索较紧，稍带白梗，色泽乌绿。二级的二面茶以红梗为主，顶部稍带青梗，叶子成条，叶色乌绿微黄。三级的里茶为当年生的红梗，不带隔年的老梗。面茶制作分杀青、初揉、初晒、复炒、复揉、渥堆、晒干七道工序，里茶制作分杀青、揉捻、渥堆、晒干四道工序。鲜叶采割后先加工成毛茶，毛茶再经筛分、压制、干燥、包装后，制成青砖成品茶。青砖茶发酵度较其他黑茶轻。品饮时，先用茶刀撬开一片，用沸水先洗一下茶，洗茶有利于后续茶的出汤和发香。青砖茶外形端正光滑，厚薄均匀，砖面色泽青褐，汤色红黄明亮，具有青砖茶特殊的香味，品饮时无青涩感觉，叶底粗老呈暗褐色。

随着时代的发展、科技的进步、生活节奏的加快，传统的青砖茶利于运输和储存的优点被弱化，而不便于冲泡的问题却在一定程度上被放大，因而影响了市场的开拓。为了解决这一问题，茶商们也积极转变，适应市场的变化，推出了便于冲泡的小包装茶品，让广大的消费者能够一品香茗，感受青砖茶独特的魅力。相信未来青砖茶一定能够获得更大的发展。

084 湖南渠江薄片是什么茶?

湖南以黑茶闻名，而渠江薄片被认为是湖南黑茶的鼻祖。民间相传，渠江薄片是由西汉名臣张良所造，俗称张良薄片。唐朝皇家选用的名茶饮品中就有渠江薄片。唐代末期（856年）杨晔在《膳夫经手录》中曾有"渠江薄片茶（有油，苦硬）"的记载，五代十国时期，后蜀二年（935年）毛文锡的《茶谱》中曾记载："潭邵之间有渠江，中有茶而多毒蛇猛兽。乡人每年采撷不过十六七斤。其色如铁，而芳香异常，烹之无滓也。渠江薄片，一斤八十枚。"

现在的渠江薄片，选用最高等级的天尖黑毛茶为原料，经过两蒸两制，冷渥堆后，压制成每片重6.25克的薄片。其外形为古铜币状，色泽油润，饮用携带方便，可用沸水冲淋，或者焖泡来饮用。汤色橙红明亮，香气纯正持久，陈香浓郁，滋味醇和浓厚，叶底黑褐，均匀一致，堪称茶中一绝。其外形典雅，非常适合作为礼品。现今生产渠江薄片的有中粮中茶牌、湖南省渠江薄片茶业有限公司的奉家渠江薄片等。

085 广西六堡茶是什么茶?

要论祛湿哪家强？六堡茶当仁不让！因产自广西壮族自治区梧州市苍梧县六堡乡而得名的六堡茶，作为唯一一款低温发酵、竹篓存放，窖藏、洞藏或者木板干仓存放的侨销茶（其他黑茶都为边销茶），其口味特点明显，受到一众粉丝追捧。

历史上不但有茶马古道，还有一条茶船古道，起点就在广西的六堡。梧州人民通过内河航运把茶叶、瓷器等货物运往世界各地，与外界建立了广泛的贸易关系，形成了历史积淀深厚的"茶船古道"。茶船古道从广西六堡开始，沿六堡河，经东安江，走贺江，入西江，直达广州，对接"海上丝绸之路"的船运茶叶通道，是全国独一无二的连接了桂、粤、港，直通东南亚的茶船古道。通过茶船古道，六堡茶走出深山，越洋过海，成为海上丝绸之路的重要商品之一。

六堡其地产茶、制茶的历史可追溯到 1500 年前。《广西通志稿》曾记载："六堡茶在苍梧，茶叶出产之盛，以多贤乡之六堡及五堡为最，六堡尤为著名，畅销于穗、佛、港、澳等埠。"清朝中后期，社会动荡不安，一些华人纷纷远渡南洋，躲避乱世。在此期间，马来西亚发现了巨大的锡矿，引得很多华人前往。由于南亚气候潮湿闷热，常常有人因肠胃和湿气得病，后来有人发现，常喝六堡茶的工人不易得病。于是，六堡茶调理肠胃、祛湿功效好的消息很快传开，推动了六堡茶的大发展。也因此，六堡茶是新中国成立初期重要的出口换汇产品。

六堡茶条索长整紧结，色泽黑褐光润，汤色红浓明亮，香气醇陈，滋味醇和爽口、略感甜滑。六堡茶正统应带松烟和槟榔味，以"红、浓、陈、醇"四绝著称，属于后发酵类茶，也就是黑茶。采摘的一芽二、三叶或三、四叶的茶鲜叶，经过杀青、揉捻、堆闷、复揉、干燥 5 道环节初加工，再经过筛选、拼配、渥堆、气蒸、压制成型以及陈化制作而成。2008 年，这种古老的制作技艺被列入广西壮族自治区第二批非物质文化遗产名录。六堡茶著名的大品牌有三鹤、中茶、茂圣、福临门、金花等。笔者曾去过位于六堡镇的黑石山茶厂体验儒菲六堡茶，制茶大师韦洁群是六堡茶国家级非物质文化遗产代表性传承人，三鹤的木板干仓和藏茶山洞给笔者留下深刻印象。随着时代和技术的不断进步，如今六堡茶生产企业也开始注重零售市场，推出了多种多样的口味和包装，创新工艺生产的金花六堡茶销量也很不错。现代社会人们普遍有湿气方面的问题，不妨选择六堡茶喝一喝，或许有意想不到的感受。

086 四川雅安藏茶是什么茶？

雅安藏茶属于黑茶类，产于四川雅安。雅安地处四川西南方向，位于川藏、川滇公路交会处，是四川盆地与青藏高原的结合过渡地带，也是古南方丝绸之路的门户和必经之路，素有"川西咽喉""西藏门户""民族走廊"之称。

公元前 53 年，茶祖吴理真在蒙顶山种下七株茶树，开创了世界人工植茶之先河。由于地缘关系，雅安自古就承担着供应藏区茶叶的重任，《西藏政教鉴附录》曾记载"茶亦文成公主入藏地也"，迄今已有 1300 多年供茶历史，从未间断。雅安藏茶是藏族同胞的生命之茶和民生之茶。在不同的历史时期雅安藏茶有不同的称谓，如乌茶、大茶、西番茶、边销茶、南路边茶等。

从定义上来讲，雅安市所辖行政区域范围内采用一芽五叶以内的茶树新梢，经传统的已列入国家级非物质文化遗产名录的"南路边茶制作技艺"加工生产出的各种规格、形状的紧压茶、散茶、袋泡茶及工艺茶等系列产品，统称为"雅安藏茶"。狭义的藏茶是指藏区民众自吐蕃时代以来传承至今，一直饮用的以雅安本山茶（小叶种茶）制作的砖茶。

藏茶有"红、浓、陈、醇"四绝，"红"指茶汤色透红，鲜活诱人；"浓"指的是茶味浓醇，饮用时爽口甜畅；"陈"指芳香浓厚；"醇"是指入口不苦不涩，滑润甘甜。藏茶虽然和红茶的汤色在感官上非常相近，但是二者发酵的类型是不同的。红茶发酵是酶促发酵，发酵时间较短，主要形成茶黄素、茶红素。藏茶发酵是包含微生物、湿热作用、酶促发酵的生物工程，发酵时间相对较长，在发酵过程中将多酚类物质转化为茶红素、茶黄素、茶褐素，并在发酵过程中形成有益于人体的微生物菌群及衍生物，帮助人调理肠胃，助消化，加快新陈代谢。此外，研究表明，藏茶中含有近百种营养元素，包含磷、镁、钾等矿物元素，具有抗氧化、促消化、抗辐射、抑制动脉硬化、抗病毒等功能。藏茶的饮用方式有冲泡饮用或煮饮，也可以调饮。藏茶具有极大的包容性，每个人可以根据自己的喜好调配藏茶，加入水果、蜂蜜、乳制品、香料、酥油等。

087 云南下关沱茶是什么茶？

关于云南茶，有一种说法，同一种茶，原料最好的做沱茶，较好的做饼茶，等级低的做成砖茶。沱茶以下关茶厂生产的为佳，一般单块 100 克。沱茶从加工技艺上讲，属于再加工的紧压黑茶。由于发酵环境温度低，目前主做普洱生茶。历史上，景谷人李文相于光绪二十六年（1900）创办制茶作坊，用晒青毛茶做原料，用土法蒸压月饼形团茶，又名谷茶或者景谷姑娘茶。两年后，被下关"永昌祥"商号借鉴生产。1916年，永昌祥商号在此基础上改革工艺，于茶的底部开窝，便于干燥、组合包装和运输。由于圆而饱满的单个体在云南话中称为"坨"，于是改叫"坨茶"，后因销往四川沱江一带大受欢迎，进而演变成了"沱茶"。

云南下关沱茶采用产于滇西南地区的云南大叶种晒青毛茶做原料，在清光绪二十八年（1902年）创制。因集中在作为交通驿站的历史重镇"下关"（大理市市区地域）加工，得名下关沱茶。素有"风城"之称的下关，一年之间常常有来自北方的干燥气流，对下关沱茶的品质形成极为有利。下关沱茶的外形好似一个小窝头，凹口端正，紧结光滑。下关沱茶，色泽乌润显毫，香气馥郁，汤色橙黄明亮，滋味醇厚，有回甘。在冲泡的时候，既可以用茶刀撬开一部分来冲泡品饮，又可以放入锅内蒸几分钟，然后将松散的茶存入茶叶罐，以便后续分次饮用。下关沱茶与云南白药和云烟被誉为"滇中三宝"，并且在2011年入选国家商务部的"中华老字号"称号，制作技艺也入选国家非物质文化遗产名录，是地理标志保护产品。

20世纪70年代开始的著名销法沱茶是熟茶，至21世纪初停产，在市场流通的仅有1988年和1992年的两款，是收藏市场的紧俏货，有一种焦香味儿，价值千金而不易得。

088 千两茶是什么茶？

千两茶属于黑茶类，始创于清朝道光年间（1821—1850年）的湖南省安化县江南一带，是安化的传统名茶。该茶为圆柱形，每卷（支）茶一般长约1.5~1.65米，直径0.2米左右，净重约36.25千克。因每卷（支）茶叶的净含量为老秤的一千两，故而得名"千两茶"（老秤一斤约等于16两）。又因其外表的篾篓包装成花格状，也叫花卷茶。

相传清道光元年（1821年）之前，陕西商人到湖南安化采购黑茶，为骡马运输方便，减少茶包体积，节约运输费用，将采购的散装黑茶踩压成包运回陕西。当时，这种踩压成包的黑茶叫"澧河茶"（澧水是从湖南前往陕西的重要河道）。后来，陕西茶商又对茶包做了改进，将重量100两的散黑茶踩压捆绑成圆柱形的"百两茶"。清同治年间（1862—1874年），晋商"三和公"茶号在"百两茶"的基础上将茶叶重量增加至1000两，采用大长竹篾篓将黑毛茶踩压捆绑成圆柱形的"千两茶"。

千两茶的加工技术性强，做工精良，工艺保密，新中国成立后的 1952 年，湖南省白沙溪茶厂聘请刘家后人进厂带徒传艺，使少数工人掌握了千两茶的加工工艺技术，亦使白沙溪茶厂成为独家掌握千两茶加工工艺技术的厂家。据统计，白沙溪茶厂在 1952—1958 年共生产千两茶 48 550 卷（支）。由于千两茶的全部制作工序均由手工完成，劳动强度大，工效低，白沙溪茶厂始创了以机械生产花卷茶砖取代千两茶的做法，停止了千两茶的生产。1983 年，白沙溪茶厂唯恐千两茶加工技术失传，决定将当年在厂内加工生产千两茶的老技工李华堂聘请回厂传艺带徒，从初夏至深秋历时四个余月，共制作出千两茶 300 余支。后来为了满足市场需求，1997 年白沙溪茶厂恢复了传统的千两茶生产。

2010 年 5 月 10 日，中国台湾地区著名茶人曾志贤跨越海峡，来到湖南安化寻找一支 50 年前产的千两茶，茶的包装上写着"华堂"二字，感人的故事风靡茶界。中央电视台特为李华堂老先生拍摄了"黑茶之王"纪录片。2014 年，CCTV-10 探索发现栏目深入千两茶优质原产地"高马二溪"进行了深入挖掘，将作为国家级非物质文化遗产的千两茶制作工艺完整拍摄保留下来，并在 2014 年 7 月 1 日晚 10 点进行了首播。

安化千两茶具有悠久的生产历史和独特的制作工艺，其传统制作技艺 2008 年被列入国家级非物质文化遗产名录。千两茶选用经杀青、揉捻、渥堆、烘干等多道工序粗制形成的二、三级安化黑毛茶做原料，以棕片、叶、花格篾篓为包装，经过蒸、灌、绞、压、捶、滚、箍等几十道工序加工成型，包装与加工同时完成，加工过程中对水分的高低、温湿度的控制十分精确。陈年千两茶，色泽如铁，隐隐泛红，开泡后陈香醇和绵厚，汤色透亮如琥珀，滋味圆润、柔和，令人回味，同一壶茶泡上数十道后，汤色依旧。新制的千两茶，味道浓烈有霸气，有樟香、兰香、枣香之分，涩后回甘是其典型特征。

现在很多商家收藏千两茶是因为其便于储存与转化，或者因其霸气可以作为茶苑的装饰与象征，等到品饮或零售时环切成饼片，然后就可以撬开冲泡了！

089 金花是金色的茶花吗？

不是的！茯茶中的"金花"实际上是一种有益的真菌，其囊壳呈金黄色，学名叫作冠突散囊菌，是国家茶叶行业唯一列为二级机密保护的菌种，发现距今已经 600 年左右，其发现是祖先的集体智慧结晶，根本不是现代人的发明，金花之父的说辞是错误的。

金花的发现有一些传说，比如：在16世纪40年代初期，一支陕西泾阳的商队在湖南安化购进了一批正宗的安化黑茶，经过长途跋涉来到了甘肃地段，时值伏天，路途中又恰遇一场倾盆暴雨，致使驮在马背上很多的茶叶都渗了水继而产生金花。又比如：热门影视作品《那年花开月正圆》中，关于落水"发花"的剧情设计也令泾阳茯茶着实火了一把。无论如何，因为在销售地加工更方便售卖，600年前陕西泾阳的制茶师傅发现，在把黑毛茶压制成茯砖茶的过程中会自然产生金黄色的物质，故而称它为"金花"。历史上一直是把湖南安化等地的黑毛茶原料运送到陕西泾阳县来压制茯砖茶，并有"非泾水不能发花"之说。这说明泾阳独特的气候地理条件，适合冠突散囊菌群的生长，是自然发花的关键因素。

然而，自然发花毕竟很难，而且不受控制。1951年，中国茶叶公司在北京进行茯砖茶加工发花试验，经过反复试验，试制成61片茯砖，初步认为发花关键在于温、湿度的控制。同时，中国茶叶公司（中茶）安化砖茶厂从泾阳雇请3名技工，并取泾阳水来安化进行茯砖茶发花研究。直到1953年，手筑茯砖茶试制终于获得成功，结束了产区不能加工茯砖茶的历史。而催生神奇"金花"形成的"发花"工艺，则被视作国家二级机密保护起来。茯砖茶发花的实质是在一定的温、湿度的条件下，使有益优势菌冠突散囊菌大量生长繁殖，并借助其体内的物质代谢与分泌的胞外酶的作用，实现色、香、味品质成分的转化，形成茯砖茶特有的品质风味——"菌花香"。茯茶经过"金花"的转化，色泽黑褐油润，金花茂盛，陈香显露，茶汤色泽红浓，滋味醇厚回甘、绵滑。

2005年5月应湖南省益阳茶厂的委托，刘仲华带领团队前往茶厂进行发花生产技术攻关。他们在中茶安化砖茶厂研究的"发花"工艺基础上，经过两年试验，找到了合适的技术参数，实现了黑茶诱导调控发花、散茶发花、砖面发花及黑茶品质快速醇化等加工新技术，使无梗的鲜嫩茶叶也成功"发花"。2007年5月8日，刘仲华在长沙举办的第二届国际茶业大会上，作了题目为《湖南黑茶——人类健康的新希望》的演讲，引起较大反响，对推广金花以及黑茶起到了一定的作用。

如今，很多茶类都实现了发花，比如金花六堡、金花普洱、金花大红袍等。虽然在人工发花对人体的长久安全性等方面还有一些争议，有待时间的验证，而且口味上有人喜欢，有人不喜欢，但作为一种优势菌种，金花在茶的应用上还是得到了一定的发展。

🍃 中国港澳台地区茶品

中国港澳台地
区茶品音频

090 东方美人茶是怎么来的？

东方美人茶的诞生始于一场意外，100多年前发生了一场虫害，茶小绿叶蝉把台湾地区茶园的茶树叶子吃得不成样子，又小又枯黄，当时正是收成的季节，茶农很不甘心，就将就着将叶子采下来制作了。因为先天不足，就加重了工艺中的萎凋和发酵程度，加上茶小绿叶蝉咬过的唾液残留，结果得到了意料之外的口感和香气。后来，此茶被洋行收购销往伦敦，伦敦的一个英国茶商看上了这个茶，他把这个茶献给了英国的女王陛下。女王用她的水晶杯泡茶，发现茶婀娜多姿，香气馥郁，非常喜欢，于是芳心大悦的女王为茶赐名：Oriental Beauty，就是东方美人茶。这种茶香气独特如香槟，又名茶中香槟。东方美人茶属于发酵度最高的一款乌龙茶，发酵程度大约70%，已经接近红茶口感。

091 文山包种是什么茶？

文山包种茶，属于乌龙茶（青茶）类中的台湾地区乌龙茶，是台湾地区乌龙茶中发酵程度最轻的清香型乌龙茶之一，发酵程度为8%～12%。因采用轻焙火轻发酵的制作工艺，展现出清扬的香气，又叫"清茶"。此茶产自台湾地区北部的台北市、新北市一带，包括台北市的文山、南港，新北市的新店、坪林、深坑、石碇、平溪、汐止等地，至今已有两百多年的历史。文山包种茶作为台湾地区北部乌龙茶的代表，与冻顶乌龙茶齐名，享有"北文山、南冻顶"之美誉。

1869年台湾地区产制的乌龙茶被英商陶德与买办李春生成功地外销至美国，但在1873年发生滞销的情况，于是商人只好将卖不掉的库存乌龙茶送至福州，熏上香花改制成花香包种茶，意外地获得好的反响。于是在1881年，福建泉州府同安县茶商吴福源（吴福老）先生渡海至台，独资经营"源隆号"茶庄，通过引进包种茶制法，开始制造这种具有花香的包种茶，此为台湾地区乌龙茶改制包种茶的由来。关于包种茶的名称由来，根据台湾地区《南港志》记载，包种茶由距今约 150 多年前的福建安溪人王义程所创，他仿照武夷茶的制茶方法，将俗称"种仔茶"的青心乌龙品种的每一株茶树上采摘的茶叶分别制作，再将制好的茶叶运到福州加上香花，用福建所产的白色四方毛边纸两张，内外相衬，放茶四两，包成长方形的"四方包"，包外再盖上茶叶名称及行号印章，称为"包种仔茶"或"包种茶"。其中，包种茶的"种"指的就是青心乌龙，这是一个发源于福建省建瓯市的灌木型小叶种茶树，属于晚生种品种，其茶树鲜叶的采摘时间相比其他茶树要晚。与文山包种同样出名的冻顶乌龙，也是以青心乌龙为原料制成的。1885 年，福建省安溪县的茶人王水锦和魏静时相继至台，在台北七星区南港大坑地区，悉心从事台湾地区茶的研究和改进。

在目前的文山包种茶产地中，以新北市坪林区最为知名。坪林位于新北市的东南部，崇山环绕，林木茂盛，清澈见底的北势溪从中蜿蜒而过，沿溪两岸多为茶园。其地土壤肥沃，气候终日温润凉爽，云雾弥漫，正合适茶树的生长，所产的文山包种茶，品质极佳。坪林每年都会举办春、秋两季文山包种茶比赛，茶叶的品质水准可谓是全台湾地区最佳。因此，也有"坪林包种茶等于文山包种茶"之说。

最适合文山包种茶的茶种，传统上公认以青心乌龙为最优。近年来，台茶 12 号（金萱乌龙）因其栽种与产量优势，成为第二大主力品种。此外，由于台湾地区北部茶区的栽种历史悠久，坪林、文山等老茶区仍保留有最早从大陆移植到台湾地区的茶种与在地原有的茶种，比如大慢种、武夷、大叶等，赋予包种茶在原本就高香的基础上更丰富的风味。

文山包种茶的鲜叶采摘有"雨天不采，带露不采"之说，晴天要求在上午十一时至下午三时之间采摘为宜。由于气候地理因素，可分四季进行鲜叶采收，春茶约于三月底至四月底采收，夏茶为七月，秋茶为九月，冬茶约为十月底至十一月底，一般春茶和冬茶品质较好，秋茶次之。通常要求手工采摘一芽二叶到四叶的鲜叶，叶肉肥厚，色呈淡绿色为佳，而且需要等茶芽展开成开面叶，整体对口芽超过采摘面的一半以上后，才开始慢慢采摘。太早采摘的过嫩的茶鲜叶，做出的茶品质苦涩、香气不扬，太晚采摘则老叶过多，影响口感。采摘的时候需要用双手弹力平断茶叶，断口成圆形，不可用力挤压断口，如果挤压出汁，将随即发酵，茶梗变红，会影响茶叶品质。因此，每装满一篓就要立即送至茶厂加工。文山包种茶的制作工艺分初制和精制两步。初制包括日光萎凋、室内萎凋、做青、杀青、揉捻、解块、烘焙等工序，其中以翻动做青最为关键，每隔一至二小时翻动一次，一般需翻动四五遍，以达到发香的目的。待发酵程度为 8% ~ 12% 后，则可完成接下来的初制步骤。精制则以烘焙为主要工序，毛茶放进烘焙机后，在 70℃恒温下不断翻动发香，使叶性保持温和。专业的茶人会借助自身的焙火技术调整出有别于市场上常规风味的个人特色风味及口感。

好的文山包种茶外观墨绿带油光，呈自然卷曲的条索状，茶汤呈现金黄蜜绿色，香气特别清新、幽雅，散发自然的兰花香。文山包种茶入口圆润、甘甜、柔顺，而且保有绿茶的鲜爽，呈现出大自然最清新与干净的原味。推荐使用紫砂小壶或盖碗冲泡，投茶量约占壶或盖碗容积的三分之一，先用沸水温烫茶具再投入茶叶，冲入沸水。头道茶通常用于"醒茶"，即浸润舒展茶叶，可喝可不喝。再次冲入沸水，冲泡后即可出汤品饮。

包种茶也常取"包中"的谐音，有"包准考中"之意，适合送与读书、求职的亲朋好友作为一个好彩头，希望喝茶的人可以考试顺利，金榜题名。

092 金萱茶是什么茶？

在中国的宝岛台湾地区嘉义县的阿里山乡境内，出产一种风味独特的茶，俗称金萱茶。金萱茶是由台茶 12 号的茶青制作的半球型包种茶，属于半发酵茶。台茶 12 号是无性系茶树品种，属于灌木型，中叶类，中生种，最早是由台湾地区茶叶之父吴振铎在台湾地区茶叶改良场，以"台农 8 号"为母本，"硬枝红心"为父本，经过有性杂交育成。台茶 12 号是 20 世纪 80 年代成功培育的排列第 12 号的新品种。该种茶树叶片厚，呈椭圆形，颜色浓绿，富有光泽，茸毛很多，适合制作包种茶。吴振铎为了纪念祖母，将此茶树品种以祖母的闺名命名为金萱。

金萱茶外形条索紧结，呈半球状，色泽翠绿，带有红色，天然散发出非常稀有的牛奶香或桂花香。这种天然的奶香，很少的茶类才可以做得出来，是金萱茶最显著的品质特征。冲泡以后，茶汤清澈蜜绿，入口滋味浓郁饱满，喉韵悠长，深受女性和年轻消费者的喜爱。

093 日月潭红茶是什么茶？

在中国的宝岛台湾地区，凭借着"万山丛中，突现明潭"的奇景而闻名于世的日月潭，不但有美丽的自然风景，还出产一种日月潭红茶，它是台湾地区的顶级红茶。日月潭位于台湾地区南投县中部的鱼池县，此地与红茶的渊源可追溯至1925年的日据时代。在当时，日本人由印度阿萨姆省引进了阿萨姆红茶大叶种茶树，并选中鱼池乡作为红茶基地。鱼池乡所生产出的高级红茶，是台湾地区外销茶的主力之一，曾经在国际市场上与锡兰红茶、大吉岭红茶相媲美。1978年，南投县为更好地推广当地红茶，结合当地的旅游胜地——日月潭，将红茶正式命名为日月潭红茶。1999年，台湾地区农业部门以台湾地区山茶为父本，以缅甸大叶种为母本进行杂交，经过不断地选育，培育出了台茶18号的茶树品种（台茶18号因为有台湾地区山茶基因，茶芽没有茸毛）。用台茶18号鲜叶制成的红茶茶汤鲜红清澈，滋味甘润醇美，除了具有天然肉桂香外，还有淡淡的薄荷香，这种香气被红茶专家誉为"台湾香"。因为茶汤亮红，台茶18号也被叫作"红玉茶"，独具台湾地区特色，适合女士品饮。

094 梨山乌龙茶是什么茶？

梨山乌龙茶属于低发酵度的清香型乌龙茶，原产自台湾地区中部的梨山地区，是台湾地区高山乌龙茶的代表作。梨山指的并不是一座单独的山头，而是海拔1200米以上的一个山地区域。因为历史上被安置在此地的退伍军人及家眷为了生计，种植了大面积的水梨树和其他的果树、蔬菜、茶树等经济作物，因而统称为梨山，是台湾地区海拔最高的茶产区。在梨山地区，茶树与果树是交错种植的，茶树在生长的过程中吸收大量的果树气息，地下根系也互相影响，因而造就了梨山茶拥有水梨香、蜜桃香等花果香的特点，这与出产于江苏省苏州市太湖洞庭山的洞庭碧螺春和出产于福建省漳州平和县的白芽奇兰拥有独特花果香的原因相同。梨山乌龙采摘标准和制作工艺与闽南乌龙类似，主要在春冬两季采摘，通过萎凋、摇青、炒青、包揉、干燥等工序制成。多次包揉过的茶叶，干茶呈紧结圆实的颗粒状，色泽墨绿鲜嫩，香气淡雅。冲泡以后，花香、果香扑面而来，茶汤呈蜜绿琥珀色，入口滋味清新甘甜，滑顺爽口，不苦不涩，回甘持久，高山茶韵明显，十分耐冲泡。除了用热水冲泡，梨山乌龙茶还非常适合制作冷泡茶，滋味甘甜鲜爽，是一款深受年轻女性喜爱的茶叶产品。

095 珍珠奶茶是如何诞生的？

珍珠奶茶原名粉圆奶茶，起源于20世纪90年代前后的台中市。当地的泡沫红茶店将具有本地特色的小吃——粉圆，创造性地加入到奶茶中，制作出了珍珠奶茶。由于当时咖啡店在台湾地区还未流行，上班族和学生都喜欢去泡沫红茶店谈生意或者聚会，很快这款茶饮就红遍台湾地区。其中加入的粉圆是由地瓜粉或者木薯粉精制而成，咬的时候不沾牙又有韧性。相传清朝慈禧年间，台湾府用木薯粉为主要原料代替糯米做成类似元宵的粉圆甜羹，进贡给慈禧作为献寿礼，粉圆甜羹获得了慈禧的赞赏，由此成为台湾地区家喻户晓的点心。

一时风头响当当的珍珠奶茶业，由于2013年在台湾地区爆出的毒淀粉事件（塑化剂）而遭受重创，慢慢被其他茶饮所取代。使用加入工业原料的毒淀粉以后，制作的食物在弹性、黏性以及外观的光亮度等方面都有所提升，但是会对人体的肾脏造成极大的损伤，因而闹得人心惶惶，谈"Q"色变。现在的各大新式茶饮品牌为了在残酷的市场竞争中存活，也会有各类食品安全问题产生，消费者一定要多加注意，适量饮用。

国际茶品

国际茶品音频

096 番茶是什么茶？

"番茶，番茶，便宜又好喝！"番茶是晚期采摘的茶鲜叶或者老叶子制成的下等茶的总称，也是对主流日本茶（煎茶、玉露等）之外的茶叶的总称，就是"番外之茶"，原本被归类于百姓茶，做出来也仅供产茶区域当地人自己消费。别看现在日本人喝的茶70%~80%都是煎茶，但其实是从日本江户时代（1603—1867年），日本人才开始喝蒸制煎茶。以前在日本茶也有等级之分，贵族喝抹茶，商人喝釜炒茶，老百姓喝番茶。有人说因为它是下等茶所以才叫番茶，其实它原来还有个名字叫"土茶"，是日本各地根据当地的风土与传统制作而成的茶，又因为它一般是在晚秋时期制作，所以也叫"晚茶"。虽然番茶不上档次，但它是日本普通老百姓爱喝的，这才是茶的本质。

番茶的制茶法各产地都不一样，一般选用新芽采摘以后再次长出来的芽（二茬茶或三茬茶），或者长得稍微有点硬的叶子，可以用蒸、炒、煮等方法制作。大片的叶子直接被制成京番茶，茎和叶子被制成"足助番茶"，秋天用镰刀割下来的茶叶，吊在屋檐下就叫"阴干番茶"等。番茶中有大量的大叶子和老叶子，所以会比较涩，建议泡淡茶饮用，茶汤的颜色一般比较淡。喝番茶时最好使用厚实的茶碗，冲泡出美味的窍门是要用煮沸的开水冲，焖30秒左右，当它开始散发独特的茶香时就能喝了。番茶中的咖啡碱含量少，对肠胃刺激也小，如果睡前想喝茶，推荐大家喝番茶，不需要焖泡很久，短时间就能泡好。

097　宇治茶是什么茶？

　　宇治茶是日本绿茶的一种，日本京都的茶叶商人常常把京都府、奈良县、滋贺县、三重县四个地方产出的、通过京都府内宇治地区的茶叶制法加工的茶叶命名为"宇治茶"，它与静冈茶、狭山茶共称为日本三大茶。由于日本茶起源于王城之地——京都，因而了解宇治茶的历史就了解了日本茶的历史。

　　日本真正开始种茶是在日本的镰仓时代，远渡中国学习临济禅宗而归的日本禅师——荣西，将带回的茶树种子带给栂尾高山寺的明惠上人培养种植。但是，由于地处京都西部的尾山气候相对寒冷，不适合茶树的大量种植，于是明惠上人开始在京都南部的宇治等地进行茶树的推广和栽培。室町时代，当时执政的足利三代将军——足利义满，在宇治地区为自己开设了七个御用茶园，被称为"宇治七茗园"，奠定了宇治作为日本名茶区的地位。1467年，"应仁之乱"爆发，日本进入分裂多战的战国时代，但是当时军事力量强大的织田信长和丰臣秀吉等武将私下嗜茶，宇治地区因而在茶叶领域的特殊地位得以保留下来，并持续繁荣。接着，江户时代的宇治被封为德川幕府的御用贡茶，一直延续到幕府末期。

　　宇治茶在栽培方法和制茶技术上，对日本茶叶都有着不小的影响。日本各地流传的制茶技术，大多承袭了宇治茶的制法。1738年，宇治的茶农家——永谷宗元，开发了用火力干燥茶叶同时用手揉捏制作的手揉制法，这种制法成为今日制造煎茶的基础。约100年后，宇治确立了玉露的制法，即用苇帘或稻草覆盖茶园遮蔽光线的被覆栽培法。因为遮住了紫外线，茶种的涩味得到了有效控制，更能诱发出茶叶中的甘味。覆盖茶园种植的茶叶会被制作成碾茶，用石碾碾细后的碾茶就是抹茶。宇治茶虽然以碾茶为主，但是到了江户时代中期，宇治在用铁锅炒茶的工序中引入了抹茶"蒸"的制茶方法，于是就诞生了现在的"煎茶"。同样是在江户时代，每年无数的"宇治制茶师"前往江户为德川将军进贡茶叶，久而久之，宇治便成为日本高级茶产地的一个符号，确定了其日本茶之乡的地位。宇治内有两处公认的世界文化遗产：平等院和宇治上神社。平等院改造于平安时代后期，屋顶装有凤凰，内部饰有绚丽多彩的宝相花纹图样以及五彩缤纷的扉画。宇治上神社则是平安时代后期建筑中现存最古老的神社建筑。

作为"日本茶之乡"，宇治会定期举办各种茶活动，比如每年6月前后及10月前后举行的献茶祭，每年10月上旬举行的宇治茶祭，在日本立春起第88天举行的八十八夜茶采摘会，每年5月下旬左右为了继承和弘扬日本茶道文化而举办的全国煎茶道大会，以及参观各种抹茶工厂。

在漫长的历史长河中，长期引领日本茶文化的宇治，现在依然作为高级茶的产地受到广大消费者的信赖；并且，宇治还在不断地增强相关产业的创新，促进产业发展。例如：根据地域优势和自然条件，在茶叶培育和制茶工艺上进行复杂精细的研究，用品牌培养品牌。在宇治市内设立茶业研究所，除了负责"宇治茶高品质、高品种培养"之外，还进行"新时代宇治茶创新"和"下一代茶人才培养"等机能强化。在制作过程中，形成主产品与衍生品共存的完整产品体系。在体验方面，实现一产、二产与三产融合、互促发展，让宇治可玩、可赏、可游、可购。以场景展示文化，用影像让游客们在源氏物语博物馆中，真切感受平安时代王朝贵族之间的爱恨情仇等。或许国内茶业从业者能从以上种种思路中，探索出一条未来发展之路。

098 阿萨姆红茶是什么茶？

阿萨姆红茶产自印度东北部的阿萨姆邦（位于喜马拉雅山东南麓的峡谷地区，和不丹相邻），这里海拔较低，夏日炎热，再加上季风带来的大量降雨，使得茶叶长势极好。阿萨姆邦地广人稀，水稻和茶是其主要的经济来源，有两千多个茶庄园。作为印度最早的茶叶产地，茶叶产量占印度茶叶总产量的80%以上。由于英国人嗜茶成瘾，早起要喝茶，工作时要喝茶，下午也要喝茶，使得英国的红茶消费量与日俱增。即使英国人当时从荷兰人手中抢到了茶叶的贸易垄断权，中国茶叶高昂的价格依旧让英国人捉襟见肘。为了摆脱从中国购买高价茶境况，英国人不遗余力地将茶苗、茶种、茶农、茶师通通偷了个遍，尝试在殖民地种植、生产茶叶。19世纪初，自从苏格兰探险家罗伯特·布鲁斯在阿萨姆发现了野生大叶种茶树以后，英国创立茶叶研究所并将野生大叶种与中国小叶种杂交，科学培育出优良品种，并且从中国武夷山地区找来制茶师到当地传授制茶技术，从而不仅改善了茶叶品质，也提高了产叶产量。此后，红茶界将来自此区的大叶品种茶树统称为阿萨姆种，阿萨姆红茶也指使用阿萨姆大叶种茶树制成的茶。1838年，阿萨姆生产的首批茶叶抵达伦敦。1840年阿萨姆茶叶公司成立，并在印度拓展种植领域，由此，阿萨姆红茶开启了印度红茶的黄金时代。到了19世纪末期，英国从印度进口的茶叶量是从中国进口的15倍左右，几乎摆脱了对中国的依赖。

　　阿萨姆红茶一般分为3~5月的春茶、5~10月的夏茶和10~12月的秋茶三个采摘季。春茶的茶汤较浓，风味相对清淡，品质一般，通常用作茶叶拼配（例如作为英式早茶配方中的主角），或者通过CTC工艺加工成碎茶与茶粉。夏茶品质最好，茶汤浓郁，采用中国传统红茶加工工艺制作的阿萨姆红茶，通常都来自这个季节。而秋茶的品质较次，主要销往印度本地市场。阿萨姆红茶以其浓厚的滋味而出名，滋味浓而涩，茶汤浑厚且带麦芽香，属于烈茶，因此非常适合制作成奶茶饮用。印度人习惯喝奶茶，他们在红碎茶或CTC茶里面加入各种香料，统称香料茶，又叫马萨拉茶。一般冲泡阿萨姆红茶，泡茶水温在95~100℃即可，加水冲泡2~3分钟以后，就可以感受阿萨姆红茶的热烈风味。

099　锡兰红茶是什么茶？

　　斯里兰卡，古称锡兰，是印度洋上的明珠，一个美丽的岛国，盛产蓝宝石。笔者曾经访问过这里的茶区，虽处热带，但茶山昼夜温差大，非常适合茶树生长，制作出的茶叶品质很高。锡兰红茶，又被称为"西冷红茶""惜兰红茶"（该名称源于锡兰的英文Ceylon的发音，直接音译而来），与安徽祁门红茶、阿萨姆红茶、大吉岭红茶并称世界的四大红茶，被称为"献给世界的礼物"。锡兰红茶平均价格与品质在世界红茶出口市场中最高，出产的乌瓦红茶被誉为世界三大高香红茶之一。

　　锡兰曾为英国殖民地，于1948年独立，1972年更改国名为斯里兰卡，此后所产的茶本应当称为斯里兰卡红茶，但至今也多被称为锡兰红茶。锡兰红茶的诞生，与100多年前在当地爆发的一场枯萎病有很大关系。18世纪末，锡兰沦为英国的殖民地，当时锡兰的主要经济作物是咖啡，没有人对茶叶感兴趣。1824年，英国人将中国茶树引入锡兰，并在康提附近的佩拉德尼亚植物园播下第一批种子。在19世纪70年代，突如其来的一场枯萎病使得当地的咖啡园遭受灭顶之灾，但是能够抵御病害的茶树大难不死。于是英国种植园主们购得中部山区的大片土地开发茶叶种植园，并在20世纪80年代迅速发展壮大。

锡兰红茶有六大茶区，主要生产传统红碎茶和CTC茶，其国内消费量很少，绝大部分用于出口。根据海拔高低，茶叶被划分出三个等级：高地茶、中地茶、低地茶。锡兰红茶的主要品种有乌瓦茶、汀布拉茶和努沃勒埃利耶茶等几种。当地常年云雾弥漫，但是冬季吹送的东北季风带来过多的降雨量（11月~次年2月），不利于茶园生产，乌瓦茶反而以7~9月所获的品质为最优。产于山岳地带西侧的汀布拉茶和努沃勒埃利耶茶，则因为受到夏季（5~8月）西南季风送雨的影响，以1~3月收获的茶最佳。锡兰的高地茶通常制成碎形茶，呈赤褐色，其中的乌瓦茶汤色橙红明亮，上品的茶汤面环有金黄色的光圈，具有刺激性的风味，透出如薄荷、铃兰的芳香，滋味醇厚，虽较苦涩，但回味甘甜。汀布拉茶的汤色鲜红，滋味爽口柔和，带花香，涩味较少。努沃勒埃利耶茶无论色、香、味都较前二者淡，汤色橙黄，香味清芬，口感稍近绿茶。锡兰红茶通过英国传入我国香港地区后，发展出具有香港特色的饮料：丝袜奶茶及鸳鸯红茶。

一般所熟知的"锡兰红茶"只是一个统称，泛指斯里兰卡地区所产的红茶，只有100%斯里兰卡生产的茶叶才能被称为锡兰红茶，市场上许多红茶也宣称为锡兰红茶，实际上是拼配了印度、肯尼亚等产区的红茶。为了规范锡兰红茶的出口，斯里兰卡政府茶叶出口主管机构统一颁发了"锡兰茶质量标志"的持剑狮王标志。该长方形标志上部为一右前爪持刀的雄狮，下部则是上下两排英文，上排为Ceylon tea字样，即"锡兰茶"，下排为Symbol of quality字样，即"质量标志"之意。拥有此标志的锡兰红茶才是经过斯里兰卡政府认可的纯正锡兰红茶。另外，斯里兰卡还建有茶叶拍卖局，可以主导茶叶的大宗销售。

100 红碎茶是什么茶？

中国人崇尚原叶茶，除了得其色、香、味以外，还有外形审美和仪式感，所谓的"茶、水、器、艺、境"缺一不可。而国外普遍喝红碎茶，作为一种调饮而存在。那么，就有必要单独讲一下国际红茶的主体：红碎茶。

红碎茶是红茶的碎渣吗？是红茶版的"高碎"吗？正宗的红碎茶与民间常说的"高碎"有着质的区别。老北京常喝的"高碎"，是高等级的茶叶在日常搬运和装袋的过程中剩下的碎屑。虽然高碎在销售前经过了一定的筛选，汤色、滋味也不差，但是由于卖相不佳，导致市场价格一般，常作为老百姓的日常饮用茶，属于口粮茶。而享誉全球的红碎茶，一般要求用 3 级以上嫩度的优质鲜叶为原料，并通过在工艺流程中加入揉切工艺制作而成。红碎茶的加工工艺是由鲜叶萎凋、揉切、发酵和干燥等工序组成。注意，红碎茶的揉切环节位于发酵工艺之前，对后续的加工环节以及色、香、味的形成有一定的影响。而"高碎"是成品之后再转变茶叶形态，无后续的加工环节。可类比为炒菜前的切菜和上桌前的摆盘，以帮助理解和记忆。

在制法方面，红碎茶制法主要分为传统制法和非传统制法两种。其中，非传统制法里面最常见的 CTC 红茶（Crush，碎；Tear，撕；Curl，卷），将通过萎凋、揉捻后的茶叶，倒入两个转速不同的滚轴之间，将茶叶碾碎、撕裂、卷起，使其成为极小的颗粒状，细胞破坏率高，有利于多酚类酶性氧化，可在极短的时间内冲泡出香气高锐持久，滋味浓、强、鲜的茶汤。

红碎茶的产品品质风格各异，但各类的外形基本遵循一致的规则。依照从大到小的顺序，规格可主要分为叶茶、片茶、碎茶和末茶 4 种类型。其中，碎茶外形较叶茶细小，呈颗粒状和长粒状，汤色艳丽，味道浓厚，易于冲泡，是红碎茶的主要形态。而末茶外形呈细末沙粒状，色泽乌润，紧细重实，汤色较深，滋味浓强，是袋泡茶的好原料。

在国际市场上，买家更加关注茶叶内质的滋味和香气，强调滋味的浓度、强度和鲜爽度，汤色要求红艳明亮，以免泡饮时茶的风味被牛奶、水果等搭配品的味道所掩盖。而在外形方面，达到匀齐一致即可，无须完整的芽叶。1679年，世界上的首次茶叶拍卖由东印度公司在英国伦敦举办，开启了茶叶大宗交易的序幕。直至今日，世界茶叶贸易总量的 70% 左右都是通过拍卖完成的，印度、斯里兰卡、肯尼亚等茶叶主产国和出口国，都拥有各自的茶叶买卖市场。茶叶拍卖的机制，通过透明的价格体系、完善的交易规则，保障买卖双方的信息对称和公平竞价，帮助卖方快速回笼资金，也帮助买方节省了中间环节的成本。拍卖机制最终节省了大量的时间成本，取得买卖双方的共赢。

反观国内，由于更注重茶叶的外形，鲜叶采摘环节难以提高机械化程度，人力成本居高不下。另外，除一线茶企外，其他茶企品控能力较弱，不便于国际的大宗交易。笔者认为：一方面，在文化上应更好地与新时代结合，改变市场对茶业固有的印象。另一方面，建立易于消费者理解的茶叶等级，降低认知负担，使得茶叶的购买过程更加省心。何不也像红酒那样，大部分符合健康标准，分等定级，作为老百姓喝得起的口粮茶，一少部分开发成为具有文化和品位的高端品牌茶，愿中国茶业发展的越来越好！

101 拉普山小种是什么茶？

为国际上所熟知的拉普山小种是什么茶？在国内似乎没有听过。其实在历史上，拉普山小种与今天的正山小种最初是画等号的。武夷山的正山小种作为世界红茶的鼻祖，通过福州口岸进行出口，茶名因而受到了福州方言的影响，拉普山小种茶，就属于音译。若是直译过来，则是"松烟熏过的小种茶"的意思。英文中的茶名，强调的是正山小种烟熏的独特口味。而在武夷山，当地人强调的是"正山"二字所代表的地域的权威性，并划定了正山的相应范围（主要为桐木的十二个自然村）。对同一种产品，国外茶商强调的是口味，国内强调的则是地域范围。

最初的拉普山小种红茶，有一股隐隐的松香，需求量大、价格高。但生产这种茶，只能用长于武夷山的野生茶树叶制作，采摘也限定在春季的某个时间段内，大大限制了供给。因此，武夷山之外的地区，也都纷纷开始模仿制作拉普山小种。东印度公司和中国的茶商考虑到伦敦的水质较硬，会间接淡化"正山小种"的清香，而伦敦的石灰质水正好可以淡化过浓的味道，所以，他们用松枝熏茶叶的时间有所加长，从而将"拉普山小种"的滋味制作得更为浓烈。

正宗的武夷山"正山小种"，带有鲜甜的果香或者淡淡的松香，整体的特质是清淡纤细、余香幽幽。而用于出口的"拉普山小种"，则味道更加强烈，烟味也较为浓郁，香味好似主治腹泻腹胀的正露丸。因其漆黑的茶水色很容易让人联想到柏油，故在国外也被称为柏油拉普山。此外，它们之间还有一个差异，正山小种使用冷烟熏制茶叶，而拉普山小种则使用湿热的烟熏制茶叶。因此，拉普山小种茶现在已经不能代表正山小种茶，它是一个专供出口的独立茶叶品种。

102 玄米茶是什么茶?

所谓玄米茶,就是将经浸泡、蒸熟、滚炒等工艺制成的玄米与茶叶按1：1的比例拼配而成。茶叶一般使用番茶,也可以选用深蒸茶、焙茶、抹茶等。玄米就是糙米,是稻米脱壳后原粒的米,呈暗红色。《说文解字》中讲道:"黑而有赤色者为玄。"故而称其为玄米(广东人把玄米也叫作红米)。因省却了磨去外皮的工序,故而玄米比白米的价格低廉。这款广为人知的廉价茶,传说是从茶怀石中获得的灵感(茶怀石是日本的一种料理体系,是基于日本的茶道文化而来),经研发后变成了一个新品种。"蓬莱堂茶铺"是玄米茶的发祥地,据说当时只是不小心将锅巴掉到了开水桶里,立刻就香气四溢,于是想到了研发玄米茶。玄米茶分为颗粒玄米茶和碎玄米茶。颗粒玄米茶是完整的颗粒玄米和日本煎茶的条茶拼配而成的,可以直接冲泡饮用。而碎玄米茶是碎玄米和日本绿茶的片茶拼配而成的,并不适合直接冲泡,需制成袋泡茶后才可饮用(对制酒工艺了解的朋友可以通过坤沙和碎沙的概念来辅助记忆)。玄米茶外观匀整,黄绿相间,汤色黄绿明亮,既保有茶叶的自然香气,又增添了炒米的芳香,滋味鲜醇,适口,茶叶中的苦涩味大大降低。跟其他的茶相比,玄米茶使用的茶叶量相对比较少,而且用火炒过后,咖啡碱含量也因此减少,对身体的刺激很小。保存时应避免高温、潮湿、阳光直射,放入密封的容器中保存(由于玄米茶容易吸附其他的味道,应避免放入冰箱中保存),开封以后尽快饮用为佳。玄米茶因独特的香味,受到广大女性消费群体的青睐,是一款适合从小孩到老人的各个年龄层人群饮用的日常饮用茶。中国作为茶叶的起源国,类似的再加工茶其实并不少,比如擂茶、酥油茶、白族三道茶以及八宝茶等。冈仓天心评论茶人时曾讲到,"若想真正欣赏艺术,唯有让艺术成为生活的一部分才有可能",玄米茶在国内的流行,便是日剧、韩剧热播以及时代发展影响生活方式的经典案例。因此,笔者认为,加强推广国内的茶文化,普及口粮茶、生活茶,可以使更多的人爱上茶,促进茶行业发展得越来越好。玄米茶并非一成不变的茶,在家就可以根据自己的口味,制作属于自己的玄米茶。喜欢玄米香的就多放玄米,搭配上喜爱的茶叶,体味一番独特的滋味。

103 伯爵茶是什么茶?

伯爵是一种高贵的爵位,而伯爵红茶是以红茶为茶基,加入佛手柑油的一种调味茶。其英文原名 Earl Grey 中的 Grey 取自 19 世纪 30 年代的英国首相查尔斯·格雷。伯爵茶这个名字的由来有很多种说法，最有戏剧性的一种是：格雷伯爵曾派人前往中国办差，期间救了一个溺水者，这位溺水者为报答救命之恩，便将一种祖传的红茶加工方法提供给了他。当然，除了确定茶名与格雷伯爵有关之外，其余的部分仍多有争议。英国人对茶的钟爱不亚于亚洲的中国和日本，所不同的是中国和日本大多偏爱绿茶，并且比较重视茶叶本身的原味香气，而英国人则偏向于红茶，而且更爱研究红茶调味的技艺，这与英国人喜爱芳香植物的缘故是分不开的。作为英式下午茶的主打茶品之一，在品尝各类茶点以后来一口伯爵茶，那清香馥郁的滋味，冲刷了厚重的味蕾，使得精神为之一振。现代的伯爵茶有着不同的香味，大家不妨货比三家，看看哪一款闻着最舒服，也可尝试同牛奶结合，自制一款调饮。

104 马黛茶是什么茶？

世界足球巨星梅西常常会喝的马黛茶，与足球、探戈、烤肉并称为阿根廷的四宝。马黛茶的全名是耶巴马黛茶，来自于西班牙语的译音。马黛树是冬青科大叶多年生木本植物，一般株高 12~16 米，野生的可达 20 米，树叶翠绿，呈椭圆形，枝叶间开雪白小花，生长于南美洲。因为美洲人对这种叶子的处理方法和中国的茶叶相似，所以在中国把这种美洲特有的叶子称为"马黛茶"。

在历史上，南美洲印第安部落的瓜拉尼人有饮用野生马黛叶汁水的习惯，瓜拉尼人视马黛叶汁水为众神的礼物。后来，西班牙的殖民者也接受了这种饮品，并尝试扩大种植，用于营利。马黛树种子的种皮表面覆盖有胶质，难以透水、透气，在不经过任何处理的情况下，种子发芽率仅 10% 左右。因此，人工种植最早是在 1650—1670 年才在耶稣会传教士的研究下取得成功，所以马黛茶也被称为耶稣会茶。

马黛茶的外观是碎末状的，不像中国的茶叶放一点点就可以，它需要放入 5~25 克才可以。而且在传统上，喝马黛茶需要用专门的马特杯，杯子肚子大，口部大，中间位置明显缩小，通常使用不锈钢和葫芦制作。马黛茶与绿茶的加工方式类似，因此采用 70~80℃ 的水温冲泡以后，即可用底部带有过滤孔的不锈钢吸管饮用。当地人泡茶往往放入很多的茶叶，外人初喝时会觉得味道很苦，但习惯以后不再觉得苦，而且喝起来有一股芳香、爽口之感，同时有提神解乏之功，这一点很像是中国的苦丁茶。长期饮用马黛茶对健康非常有益，因为它含有维生素 B，拥有强大的抗氧化能力，并有助于减少体内的不良胆固醇和甘油三酸酯。马黛茶还有提高抗压和消化的功能，净化人体内部，具有抗抑郁的功效，能帮助运动者快速恢复体力。

如同茶在中国，在南美的阿根廷，马黛茶除了能为人们带来健康，已经成为当地的一种文化和信仰。自 2015 年开始，每年的 11 月 30 日为"马黛茶日"，这是阿根廷除国家庆祝日以外最大的狂欢节日。节日期间，在阿根廷首都布宜诺斯艾利斯的街头，可以看到许多着装漂亮的少男少女向行人分赠小盒包装的马黛茶。在马黛茶的一些主要产地，还会举行花车游行和民族舞会，每年度评选出的"马黛公主"更成为阿根廷美女形象的代言人，摘冠者可以免费到国内任何地方旅游，还会收到不少珍贵的礼品。

105　摩洛哥的薄荷绿茶是什么茶？

说起摩洛哥，很多人可能会想到三毛的作品《撒哈拉的故事》、经典电影《卡萨布兰卡》，或者是让无数人沉醉其中的网红旅游地——舍夫沙万的"蓝白小镇"。

其实，气候炎热的摩洛哥非常流行饮用中国的绿茶。摩洛哥本地并不产茶，相传在 17 世纪时，英格兰玛丽女王向摩洛哥国王赠送了一批精美的茶具，然后饮茶之风在摩洛哥宫廷变得流行起来。之后的很长一段时间里，摩洛哥的茶叶都是通过与英国贸易的方式获得，价格昂贵的茶叶只有富裕的家庭才能消费得起。进入 19 世纪以后，随着生产和贸易的不断增强，茶叶的价格不断降低，逐渐发展成为摩洛哥的民族饮料。据报道，摩洛哥的人口约为 3000 万，却每年消耗 6 万吨茶叶，真可谓"每个摩洛哥人的身体里面，一半都是绿茶"。

薄荷绿茶的制作十分简单，可以就地取材。首先，将当地出产的糖和薄荷加入到茶叶中。然后，用热水冲泡茶叶，或者用茶壶煮上 3~5 分钟即可。薄荷绿茶能够清凉祛暑，解渴提神，消食解腻，是摩洛哥人每天都要喝的茶。

106　阿富汗与茶有什么故事？

阿富汗古称大月国，位于亚洲西南部，是一个多民族的国家。这里的居民大部分信奉伊斯兰教，根据《古兰经》的教义，酒是被绝对禁止的，而且排在绝对禁止榜第一位。他们认为酒有刺激性，会极大地削弱人的自制力，使人容易去做伤天害理的事情。而茶叶，同其在中国寺庙普及的原因类似，信奉伊斯兰教的人为了更好地修行，需要一种能够提神醒脑的食材。这时，起源于非洲埃塞俄比亚的咖啡，率先出现在阿富汗地区并且流行开来，咖啡馆也如雨后春笋般，开张了很多家。但是，由于咖啡馆过于世俗化，清真寺主持宗教事务的人员认为咖啡会影响寺里的宗教修行，于是他们便开始攻击咖啡，并在中国茶叶出现以后，开始大力提倡饮茶。

阿富汗的饮食以牛、羊肉为主，少吃蔬菜，而饮茶有助于消化，又能补充维生素的不足。当地人通常夏季以喝绿茶为主，冬季更多喝红茶。阿富汗人饮用绿茶的方式与中国不同，他们会在茶汤中加入小豆蔻、柠檬、蜂蜜或者冰糖，有时候还会加入一些薄荷，是一种有当地特色的香料绿茶。在阿富汗街上，也有类似于中国的茶馆，或者饮茶与卖茶兼营的茶店。传统的茶店和家庭，一般用当地人称为"萨玛瓦勒"的茶炊煮茶。这种茶炊的主体结构与俄罗斯的茶炊相同，如同在中国传统的火锅上加了水龙头。

当然，在阿富汗广阔的乡村地区也流行喝奶茶，奶茶味道有点像中国蒙古族的咸奶茶。或许，这也是蒙古帝国在历史长河中给阿富汗留下的痕迹之一吧。

再加工茶

再加工茶音频

107 再加工茶是什么茶？

再加工茶是以初制加工的六大茶类为原料，经过特定的制作工艺再次加工而产生的成品茶。再加工茶主要类型有将鲜花、水果等食材的香气与茶叶融合的窨制茶，例如茉莉花茶、荔枝红茶等。也有将食材与茶叶进行组合的产品，例如小青柑、陈皮黑茶、水果茶等。还有将毛茶制成砖形、坨形、饼形的紧压茶。

108 花茶是什么茶？

花茶亦称"窨花茶""熏花茶"，是用茶叶和香花进行拼和窨制，使茶叶吸收花香而制成的一类茶，属于再加工茶。现代的花茶因为窨制采用的鲜花不同，主要有茉莉花茶、玫瑰花茶、白兰花茶、珠兰花茶、桂花茶等，其中，茉莉花茶的产量最高，受到广大消费者的喜爱，尤其是在以京津冀为代表的北方地区和四川成都地区最为流行。如今，茉莉花茶在中国的福建、广西、广东、江苏、浙江、重庆、四川、云南等地皆有生产。

⑩109 苏州茉莉花茶是什么茶？

"好一朵美丽的茉莉花，满院花开也香不过它。"《好一朵美丽的茉莉花》作为江苏的民歌经典，曾在维也纳金色大厅唱响，享誉世界，说明江苏的茉莉花品质很高，香名远播。

上有天堂，下有苏杭。自然条件优异的苏州，除了有如雷贯耳的洞庭碧螺春，还出产高级的茉莉花茶，名头最响的一款叫作"苏萌毫"。

由于苏州的纬度高，平均气温在15~16℃，对于喜欢高温、湿润的茉莉花来说，产量受限。宋朝时期，茉莉花最初只用于文人雅客们的观赏和把玩。后来由于兴起了以香入茶的热潮，经过不断地尝试，茉莉花茶脱颖而出，但此时仍为小众。发展到明朝，苏州的虎丘、长青一带开始出现了以花窨茶的手工作坊、茶行。进入清代雍正年间，苏州茉莉花茶开始大量运销至东北、华北和西北市场。后来，由于抗日战争的爆发，各产茶地区受交通影响，安徽、浙江等地的毛茶难以运到福建省进行窨制，出现了滞销。而苏州由于地理位置的优势，制茶业得到了极大的发展，成为新的茉莉花茶加工中心。

苏萌毫是产于江苏苏州茶厂的特种高等级茉莉花茶，于20世纪70年代研制。它选用高档毛峰烘青为茶坯，配以苏州市郊虎丘的优质茉莉鲜花窨制，经鲜花摊放、拼和、窨花、通花收堆、起花、烘干、提花等工序制成，通常为六窨一提。其外形条索紧细匀直，色泽绿润显毫，香气鲜灵持久，汤色黄绿明亮，滋味醇厚鲜爽，叶底嫩黄柔软，花香、茶味协调。1982年、1986年、1990年，苏州茶厂生产的"苏萌毫"连续三次被评为全国名茶，风头一度盖过久负盛名的洞庭碧螺春。

然而，随着改革开放逐渐深入，苏州的工业化程度迅速提高，许多土地和人力转而投入到能带来更大经济效益的事情中，苏州的茉莉花茶产业因此逐渐没落。如今，苏州茉莉花茶走的是高端精品路线，会选用名贵的碧螺春作为茶坯，值得品鉴。

110 **碧潭飘雪是什么茶？**

"一汪碧潭，几簇飘雪"。在产茶大省四川，出产一种独特的茉莉花茶——碧潭飘雪。碧潭飘雪外形紧细挺秀，白毫显露，香气持久，回味甘醇。与其他地方的茉莉花茶不同，正宗的碧潭飘雪是要保留一些茉莉干花在茶中的。也正因为这样，此茶冲泡以后，茶汤碧绿，朵朵洁白的茉莉花瓣浮于水面，好似飘雪，故得名碧潭飘雪。

四川成都是休闲之都，民间一直有喝茉莉花茶的传统。碧潭飘雪的创始人徐金华老先生出生于成都新津县。在 20 世纪 70 年代，担任新津县文化馆长的徐公为了招待从成都骑自行车前来的文化人士，自行购买了一些茶叶和茉莉花来制作花茶。由于客人们品饮后反响很好，还经常讨一些回去喝，因此徐公开始进一步改进这种花茶，从最开始单纯的拌花工艺，变为窨花＋拌花技艺，以此改善茶汤的滋味。朋友间也称这种茶为"徐公茶"。书画名家黄纯尧教授饮此茶后赋诗道："天生丽质明前芽，清香入骨窨制花。叶形汤色皆佳品，异军突起徐公茶。"青年画家邓岱昆更是创作了一首藏头诗："碧岭拾毛尖，潭底汲清泉。飘飘何所似，雪梅散人间。"英国的前首相戴维·卡梅伦到访成都时，也曾赞许过碧潭飘雪。

如今，碧潭飘雪的窨制技术被列为四川省的非物质文化遗产。徐金华老先生为了更好地传承这项技艺，选择与"竹叶青"品牌公司合作，2018 年将碧潭飘雪注册为商标。精选四川峨眉山海拔 800 米以上的明前春茶作为茶坯，与广西横县的茉莉花相结合，开启了中国高端茉莉花茶的新时代。若大家喜欢品饮茉莉花茶，不妨试一试碧潭飘雪。它不仅有茶，还有花，茶汤美感十足，非常适合招待客人、举办茶会。

111 **珠兰花茶是什么茶？**

珠兰花茶的产制历史悠久，早在明代时就有出产，清代咸丰年间更是开始大量生产（1890 年前后花茶生产较为普遍）。笔者最开始是在吴裕泰了解到珠兰花茶的，作为起源于徽州的茶庄，珠兰花茶是吴裕泰的当家品种之一。笔者曾经做过"茶与酒和而不同"的活动，用珠兰花茶与葡萄酒进行调配，或者制作冷萃茶、冰茶，香气滋味不减，令人印象深刻！

珠兰花茶选用烘青中的黄山毛峰、徽州烘青、老竹大方等优质绿茶作茶坯，通过混合窨制成花茶。珠兰花茶清香幽雅、鲜爽持久，是中国主要花茶品种之一，虽然其清香、鲜灵度逊于茉莉花茶，但在滋味浓烈、香气持久等方面胜于茉莉花茶。珠兰花茶的历史十分悠久，据《歙县志》记载："清道光，琳村肖氏在闽为官，返里后始栽珠兰，初为观赏，后以窨花。"清代诗人袁枚对珠兰赞誉有加，写了一首《珠兰》的诗来称颂珠兰。珠兰虽然看起来不起眼，却暗藏芬芳，在清风的吹拂下，香味能飘到百米之外，近闻似无，而愈远愈香。珠兰花茎柔软，风吹枝动，一串串蓓蕾般的花朵，在风中轻轻摇摆，仿佛欢迎的小手，表达着内心的热情。

珠兰属金粟兰科，花朵小，直径约 0.15 厘米，似粟粒，色金黄，花粒紧贴在花枝上，每一花枝上有 6~7 对花粒，构成一花序。珠兰花开自 4 月上旬至7 月，盛开期在 5~6 月，香气浓郁芬芳，因此夏季窨制珠兰花茶最为合适。珠兰花茶原产于安徽省黄山市歙县，现主要产地包括安徽歙县、福建福州、浙江金华和江西南昌等地。在制作方面，珠兰花要求在早晨采摘生长成熟的花枝，饱满丰润的花粒。鲜花进厂后，去掉枝条和异杂物以后，需及时薄摊在竹匾上，使鲜花散失一定的水分，促进吐香。然后，中午前后及时将花与茶拼和窨制，做成珠兰花茶。由于增加窨制的次数后，在复火的过程中会使得花香有一定的损失，而且，珠兰花在反复干燥、吸湿的过程中会变黑，影响鲜爽度。因此，通常采用单窨来制作，比双窨的成品品质要好。

珠兰花茶外形条索紧细，锋苗挺秀，白毫显露，色泽绿而润，冲泡以后，既有珠兰花特有的幽雅芳香，又有高档绿茶鲜爽甘美的滋味。以花入茶，自古有之，不夺茶之本味，既芳香解郁，又能丰富品茗者的感受。

112 荔枝红茶是什么茶？

到底是荔枝，还是红茶？怎么听起来感觉怪怪的？

"一骑红尘妃子笑，无人知是荔枝来。"唐朝诗人杜牧的著名诗篇，使得人们对荔枝心驰神往。荔枝味甘、带酸，作为历朝历代的贡品，古今皆爱。荔枝和红茶一同制作的茶叶，味道很不错。

荔枝红茶属于再加工茶，产于广东（因为荔枝盛产于闽粤一带，而广东为茶叶对外出口的集散地且紧邻产茶大省福建，故当地茶商能够大批量制作荔枝红茶），但其创制时间暂不明确。在中国，为品尝茶汤的清甘原味，不流行用水果入茶，茶以清饮为主。唯有不夺茶之清香的花茶，在中国流行开来，颇受文人雅士的喜爱。而水果茶在国外受到热烈的欢迎，有用切片的苹果、草莓、柠檬等与茶汤共同浸泡的喝法，也有添加果味香料的红茶，例如伯爵茶。据了解，荔枝红茶是华商为外销特意研究制作的，在1929年的报纸上就有香港茶庄售卖荔枝红茶的新闻资讯，一些广东茶庄的茶单上也有"桂味荔枝红"的款项。因此，荔枝红茶的创制最迟应不晚于20世纪20年代末。

中国的荔枝红茶使用了类似花茶的窨制加工工艺，将带有荔枝汁液的新鲜荔枝壳拌入高等级的工夫红茶中，共同焙火，再拣出果壳制作而成。制作中的一大要点是要低温焙火。成品荔枝红茶茶叶的外形条索紧结细直，色泽乌润，内质香气芬芳，滋味鲜爽香甜，汤色红亮，有荔枝风味。这种红茶，需要饮茶人在品鉴上下功夫，缓缓斟饮，细细品啜，在徐徐体味和欣赏之中，吃出茶的醇味，领会饮茶真趣，使自己心情欢愉、怡然自得，获得精神上的升华。好的荔枝红茶，浓甜的果香和醇厚的红茶搭配相得益彰，冷热皆宜，颇受外国友人的欣赏。好的正山小种红茶都有松烟香、桂圆汤的味道，荔枝与桂圆口感接近，而且皮厚、果味浓郁，这样的创新茶也是有基础的。现今年轻人喜欢的新式茶饮，有很多是添加水果的果茶，不妨尝试一下荔枝红茶，感受不一样的口感与滋味。

113 小青柑是什么茶？

小青柑属于再加工茶中的柑普洱茶，是用广东省江门市新会出产的青柑皮和云南普洱茶组合而成的。通常7~8月份采摘尚在成长期的新会柑，保持柑皮完整，去除果肉后装茶制作，一颗重8~10克左右。小青柑有晒干、半晒干、烘干的差别，以晒干的为上。但因全晒干时间较长，太依赖天气因素，所以实际生产中，往往采用半晒干的工艺制作。其茶质纯净，融合了清纯的果香和普洱茶醇厚甘香之味，冲泡以后茶汤红浓透亮，入口甘醇顺滑，韵味悠长。而且一只小青柑刚好一泡，携带方便，因此大受欢迎。又因为其谐音为"小心肝"，因而更为年轻情侣们所中意。

小青柑可用掀盖冲泡法、碎皮冲泡法、钻孔冲泡法三种方法，采用100℃的开水冲泡。经五次冲泡以后，投入陶壶、银壶、玻璃壶中煮饮，滋味更加醇厚，果香更加浓郁。小青柑成熟度不高，青柑皮油酮类物质丰富，含有丰富的挥发芳香油，香气高锐清爽。由于小青柑的柑皮本身是强寒性的，即便加上较温和的熟普洱茶，整体上仍然较凉，因此，孕妇、哺乳期的产妇和生理期的女性茶友，应少喝或最好不喝小青柑茶，以免影响身体的健康。另外，普洱茶储存得当的话可以久存，但是未成熟的青柑有保质期和香气保持时限的问题，在食品安全管理上也有争议，其内装入的普洱茶品质有的也待存疑。所以，购买这种因携带、冲泡便捷和口感良好而风靡一时的品类时，要选择正规厂家和渠道。

114 乾隆三清茶是什么茶？

三清茶选用松实（松子仁）、梅花、佛手柑这三样清雅、高洁之物，搭配龙井新茶，用收集的雪水烹制，不仅能品，还能吃，正如乾隆所说，"喉齿香生嚼松实"。以风雅自居的乾隆皇帝，几乎每年正月上旬都在自己的龙潜之地重华宫选定一个吉日举办茶宴，邀请重要的臣子一道品茶、尝果、赏景、赋诗等。新年新气象，既放松、游戏一番，又联络了君臣之间的感情。乾隆皇帝一生喜爱喝茶，对茶叶、水质、品茶器具都很挑剔，晚年更是说出"君不可一日无茶"的名句。乾隆十一年（1746 年）秋天，乾隆皇帝巡游五台山以后，在回京途中遇雪品茶时写下了著名的《三清茶》诗，其中描写"三清"的有："梅花色不妖，佛手香且洁。松实味芳腴，三品殊清绝。"据清宫档案记载，所有重要的御用茶器上，都要刻写这首御笔《三清茶》诗，包括珐琅彩三清茶诗壶、描红青花三清茶诗碗等数十件茶器。其中，最有代表性的瓷器就是三清诗茶碗了，有青花的，有矾红彩的，是乾隆皇帝一生的钟爱。

115 紧压茶是什么茶？

除了散茶，大家现在常见的包着绵纸的茶砖、茶饼等就是紧压茶了！从普洱茶标准所给出的定义以及普洱茶的存储价值来看，散茶（未进行压制的云南晒青毛茶）都不能被称为普洱茶。紧压茶属于再加工茶类，生产历史悠久，其做法与古代蒸青饼茶的做法相似。由于过去产茶区大多交通不便，运输茶叶是靠肩挑、马驮，在长途运输中茶叶极易吸收水分，而且货物太散会导致运送数量太少，而紧压茶类经过压制以后，比较紧密结实，增强了防潮性能，也便于运输和贮藏，所以得以广泛生产。另外，蒸压工序有助于茶叶的后期转化，营造出稳定适宜的温湿度环境，有一些紧压茶还会发出金花，茶味醇厚，因此在少数民族地区广受欢迎。而且对于粗老的茶叶来说，紧压后看不到外形，便于在包装纸上做文章，整体外观精致典雅，方便作为礼物。典型的紧压茶有茯砖茶、千两茶、方包茶、藏茶、沱茶、青砖茶、普洱茶饼等。不仅黑茶可以紧压，白茶紧压的也很多，除此以外，六大茶类中的其他几种也都有了紧压茶，比如绿茶中的银球茶、青茶中的漳平水仙小方块茶、红茶中的古树晒红茶饼、黄茶中的小圆饼等。

116 混合茶是什么茶?

茶靠拼配，酒靠勾兑，混合茶是通过将不同国家和地区的茶进行调配而制作成的。家喻户晓的伯爵茶、英式早茶、爱尔兰式早茶和下午茶都是极具代表性的混合茶。

混合茶的核心是具有竞争力的价格和统一的滋味和香气，开发混合茶的人希望消费者可以认定一个特定公司的特定品牌茶叶，降低认知负担。为了保持茶叶味道的统一，也为了防止一些不可控制的因素影响生产，茶叶品牌公司一般会寻找多个茶叶供给地，混合 10 至 30 个国家或地区生产的茶叶。因此，很多国外茶叶商品的外包装上没有特别精确的生产地。尽管随着情况的变化，茶叶的生产地不可避免地也会有所变化，但最终对茶叶的味道几乎不会产生影响，这也是混合茶的核心竞争力和长处之一。混合茶无论什么时候喝都会让人觉得很舒服，价格也较为低廉。事实上，如今在红茶之国——英国，大部分人喝的茶并不是单一产地茶，而是混合茶。

传统的红茶公司将混合茶作为代表产品极力推广，是因为混合茶的销量占到了茶叶总销售量的很大一部分。虽然混合茶没有单一茶园茶独特的滋味和香气，但在使用先进的拼配技术以后，融合各种茶叶的特性，可以精心调配出很多优质的茶叶产品。例如：在 2013 年，川宁公司创造性地将大吉岭茶和阿萨姆茶进行了结合，为英国伊丽莎白女王配制出加冕 60 周年的纪念茶，颇受在场宾客的赞许。

另外，在很多国外的茶品中会混合一些其他非茶之叶和果实香料，制作出功能茶、香料茶，也是一种不错的尝试与选择（他们更看重茶的饮料属性）。混合茶一方面有助于消除普通消费者对茶叶产地的执念，利于创制新品；另一方面，可以在茶叶的生产、加工环节中，进一步增加机械化的程度，降本增效。在纯茶瓶装饮料行业中，受限于水温和储存等因素，茶汤的滋味难以同用传统方式沏的茶看齐，不妨在如何混合不同的茶叶上做一些探索，既可形成宝贵的企业核心技术，增强市场竞争力，又能与传统沏出来的茶形成差异化，为行业开辟出一条新路。

117 茶膏是什么？

　　茶膏其实是茶叶的一种深加工产品，制作方法有些类似于秋梨膏。先把茶叶捣碎，加入清水来煮，待茶叶内含物质充分析出以后，选用细密的滤网将茶叶与茶汤分离。然后，将清澈的茶汤继续熬煮，直至成为膏状（跟咱们炒菜时的收汁一样）。最后，用模具将膏状物定形。其实，茶膏并不是新产品，茶圣陆羽就曾在《茶经》中记载"出膏者光，含膏者皱"，说明当时人们就发现好茶有出膏的现象。历史上，由于茶膏仅向皇室供应，因此民间对其知之甚少。清皇宫制膏法，不同于大锅熬法，它是在唐宋时期制膏工艺的基础上，运用了生物二次发酵技术，促使茶叶内所含物质分解转化，然后反复取汁，熬成稠密度较高的软膏入模，低温干燥而成。现故宫保存完好的茶膏，为方形饼状，色黝黑，大不过寸许，每块重4克，上面压有花纹，中间有寿字，四福绕之。清代医药学家赵学敏所撰的《本草纲目拾遗》中曾记载："茶膏，性味甘，苦，凉。归心、胃、肺经。功能，清热生津，宽胸开胃，醒酒怡神，烦热口渴，治舌糜、口臭、喉痹。"如今，有一些茶企开始生产不同的茶膏产品，工艺略有不同，大多做成丸状，或扁粒状，或冲泡，或闷泡，或煎煮。只是无论古法还是创新，均要注意莫添加香精、色素，以免影响健康，采用天然茶叶熬煮才好。

非茶之茶音频

118 什么是非茶之茶？

　　非茶之茶指的是采用不属于山茶科山茶属植物的花、果、根、茎、叶等制作的"茶"，是一种泛化的茶叶概念，属于代用茶或花草茶。非茶之茶在市场上非常的多，例如菊花茶、陈皮茶、苦丁茶、沉香茶、螃蟹脚、莓茶、广西甜茶、荷叶茶等，具有多种多样的形态和滋味，常常以养生保健茶的形式出现。

119 广西金花茶是什么茶?

提到金花，很多人会想到金花茯砖茶。但是，有一种形似小金杯的花朵，被称为金花茶，也能用来泡茶。不同于常规茶品，作为山茶科近亲的特色茶品——广西防城港的金花茶，被誉为植物界大熊猫，为国家一级保护植物，经过人工培育，广受欢迎，特别是广东人非常热爱品饮其花朵，制作金花茶成为当地的新兴产业，助力乡村振兴。

金花茶属于山茶科山茶属，与茶、山茶、油茶、茶梅等为孪生姐妹，国外称之为神奇的东方魔茶，是"茶族皇后"。作为一种古老的植物，金花茶的出现时间可以追溯到白垩纪时期。而且，全世界 95% 的野生金花茶仅分布于中国广西防城港市十万大山的兰山支脉一带，最常分布在海拔 200 到 500 米之间，最高不会超过 800 米，最低不低于 20 米，因此广西被誉为金花茶的故乡，金花茶也被广西防城港市定为市花。金花茶单生于叶腋，花色金黄，耀眼夺目，仿佛涂着一层蜡，晶莹而油润，似有半透明之感。花朵盛开的时候，有杯状的、壶状的或者碗状的，娇艳多姿、秀丽雅致。金花茶是自然界中唯一盛开金黄色花朵的山茶，具有科研、观赏、药用等重要价值。

金花茶由中国植物学家左景烈于 1933 年 7 月 29 日在广西防城县（今防城港市防城区）大菉乡阿泄隘首次发现（以前，人们没有见到过花色金黄的种类）。但由于种种原因，左景烈并没有给这种全新的植物起名字。直到 1948 年，这种金黄色的茶花才被另一位植物学家戚经文命名为金花茶。为了更好地保护金花茶，人们专门建立了保护区，并积极进行人工的一些选育和杂交工作，成功培育出了人工金花茶品种。冲泡的时候，取 2~3 朵金花茶，用开水冲泡或将花朵放入沸水中煮 2~3 分钟，再静置 2~3 分钟以后即可品饮。其汤色金黄明亮，静止时可看到花粉沉于底部。茶汤入口，茶香绕舌，初时稍微带有苦味，继而苦尽甘来，令人心生愉悦。金花茶的花朵硕大金黄、蜡质俊美，花期长，叶大而秀，除了品饮，还能做成盆栽，极具观赏价值。

金花茶含有 400 多种营养物质，富含茶多糖、茶多酚、总皂苷、总黄酮、茶色素、蛋白质以及多种维生素、氨基酸、有机微量元素等，对降血糖、降血压、降血脂、降胆固醇有帮助，对糖尿病及其并发症有明显的功效。

120　金丝皇菊是什么茶？

"采菊东篱下，悠然见南山。"菊花作为一种非茶之茶，其清香的味道受到广大人士的喜爱。

金丝皇菊是菊花中的精品，色泽金黄，硕大饱满，花香浓郁，一朵就能充满整个杯子，十分具有观赏性。金丝皇菊茶的原产地在江西省的修水，具有"香、甜、润"三大特点，茶汤鲜亮，入口清香甘绵，解渴生津，富含多种氨基酸、维生素和微量元素。相比普通菊花而言，金丝皇菊的黄酮含量高出150%，氨基酸含量高出30%，有着消暑生津、疏散风热、明目、润喉等功效，是药食同源的佳品。但是由于菊花性寒，不建议体虚的人士饮用。笔者的茶苑在招待茶友的时候，有时会取出用玻璃制作的大唐碗进行展示。在其中，先放入一朵金丝皇菊，再放入两朵玫瑰花骨朵和少量茶叶一同冲泡，其优美的形态和迷人的滋味，令茶友们无不拍手称赞。

121　螃蟹脚是什么？

云南古树茶丛生之地，偶尔会有稀有的螃蟹脚伴生，药食同源，这一现象经常被喜欢古树茶的老茶客津津乐道，也是检验一个茶人是不是很博学的试金石。螃蟹脚在植物学上叫作枫香斛寄生，因其枝条为节状带毫，形似螃蟹腿，故被称为"螃蟹脚""茶茸"。在茶界，以云南省景迈山古茶园出产的"螃蟹脚"最为出名。要注意了，螃蟹脚作为寄生植物，在适宜的环境下，其他的南方省份和尼泊尔、印度、泰国等众多国家的非茶树上也有出产。但是，古茶树上的螃蟹脚枝节较为短圆，晒干后色泽为褐黄，而其他树上的螃蟹脚枝节扁长，有突出条纹，色泽发绿。正宗古茶树上的"螃蟹脚"，味道清香，入口爽滑，满口生津，回甘猛烈，有清热解毒、健胃消食以及清胆利尿的作用。由于现在去古茶山的人越来越多，人们都会采摘它，导致现在见到螃蟹脚的概率大大下降了。在日常泡普洱茶时，放入少量螃蟹脚，可以激发茶汤的滋味。在煲汤时放一些螃蟹脚，能提升汤的鲜味。但是由于螃蟹脚比较寒凉，孕妇要慎饮。

122　苦丁茶是什么茶？

提到苦丁茶，相信大家都不陌生。当上火、口干、咽喉痛的时候，很多人都会泡上一杯苦丁茶喝一喝，以此来改善身体的不适。然而，苦丁茶虽然叫作茶，但是并不是传统意义上的茶叶。在中国南方生长的大叶苦丁属于冬青科植物，苦丁茶原料是大叶冬青的叶子，最早创制于东汉时期，主要产自福建、广东、广西、海南地区，味道苦涩。而在我国中西部生长的小叶苦丁，则属于木樨科女贞属植物，主要产于云贵川地区，其叶制成的茶有绿茶的清甜，苦涩味不及大叶苦丁茶。东汉《桐君录》曾记载："南方有瓜芦木，亦似茗，至苦涩，取为屑，茶饮，亦通夜不眠。"这里的瓜芦木指的就是现在的苦丁（苦丁一词其实是从明代才开始这么称呼的）。苦丁茶的制作与传统的茶叶制法有些相似，先采摘3~4片嫩叶，经过萎凋、杀青、揉捻、干燥制成。大叶苦丁茶外形条索粗松，呈墨绿色，有点像一根根的小棍子。而小叶苦丁茶外形条索紧细挺秀，色泽绿润，更像传统认知里的茶叶。苦丁茶在冲泡以后，汤色淡绿明亮，富有清香，入口滋味先苦后甘，爽口生津。与绿茶有些相似的苦丁茶，寒性相对较强，不易保存，建议苦丁茶在保存的时候，可以参考绿茶的储存方法，装入密闭容器中，放入冰箱保存。若是苦丁茶出现成团、长毛的现象，就一定不要喝了。另外，苦丁茶毕竟是寒凉之物，脾胃虚弱的人，例如老年人和婴幼儿，以及处于生理期的女性朋友，建议不喝苦丁茶，以免给身体带来不必要的负担，造成不适。

123 化橘红是什么？

化橘红不是橘子，而是一种柚子，它是芸香科柑橘属的常绿小乔木，在当地已有1000多年的种植历史，自古就有"南方人参"和"一片值一金"的说法，明清时期成为宫廷的贡品，《本草纲目拾遗》称其治痰症如神。那么，为什么化橘红这么特别呢？能不能推广到其他地方种植呢？还真不行，化橘红之所以效果显著，主要是因为当地的土壤中富含礞石、镁等矿物质，尤其是礞石的含量，最高可达20%左右。只有从这种土壤生长的橘红，才含有充足的黄酮素。而且，礞石本身也是用来祛痰的重要物质。引种到其他地方的橘红，功效物质的含量会急剧减少，失去相应的价值。也因此，论祛痰的效果，还得是化州产的化橘红。

化橘红3月上旬开花，通常于5月中下旬开始采收果子。采收好的果子，简单清洗后放入烘干炉中进行干燥处理。当果子含水量降至20%的时候，通常会压制成圆柱体，方便后期机器进行切片，然后继续烘干至含水量为10%

即可。刚烘干好的化橘红，并不会马上开始销售，而是根据果品的品质，分级存放3~5年才出售。存放的时间越久，效果越好，一颗存放50年的化橘红珍品，曾经在拍卖会上拍出了38000元的高价。

这么好的东西，在挑选的时候有哪些要注意的点呢？化橘红与其他地方种植的橘红有两个重要的区别：一是化橘红的表皮上，有丰富、细腻的绒毛，而其他地方的橘红没有，即便是从化州引种的橘红，绒毛也会逐渐消失。二是化橘红的表皮上，布满白色的小点，也就是黄酮素。而其他地方种植的橘红，表皮颜色比较深，没有这种点状物质。若是初次饮用化橘红，建议放入一片冲泡即可，免得苦味过重，遮盖了化橘红淡淡的柚香。在煲汤的时候，也可以少量放入几片化橘红，不但能去除腥味，还能提鲜。

124 虫屎茶是什么茶？

虫屎茶又名"龙珠茶"，是广西等地苗族、瑶族喜欢的一种特种茶。当地老百姓把野藤茶叶和换香树（化香树）等树的枝叶堆在一起引来小黑虫，将小黑虫吃完留下的虫屎颗粒炒干，和蜂蜜、茶叶按照5：1：1的比例复炒炮制而成。虫屎茶香味好，味浓略显甜，口味醇厚，汤色乌深，有清热消暑、解毒、健脾助消化的功效。

125 大麦茶是什么茶？

大麦茶是一种在中国、日本、韩国比较普及的代茶饮。在我国的许多韩国烧烤店都能见到它的身影，有浓厚的麦香，很好喝。大麦是北方的一种古老的农业作物，它有早熟、耐旱、耐盐、耐低温等特点，使得栽培非常广泛，与人们的生活息息相关。大麦茶也在广泛栽培的过程中自然而然地产生了。大麦茶是将大麦炒制后，再经过沸煮而得，喝了它不但能开胃，还可以助消化，大麦茶的香气来自烤制的美拉德反应。由于人们对健康、健美的不断追求，大麦茶因不含茶碱、咖啡碱等刺激性成分，不影响睡眠，以及辅助减肥的优点，收获了许多人的喜爱。但是要注意，大麦茶不宜放凉了饮用，放凉后不仅香气、口感会差一些，而且对脾胃也不好。

126 沉香茶是什么茶？

被誉为香中之首、药中之王的沉香，不但在熏香、手串、香包和调制香水等方面有着广泛的应用，还是日本救心丸的必备原料之一。除此之外，现在市场上还有一种沉香茶，主要有三种类型：第一种，直接将沉香煮水来喝。第二种，选用二次加工的沉香勾丝，与普洱茶一同压制成茶饼。第三种，采摘种植了15~20年以上的沉香树的老叶子，仿照乌龙茶的加工工艺，经过摊晾、摇青、杀青、揉捻、烘焙等工序制作而成。沉香茶外形紧结匀整，色泽绿润，呈颗粒状，与铁观音有些相似。冲泡时，一般放入8~10颗，用250毫升的茶器冲泡，可以出汤10次左右。泡出的茶汤是淡淡的金黄色，明亮清澈。入口润滑，生津解渴，又香又甜。常饮用沉香茶，能起到安神入眠、排出毒素、降低血脂等效果，深受消费者的喜爱。只是要记住，沉香叶一定要经过加工炮制，并不能直接食用。现今，在种植沉香树的海南、广东、广西、台湾地区等地，都出售这种沉香茶。

127 荷叶茶是什么茶？

爱莲尽爱花，而我独爱叶。清香的荷叶，不仅可以制作叫花鸡、荷叶粥、荷叶包饭等美味佳肴，本身还可以作为主要原料，制作出能够清热解暑、生津止渴、调节身体脂类代谢的荷叶养生茶。荷叶茶的制作比较简单。首先，选用新鲜的嫩荷叶，清洗干净。其次，剪掉叶柄和蒂部，将荷叶撕成大小均匀的扇形。再次，将荷叶切成细条，放入蒸锅内蒸上20~30分钟，期间要用筷子翻动一次。待蒸好后，将荷叶条放在竹簸箕上摊凉，并用剪刀剪成小段，用制作茶叶的手法揉捻，破坏荷叶的细胞壁。最后，采用日晒或者焙茶机干燥以后，装入密封袋，置于阴凉处保存即可。荷叶茶既可以清饮，也可以根据需求搭配其他的食材一同泡水饮用。例如：可以增加山楂、陈皮、生姜、罗汉果等同饮。但由于荷叶本身微微偏凉，身体虚寒，脾胃、肠胃不佳的人，以及处于生理期的女性，都不建议饮用荷叶茶。另外，荷叶茶应在两餐之间饮用，不要在吃饭的时候喝荷叶茶，以免影响食物的消化。

128 广西甜茶是什么茶？

很多人都吃过树莓，红色的浆果，甘甜可口，也称覆盆子。在广西，民间把其树叶加工以后当作茶来饮用。因为喝起来甜滋滋的，得名"甜茶"。甜茶与罗汉果、合浦珍珠、广西香料，并称为广西四大名品。

广西甜茶并不是传统意义上的茶，其植株是蔷薇科悬钩子属植物中的一种，为多年生有刺的落叶灌木，叶子长得很像枫树叶。甜茶主要生长在广西金秀大瑶山地区海拔 800~1000 米的山上，这里是中国第二大动植物医药王国、国家自然保护区，土壤中硒的含量丰富。金秀茶叶协会的莫宇宁会长曾经专程带笔者考察了金秀大瑶山的神奇所在，非常令人震撼。与其他普通悬钩子植物不同，它的叶子味道是甜的，而且它全身都是宝，根、茎、叶、果实，均可入茶、入药。每年七八月份，是甜茶甜度最高的时候。

如今，甜茶是按照绿茶的工艺来加工的，要经过摊青、杀青、揉捻、烘干等工序环节制作。制成的甜茶外形条索紧结、色泽绿润、呈螺形颗粒状。冲泡以后，汤色浅黄，清香扑鼻，入口滋味非常甜，像喝糖水一样，但是并不腻。另外，当地人还用甜茶叶代替白糖，制作甜茶粽子、甜茶饭等当地的特色小吃。

广西甜茶的鲜果，别名就叫作树莓。甜茶鲜果红里透亮，清香味鲜，果肉甘甜，而且营养十分丰富，含有包括人体必需的 8 种氨基酸在内的 18 种氨基酸和人体必需的锌、硒、铜等矿物质。据《广西中药标准》记载，广西甜茶有"清热降火、润肺、祛痰、止咳"的功效，被民间誉为"神茶"。

除上述所说，广西甜茶有两个极具开发价值的内含物：一个是甜茶的多酚类物质，另一个是甜茶素。甜茶的多酚类物质，有良好的抑菌效果，可作为天然的食品防腐剂；而且，对改善鼻炎、花粉过敏以及在润肤、保湿以及防紫外线方面有一定的效果。在日本，广西甜茶已经被开发成多种保健饮料，用来防治花粉过敏。广西甜茶内含的甜茶素，是一种可以用在食品加工中的理想甜味剂，它有人类最易接受的甜味，纯甜茶素的甜度是蔗糖的 300 倍，但是发热量却只有蔗糖的百分之一。许多的现代食品，为了更好的口感，会加入一定量的蔗糖，比如常见的酸奶一般会加入 4%~6% 的蔗糖。如果能用甜茶素替代蔗糖的使用，将能生产出口味更好的无糖食品，并且有效地降低糖的摄入量。这对丰富中国的食品品种，提高食品的安全性能，有着非常重要的意义。

129 莓茶是什么茶？

在湖南省著名的旅游胜地——张家界地区，有一种名为"莓茶"的产品，近年来十分火热，本地又叫它藤茶、土家甘露。最初，莓茶是明代茅岗覃氏土司的祖传药茶，是当地土家族特有的一种野生保健饮品。如今，在湖南、湖北、云南、贵州、广东、广西和福建等地皆有所分布。

莓茶的学名为显齿蛇葡萄，是一种多年生藤本植物，与一般认知中的茶叶不同，属于非茶之茶。由于莓茶加工时会有浸出物留在表面，晒干后有一层白霜，好似发霉的样子，民间故此把这种茶叫作"霉茶"，发霉的霉。但是，将其作为商品名称非常不好听。于是，便根据其植物学的属性，最终将其更名为含有草字头的"莓茶"。2013年，国家卫计委批准其作为新食品原料，自此莓茶开始受到健康产业的重视，逐渐进入了大众视野。莓茶外形条索细嫩，白霜满披，卷曲似龙须。冲泡以后，汤色嫩黄清澈，入口滋味微苦，但回味甘甜、鲜醇，对调养身体有一定的帮助。需要特别注意的是，莓茶在历史上毕竟是药茶，每日还是适量饮用为好。

130 雪菊是什么茶？

在美丽的新疆和田，不但有著名的和田玉，还有一种被当地维吾尔族称为"古丽恰尔"的传统花茶——昆仑雪菊。雪菊的植物学名叫作"两色金鸡菊"，因其能够生长在海拔3000米以上的新疆昆仑山积雪高山区域而得名。雪菊冲泡以后，汤色红艳透亮，并伴有淡淡的药香。如意茶苑在对外授课和做活动展示的时候，常常选择将雪菊、玫瑰花苞和少量冰糖搭配在一起，并用大唐碗泡的形式呈现给参与者，反响极好。雪菊不仅生长在新疆，在西藏地区也有种植，而且藏雪菊往往种植在海拔更高的山上。中国农业大学校友研发的藏雪菊，品质高、耐严寒，成为当地的乡村振兴产品。经检测，其内含的绿原酸、菊甙、黄酮等物质，含量要比普通雪菊高一些，有利于调养身体。

另外值得一提的是，由于生长环境特殊，可以对抗严寒的雪菊与同为菊科的杭白菊等南方品类不同，其寒性没有那么强，适量饮用对肠胃的刺激比较小。随着市场的火热，许多种植于平原上的雪菊产品纷纷涌入各销售平台，但是其内含物却不如生长于高山的雪菊丰富。因此购买雪菊的时候，建议选择种植于高山上的雪菊。

131 鹧鸪茶是什么茶？

"茶中灵芝草，羊肥爱啃食。"在海南省的民间流行喝一种独特的鹧鸪茶。据说海南四大名菜之一的东山羊所用之羊，就是因为爱吃鹧鸪茶的鲜叶，才一点膻味都没有。相传，古时海南的万宁地区，有家村民养了一只鹧鸪鸟。一天这只鸟生了病，村民求医无门，便上山采摘了野生的茶叶泡热水给鹧鸪喝。几天后，鸟的病不但好了，还活了很久，于是人们将这种茶取名为鹧鸪茶。这种茶从植物学上讲，是属于大戟科的野生灌木，与通常所指的山茶科山茶属的茶叶不同，是一种非茶之茶。历史上，民间曾认为其仅仅生长在海南万宁的东山岭一带。实际上，这种植物在海南的琼中、乐东、保亭、通什等山区都有所分布。但是，万宁东山岭和文昌铜鼓岭所产的鹧鸪茶，质量最好，名气最大。额外值得一提的是，在87版的电视连续剧《红楼梦》中，片头"飞来石"的远景就采自万宁的东山岭。

鹧鸪茶的采制很有特点，通常要将叶片连着枝条一同摘下，带回后逐片摘下叶片，手工将叶片层层叠加并卷成球状。然后，用晒干的椰子树叶将球状的茶叶绑起来。绑到20个左右，系成一串，放到太阳下晒干或者挂在房梁上自然风干，有点像北方院子里挂的一串串大蒜。需要泡茶的时候，解下一个茶团投入热水中即可，十分方便。鹧鸪茶的干茶色泽灰绿，紧实干净。冲泡以后，茶汤呈现深琥珀色，透亮均匀，有好闻的药香。其茶汤入口滋味醇厚、甘平，具有清热、解油腻、助消化的作用。在远离万宁的地方，鹧鸪茶的传说没有那么知名，但是人们由于在五月五日的端午时节要吃肉粽子、肥鹅这类油腻的食物，为解腻，人们从五月初一就将鹧鸪茶同其他植物的叶子一同饮用，所以民间也称其为"五月茶"。

如今，海南鹧鸪茶已经成为当地极具地方特色的旅游商品，许多旅客都会选择将其作为手信送给亲朋好友。笔者曾经受邀前往海南，发现几乎大多数餐厅一上来就给客人泡一壶鹧鸪茶饮，饮之清凉舒爽，有亲切的感觉。友人送笔者一串形如大念珠的鹧鸪茶，气味浓烈香辛，挂在入户风化木台上，还令蚊蝇少了许多。

132 老鹰茶是什么茶？

老鹰茶并不是真正的茶叶，而是来自一种学名为"毛豹皮樟"的植物的代茶饮品，是云贵川地区响当当的特色茶。西南地区的老百姓将其作为盛夏时节的祛暑佳品，尤其是在四川的农村，有自采、自制、自饮老鹰茶的习惯。原产于四川省石棉县的老鹰茶，产制历史悠久，最早可追溯至春秋战国时代。唐朝时，老鹰茶还曾作为贡品进献朝廷。关于茶名的来源，主要有两种说法：一种说法是毛豹皮樟树仅生长于高海拔的崇山峻岭间，只有像老鹰那样的猛禽才能飞到树上采食和筑巢，因此而得名。另一种说法是，古人制作"老鹰茶"，是将采摘的芽叶放在开水中烫一下后捞出，然后慢慢阴干的，故被称为"捞阴茶"。因发音相近，逐渐被称为"老鹰茶"。

老鹰茶色泽棕红，肥硕壮实，富有清香、樟香、麝香等香气类型。用沸水冲泡或煮以后，其汤色金黄带红，清澈明亮。入口滋味浓郁刺激，口劲大，有回甜、回甘。而且，茶中不含咖啡碱物质，没有刺激作用，不影响睡眠。如今，在重庆、成都、贵州等城市的餐饮行业，滋味上佳的老鹰茶备受欢迎。

133 莲花茶是什么茶？

出淤泥而不染，濯清涟而不妖。北宋理学家周敦颐的一篇散文《爱莲说》，将莲花的高洁与君子联结起来，用莲花形容文人的高洁品格。莲花的高洁和干净，也为很多修行者所钟爱，天女散花，莲花宝座，说的就是莲花。

小荷才露尖尖角，早有蜻蜓立上头。清雅脱俗的莲花，与至清至洁的茶叶之间，有什么故事呢？明代顾元庆所编写的《云林遗事》中记载：元代第一画家倪瓒嗜好饮茶，他将茶与莲花巧妙地进行了结合，创制出富有莲花清香的莲花茶。制作方法是：在池沼中择取莲花蕊略破者，以手指拨开，入茶满其中，用麻丝扎缚定，经一宿，次早连花摘之，取茶纸包晒。如此三次，锡罐盛扎以收藏。

随着生产技术的进步，现今可将含苞待放的莲花进行速冻、冷藏，并在特定的温度、时间下，通过循环热控的方式，脱水后制成莲花茶（也就是冻干），也可以进行低温烘干包装成品。作为大型睡莲的香水莲花，一年四季皆可开花，无莲蓬、莲子，每株一年可开 200~300 朵，花可达 30 厘米，花朵颜色有金、黄、紫、蓝、赤、茶、绿、红、白九色，又称九品莲花，既可观赏，也可品饮。观赏时，取红花、紫花、白花等各色花朵，五彩斑斓，香气雅致而持久。因含蜡质，较一般鲜花更易保存，花期更长。品饮时则选用白花，其含有的花青素很少，更加香甜适饮。冲泡的时候，选用大的玻璃壶（500毫升容量以上），或者敞口的碗、斗笠盏等易于观赏的容器，开水沿容器四周冲入后，莲花吸饱水便会逐渐绽放，漂浮于水中，令人赏心悦目。品之怡然，观之翩跹，好不惬意！适合多人品饮。另外，莲花亦可炖汤，如香莲鸡、鱼、排骨等。可以将花裹上面，炸成美食，还可以加糖果布丁做成果冻，芬芳而不刺激。香水莲花含有丰富的植物胎盘素、胶原蛋白、总黄酮、低聚糖、生物碱、维生素等，经常饮用可以消热、美容、保持健康。

香水莲花原产于我国台湾地区，适合生长在热带和温带。现如今，香水莲花在广东珠海、广西柳州、江西广昌、云南盈江、江苏南京等地均有种植。

134 红茶菌是什么？

红茶菌最早由中国人在渤海一带发现，因产生的菌膜酷似海蜇皮，所以叫作海宝，俗称"醋蛾子""胃宝"。民间百姓用喝剩下的茶叶末、白糖，加上一点儿海宝，放在装满凉开水的瓶子或者坛子中发酵。过几日，待水的颜色稍稍变黄，就可以倒出里面的水饮用。海宝水酸酸甜甜，小孩都把喝这种水当作一种享受。但是，大人却不会让孩子随便喝，因为民间相传海宝水是一种可以治疗胃痛的东西。从成分的角度来看，红茶菌是由酵母菌、醋酸菌、乳酸菌共生所产生的液体，经常饮用，在一定程度上能缓解肠胃的不适，对软化血管也有一些帮助。但这只是辅助作用，产生效果慢，不能将其当作药物。在制作红茶菌的过程中，液体中会逐渐产生一种类似果冻、肥肉状的凝胶物质，产生的原因是醋酸菌在代谢时，消耗葡萄糖、果糖等营养物质，将其转化成为多糖。这些多糖中不可溶的部分，比如细菌纤维素，黏附在醋酸菌的细胞壁上，便随着细胞分裂增殖，编织成一层层的网状菌膜。日常吃到的椰果，其实就是木质醋酸菌在椰汁中产生的，与通过吉利丁粉制作的果冻不是一种东西。另外，细菌纤维素还常被用作稳定剂、增稠剂、乳化剂等，加入到冰激凌、果冻、饮料以及各式糕点里。如今，海宝以康普茶为名在欧美很流行，但其实老一辈早就都喝过了。

常见问题

常见问题音频

135 为什么说中国是茶的故乡？

中国是茶的故乡。一方面，中国是茶树的原生地，世界上最早的茶树发源于云贵高原。被誉为动植物王国的云贵高原，古茶树的数量最多，茶树品种也最多。目前，世界上最早的茶籽化石于 1980 年在贵州的晴隆县被发现，其距今 164 万年以上。另一方面，中国也是最早开始人工栽培和加工利用茶的国家。所以，中国是当之无愧的茶的故乡。

136 历史上关于茶叶发源地有哪些争论?

如今在谈到茶叶原产地时,中国是世界茶叶原产地已成为世界共识。然而在历史上,曾一度出现过印度起源论和中印两源论。

自英国打败荷兰后,通过销售中国的茶叶获取了巨额的财富,并且助推了其国家的工业化进程。然而,由于中国物产丰富,并且开始了禁烟运动和以茶制夷的措施,使得英国在与中国的贸易交锋中始终处于被动的状态。英国人害怕在茶叶问题上受制于中国,因此一直在想办法培养其他的茶叶种植地。毕竟在那个时代,茶叶就如现代的石油,是最重要的物资,也是财富的象征。1824年,英国人在印度的东北部发现了野生大茶树,于是产生了关于茶树起源的历史争论。1834年,一方面,随着英国商人阶级的壮大,产生了很强的贸易自由呼声;另一方面,由于东印度公司内部严重的腐败等问题,导致公司在财政上陷入危机,不能为英国政府提供充足的税收。故而,东印度公司对华贸易垄断权被取消。同年,英国官方成立了专门的茶叶委员会,通过英国军人查尔顿在阿萨姆发现的茶树,宣布发现印度的本地茶品种。为了达到排挤中国茶叶国际市场份额的目的,英国以此为凭据,大力宣传茶树最早起源于印度,中国和日本的茶树,都是从印度传过去的,企图从根源上掐断茶与中国的关联,这就是所谓的印度起源论。然而,由于中国关于茶叶的饮用史和文化史非常丰富,学术界并不都接受这一种观点。1935年,美国作家威廉·乌克斯的著作《茶叶全书》就认为中国与印度都是茶树的起源地,此为中印两源论。

在茶叶起源地的这场争论中,中国由于没有野生大茶树发现的报告,无法提供现代植物学意义上的发现史和栽培史,一段时间内情况十分尴尬。终于,1961年10月,在中国勐海县巴达区发现了高达30余米的野生大茶树,它是当时全世界所发现的最大的"茶树之王"。张顺高、刘献荣等学者考察巴达野生大茶树的报告,有力地回击了英国和印度一部分学者的伪学说,揭示了茶树原产于中国的客观事实。后来,陆续发现的更多野生茶树和贵州晴隆164万年前的茶树籽化石,以及原产地茶树基因演化的多样性,茶种群迁移的脉络等,使得茶叶产自中国再次成为世界共识。另外,毕竟野生茶树只是生物学上的发源,如果没有人类的开发和利用,只是一片树叶而已,真正更有价值的在于最早栽培和利用茶叶,从这方面来说,中国更是无可置疑的茶叶发源地。真实可能短时被谎言蒙蔽,却不可能永远被掩盖。文化的自信随着中国的发展而彰显，让中华茶文化更加灿烂。

137 中国茶是如何演变到如今的呢？

关键的演化节点有茶的起源、唐代煮茶、宋代点茶以及明清的散茶冲泡。各阶段的重要人物有：发现茶的神农氏，编纂第一本茶经的茶圣陆羽，将喝茶提升至艺术巅峰的皇帝——宋徽宗，以及废团改散使得茶叶飞入寻常百姓家进而促进六大茶类诞生的明朝开国皇帝——朱元璋。笔者奉上一段顺口溜帮助记忆："唐煮、宋点、明清泡。神农识茶，陆羽圣。徽宗点茶艺巅峰，元璋改散众茶现。"

138 贡茶是怎么回事？

学成文武艺，卖于帝王家。万国来朝的古代中国，纳贡与宫廷造办，使宫廷文化较之民俗文化，集国之力世之智，更为精湛。皇家的青睐，也加深了宫廷文化在民间的传播。宋徽宗带领大臣的斗茶赛，也成为一段经典佳话。茶在明代朱元璋废团改散以前，一直是上层社会享用的精品，并不是寻常百姓可以享用的。

公元前1000多年的周武王时期，茶作为纳贡物品开始初步形成制度（当时的茶主要用于祭祀）。到了唐朝，贡茶制度进一步得以完善并形成固定制度，延续了上千年，直到清朝的灭亡（茶圣陆羽曾经推荐顾渚紫笋和阳羡茶为贡茶）。贡茶制度的主要形式有两种：一是地方献纳的纳贡制，二是朝廷直属的贡茶院制。各朝代的重要贡茶院有：唐宋前位于四川蒙顶山的蒙顶皇家茶园，唐代位于湖州长兴的顾渚贡茶院，宋代位于福建建瓯市的北苑御茶园，元明时期位于福建武夷山的武夷御茶园和清代位于杭州的胡公庙御茶园以及云南宁洱县的困麓山皇家古茶园等。著名的贡茶有：雅安蒙顶茶、常州阳羡茶、湖州顾渚紫笋茶、西湖龙井茶和武夷岩茶等，几乎囊括了所有盛产的优质茶叶（就连浙江的黄茶在清代也列入贡茶用于加工奶茶）。据说故宫的金瓜贡茶目前还有一点留存，只是品过的人说：历经百年岁月，已经真水无香，有颜色没什么味道了！虽然是故事，却足见人们对宫廷贡茶的向往。

从历史上看，中国的贡茶制度历史悠久，虽然贡茶使产茶地区和广大茶农备受艰辛，但客观上说，贡茶制度在相当程度上保护了地方名优产品，推动了产茶地区茶叶的生产和发展，促进了茶叶的精工细作和技术改进，极大地丰富了中国的茶文化。贡茶以其优良的品种、精湛的技艺、风雅的茶道和精良的茶具，成为引领一个地区，甚至一个时代的一面大旗。

139 六大茶类的标准是如何诞生的？

六大茶类分类法是 1979 年由著名茶学专家陈椽教授会同全国知名专家会商后提出的分类方法，并在茶业通报 1~2 月合刊上发表（之前并没有这种提法）。他以每种茶类在制法中的内质变化，即茶多酚的氧化程度、快慢、先后等不同而呈现不同色泽的茶叶变色理论为基础，从制法和品质上对茶叶进行系统分类，将茶叶分为绿茶、红茶、黄茶、青茶（乌龙茶）、白茶、黑茶六大类，这种分类得到广泛的认可和应用。除此之外，陈椽教授在长期分析研究中国茶业发展历史和前人研究成果的基础上，多方查阅国内外茶业发展史料，于 20 世纪 70 年代末 80 年代初撰写了《中国云南是茶树原产地》和《再论茶树原产地》两篇文章，论证了中国云南是茶树的原产地，有力回击了 20 世纪 40 年代英、美、日、印等国某些学者提出的"茶树印度起源论"。陈椽教授的研究成果，以及后来 1980 年贵州晴隆县山上发现的 164 万年茶籽化石，证明了中国是茶树的原产地，对国内外产生了深远的影响。

140 对于茶类，如何快速入门？

中国茶类主要分为基本茶类、再加工茶类和非茶之茶。其中，基本茶类一般根据发酵工艺分为六种，分别是不发酵的绿茶、微发酵的白茶和黄茶，半发酵的乌龙茶（青茶），全发酵的红茶和后发酵的黑茶。俗话说：读万卷书不如行万里路，行万里路不如名师指路。学茶需要多喝茶，多研究，跟对人，喝对茶。

141 如何理解、记忆六大茶类的特点呢？

六大茶类不好理解记忆？不怕，其实六大茶类很简单，无非是六种烧菜手法。绿茶就是炒菜，白茶是凉拌，黄茶是黄焖，乌龙茶是烧烤，红茶是红烧，而黑茶就是炖菜。为什么说绿茶是炒菜呢？炒绿叶菜的时候，菜是香是绿的。白茶是凉拌，因为它不炒不揉，非常的清爽。黄茶是黄焖，就是在绿茶的基础上，把锅盖盖上，再一焖，有湿热的反应，以及叶绿素的减少，哎，就使它变黄了，更加醇厚了。乌龙茶是烧烤，烧烤有什么特点啊？除了茶叶本身的香气的激发以外，还有一种炭香或者叫糊香，用学术术语来讲叫作美拉德反应。同时，这一烤后，它水分含量更少，也更加香。红茶是红烧，因为红茶是全发酵茶，它非常的红亮。黑茶是炖菜，它就好比是那些老汤炖菜，它是在微生物的作用以及小火慢炖下，最后呈现的非常醇厚的后发酵的结果。所以说，人类的发展历史，首先是学会了吃，后边才有了茶。茶的历史只不过 5000 年左右，茶的加工的工艺，其实就是借鉴了烧菜的方法。

142 为什么名茶冠以地名？

好山好水出好茶，独特的自然环境孕育出珍贵别致的茶叶，谓之"地域香"。而且，以地理名称标识的茶叶是国家地理标志保护产品，更凸显了茶叶地位。名称前面是地域，后面是品种以及品种附加的独特工艺，它们共同组成了茶叶的主要品质特征。

143 铁观音是绿茶？大红袍是红茶？安吉白茶是白茶？

这是一般人的误解。实际上铁观音和大红袍都属于乌龙茶，而安吉白茶属于绿茶。那么它们都有什么特点呢？铁观音具有兰花香、观音韵、绿叶红镶边外观，是非常受百姓喜欢的一款高香的乌龙茶，它的发酵度是低的。大红袍生长在武夷山，经过高温的焙火，非常的浓香，特别适合一些老茶客。安吉白茶是一个优良的茶树品种，属于绿茶的一个白化品种，宋徽宗曾经在《大观茶论》里多次提到这款白茶的稀缺性。所以说不能望文生义，不能以茶叶名称里面的颜色来判定它到底是什么茶的品类。

144 滇绿是普洱茶吗？

不对！"冬饮普洱，夏品龙井"，乾隆皇帝的一句话让普洱茶名声大振。那么，滇绿就是普洱茶吗？当然不是。滇绿是选用云南大叶茶按照绿茶工艺制作的绿茶，杀青彻底，多出产于云南省的临沧、保山、思茅、德宏等地区，有色泽绿润、条索肥实、回味甘甜、饮后回味悠长的特点，但不具备后期转化的空间，不能长期存放。而普洱茶的原料是云南的晒青毛茶。二者最根本的差异是杀青温度的高低，滇绿的杀青温度在 210~240℃，烘干温度在 80℃以上，而晒青毛茶的杀青温度要低于 180℃，日晒干燥的温度一般不会超过 40℃。因此，晒青毛茶内含有少量的多酚氧化酶等有利于后期转化的酶，这也是普洱茶越陈越香的关键。

历史上也有用晒青工艺来加工绿茶的，但因为晒青对绿茶品质影响较大，杀青不完全，现在已经基本上被淘汰。当前保留的晒青工艺主要是以云南大叶种为原料，作为普洱茶初制工艺而存在的。所以，一说到晒青就只能是普洱茶了。

由于新制成的滇绿，无论是香气还是颜色都比新的普洱生茶要好，因此，有不良商家将滇绿压制成所谓的普洱茶，忽悠许多不懂普洱茶的人。滇绿可以现饮，但不具备收藏、储存价值，大家购买的时候一定要小心甄别。

145 乌龙茶的品种和产地有哪些？

乌龙茶分闽南乌龙、闽北乌龙、广东乌龙和台湾地区乌龙。闽南乌龙代表性的茶类是铁观音，闽北乌龙是大红袍，广东乌龙是凤凰单丛，台湾地区乌龙具有代表性的是冻顶乌龙、文山包种等。

146 大陆地区乌龙茶与台湾地区乌龙茶有哪些异同点？

台湾地区乌龙茶的发酵度从最低到最高都有，非常宽泛。传统上大陆地区乌龙茶总体的发酵程度较台湾地区乌龙茶高，例如：大陆的大红袍、浓香铁观音、凤凰单丛，发酵程度都较高。台湾地区的冻顶乌龙茶，发酵程度较轻，接近于清香型铁观音。文山包种茶的发酵程度更低，甚至接近于绿茶。而随着时代的演变，也有一些特例，比如：发酵度最高的东方美人茶，发酵度都接近于红茶。还有，茶树品种和制作工艺都来自安溪铁观音的台湾地区木栅铁观音，其发酵度较高，属于重烘焙茶。

147 在茶汤中产生涩味的茶多酚和红酒中产生涩味的单宁是一回事吗？

茶汤有涩味，红酒也有涩味。从广义的概念上讲，红酒中的单宁和茶中的茶多酚是可以等同的，都有抗氧化性。但是，从物质构成和精准度方面来讲，这两个术语又是不同的。比如：传统的燃油汽车和新能源汽车，虽然都是汽车，但并不等同。单宁是来源于英文的音译词语，其本身的含义是鞣质。鞣质中的典型代表——鞣酸，因为能使蛋白质凝固，所以人们将其广泛用于制作皮革。在人类对茶叶成分的认识过程中，人们最开始因为发现这种物质具有涩味和收敛性的特点，故而先将其归入鞣质的类别，也就是单宁。随着进一步的研究，人们发现这种物质是由30多种化合物组成，经参考其化学物质的性质后，将其称为"多酚类物质"。后来，中国茶叶研究所为区别其他植物中的酚类物质，将其命名为"茶多酚"。茶多酚与鞣酸虽同属于鞣质，但二者并非同一物质，茶多酚也并没有鞣酸的鞣革作用。曾经的"茶鞣酸"指的就是茶多酚，因为不够准确，现在也不用这一说法了。

148 为什么普洱茶饼是 357 克？

在历史长河中，普洱茶大多是边销茶。既然是涉边交易，那么为了减少度量衡方面的纠纷，制定了强制的标准化措施，起到便于统计、征税和交易的作用。《钦定大清会典事例》记载："雍正十三年（1735 年）提准，云南商贩茶，系每七圆为一筒，重四十九两，征税银一分。"据此可见历史上以每桶 7 片作为一种标准来进行计量。然而，当时的度量单位与今日有所不同，沿用的仍然是自秦始皇统一六国以后制定的 16 两为一斤的标准。那么可见，现今的 357 克应是在包装结构上沿用了历史上每桶 7 片的习惯，但在实际度量衡方面采取的是现代的标准。这么一来，每桶七片，大约合 5 斤重（49 两），再一平分就得到了 357 克。这是约定俗成，方便计量与包装。

149 为什么黑茶不像陈皮一样容易返潮霉变呢？

陈皮发霉是陈皮变质的外观表现。一般多发生在低年份的陈皮，因为低年份的陈皮本身含有水分，糖分高。当陈皮受潮变软后，其水分活度值就会升高，这时候霉菌和虫卵就容易在其内囊滋生，所以低年份的陈皮需要多检查和定期翻晒。而一般购买到的黑茶，通常以干燥、紧压的形式存在，只要保持好储存环境的通风和温湿度，长期储存黑茶没有问题。

150 茶叶的发酵方式与散发的香气有什么关系？

鲜叶经蒸汽杀青前，散发的是青草香。经高温炒青之后，变成板栗香。如果微发酵一下，就出现了清香。再继续发酵，花果香就出来了。发酵度继续增加，就变成了甜香、醇香。到了黑茶，就是陈醇香。

151 白茶为什么不那么苦涩？

在茶汤滋味中，人们感受到的是一种内含物质在互相协同、互相制约后的综合表现。例如：呈现苦味的主要物质咖啡碱与茶多酚能形成氢键络合物，使得苦味降低。而且，优质的白茶原料氨基酸含量丰富，对苦味也有消解的作用。听听"白毫银针"这名字就知道，毫多是这类茶的重要品质特征，而茶毫多往往就意味着氨基酸的含量丰富。从制作工艺上讲，不炒不揉是白茶的典型特点，细胞没有破碎，茶汤较淡，非常耐泡。因此，白茶的细胞结构保持相对完好，存放时的生化反应也与其他茶类不同，主要的反应不是茶多酚的氧化，更多的是往黄酮方向进行转变，具有较好的消炎作用。

152 茶汤有酸味，是茶叶坏了吗？

这个问题需要分为几个方面来讲。第一，茶叶内质中含有一些呈现酸味的物质，例如没食子酸、草酸、部分氨基酸等。第二，在加工和存放过程中形成的酸味物质，例如茶叶在发酵过程中会大量形成有机酸。因此，在品尝半发酵的乌龙茶或者发酵的红茶和黑茶的时候，更容易感觉出茶中的酸味。如果不是由于以上的原因造成酸味过重，或者是有令人不悦的酸味，则可能是制茶工艺不当，或者是茶叶受潮。此时，就建议这种茶不要喝了。当然，还有一种情况，泡茶的时候，水温过高，浸泡时间过长，导致浓度过高，也会使得酸感增强。这种情况，可以通过调整冲泡方法，降低冲泡水温来缓解。

153 在茶叶的概念中，雀舌是一种茶吗？

其实雀舌有两个方面的意思。一个方面是指外形的分类，包括茶鲜叶和成品茶两类。茶鲜叶中的雀舌概念，指的是一芽二叶的采摘标准，两个叶子如鸟雀的嘴，中间的芽就像鸟雀的小舌头。鲜叶的等级划分为几种：单芽茶叫莲心，一芽一叶叫旗枪，一芽两叶叫雀舌，一芽三、四叶叫鹰爪。成品茶中的雀舌概念，通常指的是干茶外形扁平、挺直，形状像雀舌。需要注意的是，现在做的雀舌茶，采摘标准一般为单芽或者一芽一叶，与茶鲜叶中的雀舌概念有所不同。就像中国的红茶，在英文中是 Black Tea，是因为红茶鼻祖正山小种的干茶颜色是乌黑的，外国商人以干茶外形命名，而不是以茶汤的颜色命名。典型的雀舌茶品有：贵州雀舌（湄潭翠芽）、四川的宜宾雀舌、江苏的金坛雀舌、浙江雀舌。另一个方面，雀舌指的是茶树的品种和用其鲜叶制作的茶叶，例如：产于武夷山的武夷雀舌。

第二篇

Q&A for Tea

茶树栽培养护

154 茶树的"前世"是什么？

茶树的演化和传播是一个漫长的历史过程，据研究考证，最早的茶树是在中国西南部云贵川一带的原始森林，由古木兰（宽叶木兰和中华木兰）演化而来的。其大致的演化路径为：宽叶木兰、中华木兰、原始型茶树（也就是野生大茶树，如勐海巴达大茶树、澜沧大茶树、金平大茶树等）、过渡型茶树（如澜沧的邦崴大茶树）、栽培型茶树（如勐海南糯山大茶树、保山的坝湾大茶树、腾冲的团田大茶树等）。在云南普洱的茶叶博物馆中，还存放着1978年被中科院植物研究所和南京地质古生物研究所发现公布的宽叶木兰化石，距今约3540万年，学术价值巨大，为确立茶树的发源地在云南又添例证。随着自然的力量，如风、水流、鸟兽迁徙和人类的活动，西南的茶籽被带到南方的各地，适应本地气候变异为各种不同的品种，从大乔木到小乔木再到灌木，适制不同的茶类，各放异彩。

西汉吴理真是有明确文字记载的最早进行人工栽培茶树的种茶人，被誉为蒙顶山茶祖，自此茶树进入规模人工栽培的阶段，茶树更好地服务于中华民族。经过人工驯化的茶树，较之纯野生环境中的茶树，无毒无害，茶叶更加利于人的吸收。经过几千年的发展，以及现代茶树栽培技术的提升，在当地群体种小菜茶的基础上很多优良品种被选育出来，例如华茶1号，龙井43号等，通过无性扦插繁殖，享誉全球。

155 世界上有哪些地方产茶？

全世界有50多个国家和地区产茶，亚洲产茶面积最大，占89%，非洲占9%，南美洲和其他地区占2%。主产区有亚洲的中国、印度、斯里兰卡、日本、越南、缅甸、印度尼西亚、土耳其等，有非洲的肯尼亚、乌干达、坦桑尼亚等，有南美洲的阿根廷、巴西、秘鲁、厄瓜多尔等。国际贸易方面，肯尼亚、中国、印度、斯里兰卡出口量较大。茶的种类方面，中国作为茶的发源地，茶种类最为丰富，拥有完整的六大茶类。日本主要生产绿茶，传承中国唐宋时期的茶文化，依照制法和茶叶生长的位置，细分、衍生出各种名称的茶品，如抹茶、玉露、煎茶、玄米茶等。中国台湾地区主要生产乌龙茶，著名的冻顶乌龙即产于此地。其他地区的茶叶以生产红茶为主，通过结合不同的食材和当地地理气候、人文特点，产生了很多有趣的饮茶习俗。

156 如何理解明前茶和雨前茶？

首先说明：明前茶和雨前茶的概念特指绿茶，原料非常金贵而鲜爽，很少用来做发酵茶。明前，即清明前。雨前，即谷雨前。

清明前的茶，经过一个冬天的等待首次发芽，其内含较多鲜爽的物质。同时，由于气温较低，少有病虫害，因此不太需要喷洒农药。但因茶芽数量稀少，采摘期短，人力成本很高，造成明前茶价格较高，往往一天一个价格。而雨前茶虽不及明前茶那么细嫩，但由于这时气温高，芽叶生长相对较快，积累的内含物也较丰富，因此雨前茶往往滋味鲜浓而耐泡。对于普通消费者来说，不必盲目追求幼嫩、昂贵的明前茶。从内含物的丰富程度考虑，一芽一叶和一芽二叶的茶较芽茶丰富，谷雨前后的茶更具有性价比，适合日常品饮。

157 树龄与茶青有什么关系？

树龄与茶青品质并没有绝对的关系，只要树势强壮，茶青的品质就佳。一般所说的"年轻茶树品质较佳"是基于两个观点而言：一是年轻的茶树，其所在土地的地力一般来说较佳，即便是更新后的茶园，也会深耕翻土，并施以基肥，茶青品质当然不错。二是指年轻的茶树不需要太多修剪，而修剪成矮树丛形的老茶园，经过一次又一次的采收与修剪，枝芽长得愈来愈密、愈细，品质相对会降低。云南就有承包的古茶树由于过度采摘、修剪而凋亡的现象。

当然，作为生命体，茶树太老不好，太嫩也不好，青壮年最佳。茶树在修剪次数还不是很多的情况下，如果土壤照顾得当，茶树长得成熟些（如五年、八年以后），其鲜叶制成的茶更能显现茶树品种的特性。只不过，随着普洱茶和古树茶的热潮兴起，也有很多人喜欢上了大树茶、古树茶的味道。它们吸收了不同年代的深层土壤中的矿物和有机质，其生长环境中丰富的花草树木所散发的香气也可以提升茶叶的品质，使滋味更为丰富。虽然是古树，云南的茶树大多为大乔木，本身寿命就很长，可以数千年之久，这是灌木茶几十年不足百年寿命所无法比拟的。所以说，一杯茶好不好喝，在于构成一杯好茶的要素是否能满足，不可一概而论。

158 为什么茶树一般都生长在南方？

所谓南方有嘉木，就是说茶树生在南方。随着应用环境工程推进南茶北移，茶树在大棚里种植也已经成为现实。茶树的生长环境有五点需要注意，分别是土壤的酸碱性、土壤结构、温度、湿度和通风。茶树喜欢酸性的沙石土质，因为矿物质含量丰富，且能保证根部环境湿润而不积水。另外，茶树生长的温度不能长时间低于 10℃，这也是茶树难以在北方自然环境中栽培、越冬的主要原因。最后一点需要注意的是通风，当茶树在北方大棚中越冬的过程中，如果不进行阶段性的通风换气，往往会造成开春后茶树大面积死亡的后果，因为缺少二氧化碳，茶树憋死了！因此，在自然条件下，南方更适合茶树生长，北方的茶树移栽，更多地是满足文旅体验和阳台经济——家庭盆栽的需求。

159 为什么说高山云雾出好茶？

高山云雾出好茶，有两个方面的原因。第一个方面，在高海拔地区漫射光比较多，有大树的遮阴，所以，茶树的茶氨酸含量非常丰富。而且，高海拔地区昼夜温差非常大，茶氨酸在晚上能够积累下来。第二个方面，高山云雾地区的环境非常好，病虫害比较少，接近有机的环境，矿物质也非常丰富，出产的茶自然就好。

160 茶鲜叶有哪些特征？

分辨一个叶子是不是茶鲜叶，可以从如下几个方面来观察。从外观上来看，主叶脉明显，嫩叶被覆茸毛，叶片边缘有锯齿，一般有 16~32 对；由主叶脉分出侧脉，侧脉又分出细脉，侧脉与主脉呈 45° 左右的角度向叶片的边缘延伸；侧脉从叶中展至叶片边缘三分之二处，呈弧形向上弯曲并与上一侧脉连接，组成一个闭合的网状输导系统（呈现网状的叶脉，是外观上同其他树叶最重要的区别）。从内含物质上来说，茶鲜叶必须含有茶多酚，若没有茶多酚，即使外观满足上述条件也无法制作茶叶了。比如：北京郊区就有茶树分化后的树，其外观与真实的茶树很相似，但是叶片并不含有茶多酚。因此，这种树不能算是茶树。

161 什么是有机茶？

高山云雾出好茶，茶的生长环境普遍还是不错的，有机茶也在很多山区有所分布。那么，有机茶是什么样的茶？不打农药、不施化肥的就是有机茶吗？

施用有机肥的就是有机茶吗？还是采用传统农耕方式种植的是有机茶？其实，以上种种都是过于片面、不够科学的理解。国家标准中写道：有机农业遵照特定的农业生产原则，在生产中不采用基因工程获得的生物及其产物，不使用化学合成的农药、化肥、生长调节剂、饲料添加剂等物质，遵循自然规律和生态学原理，协调种植业和养殖业的平衡，采用一系列可持续发展的农业技术，以维持持续稳定的农业生产体系的一种农业生产方式。正如这个定义所说，遵循自然规律和生态学原理，采用可持续发展的农业技术建立一个持续稳定的农业生产体系，是有机农业的关键所在。而"不使用化肥、农药、生长调节剂及基因工程获得的生物"是认证时的硬性要求。

有的茶友会问，怎么没见过有机古树茶？其实，根据之前的介绍可以知道，有机认证的重点是在建立有机的农业体系，而不是单纯的不使用化肥、农药。而古茶树本身就零散分布于山中，没有人通过化肥等方式干预环境，不是再生循环体系。若卖茶的说是有机古树茶，岂不是个笑话？

162 什么是荒野茶？

荒野茶简单地说，就是原来人工栽培的茶园因为一些原因被废弃了，失去了人工的管理，用这种环境下的茶树作为原料生产出来的茶叶，就是所谓的荒野茶。既然茶树失去了人工管理，茶树就将按照生长规律，尽可能地往高处生长，开花、结果。那么问题就来了，一方面，由于顶端优势茶树会将有限的营养用于长个子，发芽率都是不高的，这也就造成了茶叶产量低的问题。大家最熟悉的棉花，在认知中都是矮矮的，顶上有白色的棉铃。其实，如果不进行人工干预，棉花也是会不断地往大了去生长，而不是结出白色的棉铃。另一方面，茶树的开花和结果都会将营养夺取走，导致茶叶的品质并不会很好。科学的茶园管理，才能使得茶树的营养尽可能多地保留到茶叶当中，以此来提升茶叶的品质。正经的荒野茶是没有什么产量的，大多数情况下购买荒野茶，属于多花钱喝个概念。

163 古树茶为什么很有特色？

从自然环境和茶树品种来分析，古茶树生长于高海拔地区，这里云雾缭绕，光照多为漫射光，因此古茶树的碳代谢活动减弱，抑制茶多酚类涩味物质的生成，而氮代谢活动则增强，有利于茶氨酸类鲜味物质的产生。另外，高海拔地区昼夜温差大，糖分积累多，生存环境复杂，导致的叶片角质层更厚，这也是有特色的部分原因。茶树与原始森林中的香樟、兰草等共生，互相影响，更增加了风味物质的丰富性。由于森林中有大量的枯枝落叶，茶树在腐殖质型的土壤中生长，制出的茶叶香气、滋味均良好。古茶树生长周期长，根系发达，民间戏称古树普洱茶为曲线茶，一株千年的古茶树，历经唐、宋、元、明、清、民国至当代，土壤中的矿物质非常丰富，历十几泡而缓慢释放，风味妙不可言！喝一杯古树茶，微微发汗，全身都会感到一种由内而外的舒适感，七碗通仙灵。

164 茶树的主要繁殖方式有哪些？

茶树的繁殖分为有性繁殖与无性繁殖两种。

有性繁殖也叫作种子繁殖，是利用茶籽进行播种的繁殖方式。其优点是：简单易行，劳力消耗较少，成本较低，能短时间内获得大量种苗，对母树的生长和产量影响不大。而且，茶苗具有较强的生命力，适应能力强，用其制成的茶叶往往香气和滋味层次立体，给人带来惊喜。但是这种方式也有缺点，由于茶树是异花受粉，其后代容易产生变异，造成植株后代品质不一，产量低卖相差。

无性繁殖也称营养繁殖，是利用茶树的根、茎等营养器官，在人工创造的适当条件下，使之形成新茶苗的繁殖方式，如扦插、压条等。其优点是：苗木能保持母树的特征和特性，性状较为一致，有利于扩大良种数量。其缺点是：大量养枝、剪穗对母树的生长与茶叶的产量影响较大，繁殖栽种技术要求高，劳力消耗大，成本高，茶苗的适应性较差。

有性繁殖是基础，无性繁殖来选育，两种方式优势互补，对提高综合产值，保护优良种质资源有重要作用，可以推进可持续发展。

165 什么是菜茶？

菜茶是指经过有性繁殖，从茶籽发芽生长的茶树群体种。相较于经过无性繁殖（扦插）的茶树，菜茶的茶树品种性状不稳定，但也正因如此，往往能给人带来意想不到的滋味与香气。例如：武夷山地区独特自然地理环境所孕育的武夷奇种，成就了武夷山的众多好茶，是武夷茶之母；白茶中的贡眉，也是特指用建阳的小菜茶制成的白茶，而非仅仅是类似寿眉的等级，只是目前非常稀少了；龙井茶的菜茶叫老茶蓬，也就是群体种，滋味内蕴丰富，较之龙井 43 号等品种采收较晚，外形不齐，但是价格更高。

166　什么是鱼叶？

茶树越冬后，春季到来，气温上升，茶树体内开始发生生物学变化。在气温达到日平均温度摄氏 10℃以上，连续 5 天以后，休眠芽即开始萌动生长。首先是鳞片张开，芽头露出，接着就萌发出第一片小叶子，这片小叶子在茶树栽培学上被称为鱼叶，主要是为早期新梢萌发提供营养物质，在萌发的过程中具有极为重要的作用。从外形上来看，它个头较小，比正常叶的面积要小很多，而且，一般叶柄很短或者没有叶柄，叶片比较厚，叶子的边缘没有锯齿，叶脉不明显，形如鱼鳍，叶色淡，是发育不完全的真叶。通常在新梢的底部，茎的黄绿色和红褐色过渡处能看见鱼叶。

167　古树茶、大树茶、小树茶，分别是在什么树龄范围内呢？

一般来说，35~60 年树龄的可称为小树，60~100 年树龄的叫大树，而树龄大于 100 年的其实就可以叫作古树了。关于市场上所谓的千年古树茶，其实只是一种宣传。千年是什么概念？都到宋朝了。存活至今的千年古茶树，哪个地方不当宝贝一样供起来？除了将树割开看年轮，很难直观判断。咱们都知道，4 斤茶鲜叶也就制作 1 斤左右的干茶，就算有偷采的情况，能制作几斤真正的千年古树茶？古树茶确实由于生长时间久，根系发达，再加上周边环境等因素，拥有较其他种类茶叶更为独特的滋味，但是没有必要盲目追求树龄，茶叶喝着可口、价格合适才是最重要的。

168　为什么茶树需要修剪？

茶树需要采摘，也需要修剪。想要喝到一杯品质上佳的香茗，首先就要有好的原料，茶树的修剪，就是在茶叶原料的品质上下功夫。修剪茶树主要有如下几个原因：首先，将茶树上部的枝条修剪掉是为了去除顶端生长优势，降低茶树的消耗，积攒养分，使得收获期的茶鲜叶能够高产、高品质。就像笔者茶苑摆放的苹果树盆景，其实也得先进行人工干预，积攒几年养分，并且配以足够的施肥，才能结出那么多的苹果，红彤彤的多喜庆？第二，去除顶端可以促使茶树分支，这时再配合进行枝条的修剪，调整树枝的分布结构、密度，使得茶树的主干变得粗壮，有利于后续良好的生长。而且，保持适当的枝条密度，可以保证枝条间空气的流通和光合作用，提高质量。最后，在修剪的过程中，茶农会有选择地去除一部分老叶，促进新叶的生长，同时也在一定程度上抑制了病虫害的发生。有的茶树需要台刈，即在根部起完全割除地上部分茶枝，只保留根部，此举正是为了防虫，使次年更加高产。总之，有了茶农们辛苦的劳作，才有了消费者喝到的一杯好茶，向勤劳的茶人们致敬。

169 高山茶与平地茶的区别是什么？

高山茶和平地茶通常是根据茶树生长的海拔来区分的。一般来说，由生长在 800 米以上地区茶树的鲜叶制成的茶叶就可以称为高山茶。高山茶与平地茶相比，芽叶肥壮，颜色绿，茸毛多，经过加工后，干茶条索紧结、肥硕，香气馥郁，滋味浓厚，耐冲泡。而平地茶的芽叶短小，叶色黄绿欠光润，加工而成的茶叶条索较细瘦，身骨较轻，香气稍低，滋味稍淡。主要的原因是高海拔地区昼夜温差大、气温低，茶树生长缓慢，夜间的呼吸作用减慢，有利于茶叶内含物质例如糖类物质、芳香物质等的积累。在这样的综合作用下，高山茶树内含的香气物质丰富，制作后的茶更能体现出高扬的香气。

170 茶树开花吗？

很多人都喝过茶叶，但一些对茶树不太了解的人，因来到茶园并未见到茶树开花，便认为茶树是不开花的。咱们今天就来讲讲茶圣陆羽曾在《茶经》中用"花如白蔷薇"来形容的茶树花。说起茶树花，人们很容易会联想到山茶花。其实，山茶花和茶树花虽然都属于山茶科山茶属类目，有一定的亲缘关系，但并不是相同的植物。山茶花的花色鲜艳，姿态优美，是中国传统的观赏花卉。而茶树花的花瓣多为白色，也有浅黄和粉红色的，花蕊为金黄色。茶树花像栀子花，但体积相比栀子花要小，一般由 5~9 片花瓣组成，为异花授粉的两性花，通常花期在 9 月到 11 月，少见的花果可以同枝。也有一些茶树花是在 10 月到 11 月长花蕾，第二年早春才开花。那么，茶树花为什么在茶园一般见不到呢？因为，茶树花作为茶树的繁殖器官，若与果实一同长在枝条上，会与茶叶争夺水分、养分，影响茶叶的生长和品质，所以，茶农每年都要采取人工修剪和喷施植物生长调节剂的方法抑制茶树花的繁殖生长。茶树花是茶树的精华，冲泡以后汤色明亮清澈，既有茶的清香，又有花蜜的芬芳，其外形优美，入口有甘甜，受到广大女性茶友的喜欢。

171 油茶树是做什么用的？

油茶树是山茶科山茶属植物中种子油脂含量较高，且具有经济栽培价值的植物的统称。油茶树与油棕、油橄榄、椰子并称世界四大木本油料植物，在中国已有2300多年的栽培历史，榨出来的茶籽油被称为"东方橄榄油"。常见的油茶树品种有：普通油茶、小果油茶、攸县油茶、浙江红花油茶和腾冲红花油茶。通常说的油茶树多是指普通油茶，植株形态为常绿灌木或中乔木，叶子呈椭圆形、长圆形或倒卵形。油茶树每年秋季开白色花，中间有淡黄的蕊，果实在次年秋天成熟，呈球形，历经秋、冬、春、夏、秋五个季节的雨露滋养，价值珍贵，而且洁白的油茶花和绯红的油茶果可以实现"花果共存"，堪称人间一绝。普通油茶是中国目前栽培面积最大、栽培区域最广、适应性最强的油茶种类，一次种植，多年受益，其稳产收获期可达几十年。

采用油茶籽榨取的茶油，油酸含量高，热稳定性好，营养价值与橄榄油相当，具有很高的综合利用价值，可作为优质的食用油、化妆品用油。榨取油后的茶枯饼，可以提取茶皂素、茶多糖等活性物质，制造生物肥料、生物农药和生物洗涤剂等绿色产品。

有的朋友可能有疑问了：茶叶树也有果子，也能榨油，那么茶叶树和油茶树有什么区别呢？首先，茶叶树和油茶树在植物分类上属于同一"属"，但在"种"的层面不同，属于近缘植物。它们在使用价值上有两大不同点：第一，茶叶树所具有的咖啡碱、氨基酸、儿茶素等生化成分，在近缘植物中含量很少。由于茶树的近缘植物，缺乏形成茶叶所有的色、香、味的物质基础，所以茶叶树的茶叶可以加工饮用，而其近缘植物的叶子不能加工饮用。第二，果实的出油率相差较大。油茶树果实的出油率一般可达到23%~25%，而茶叶树果实的出油率为8%~10%，大幅低于油茶籽。

现如今，由于茶树油的口感和价格等因素，在食用油市场的发展空间有限，可考虑深度开发其他油料的应用场景，产生更好的经济效益。

172 古六大茶山有哪些？

追根溯源，云南的普洱茶享有盛名，并进贡朝廷，非古六大茶山莫属！在过去加工技术还不是很成熟的年代，古六大茶山的茶叶征服了天下。就算是当代后起之秀的班章等，也要借用易武来为自己立名，正所谓"班章为王，易武为后"。这个"后"就是皇后的意思，甜柔芬芳。实际上，过去的普洱是一个茶叶交易的地方，并不是核心产地，而古六大茶山才是主要的产地。

云南是茶叶最为古老的故乡，位于澜沧江北侧的古六大茶山非常有名，见证了历史上当地茶业的繁荣。古六大茶山的命名，传说与诸葛亮有关。三国时期，蜀汉丞相诸葛亮走遍六大茶山，留下了很多器作，古六大茶山因此而得名。在清朝道光年间编撰的《普洱府志·古迹》中记载："六茶山遗器俱在城南境，旧传武侯遍历六山，留铜锣于攸乐，置铜镘于莽枝，埋铁砖于蛮砖，遗木梆于倚邦，埋马镫于革蹬，置撒袋于曼撒，固以名其山。"至今当地人称南糯山为"孔明山"，称茶树为"孔明树"，尊孔明为"茶祖"，每年都要在诸葛亮诞辰这天举行集会，称为"茶祖会"，人们赏月、歌舞，放孔明灯，祭拜诸葛亮。曼撒由于在1873—1894年前后遭受了3次火灾，居住的人数锐减，变得萧寂冷清，因此当1895年普洱府重修《普洱府志》时，离曼撒20公里外的易武取代了曼撒在六大茶山中的地位。关于这点，在古代的行政区域划分里，曼撒属易武土司管辖，并且易武与曼撒茶区相近，很难严格区分二者之间的差异，以致在民间不少人将两个茶区所产茶同归于"易武"。

随着时代的变化，由于战争、商业重心转移等因素，在过去百年里古六大茶山所产的普洱茶已经逐渐减少，产茶重心转向了澜沧江南侧的新六大茶山。易武多是家庭作坊，也难以和勐海茶厂等这样拥有强大技术力量的大厂相匹敌。时代在发展，商业因素、行政地区利益夹杂其中，使得普洱茶很难看懂，需正本溯源，良性发展。

173 易武古茶山是如何兴起的？

"班章为王，易武为后"，后半句讲的就是易武山头出产的茶叶口感细腻，像温柔的皇后。易武是一个古老的傣族地名（傣语的译音"易"：美女；"武"：蛇。意思是"美女蛇的所在地"），它不仅是古六大茶山茶叶的加工集散地，同时也是生产优质大叶种茶的地区，堪称"山山有茶树，寨寨都种茶"，从清朝至今一直被称为众山之首，曾获得清廷赐予的"瑞贡天朝"牌匾。在当代的行政区划中，易武是勐腊县北部的一个乡，距西双版纳州政府所在地景洪市只有110公里。它的地势为东面和中部高，南北西三面低，海拔差异较大，使易武乡的气候呈现明显的立体特征，造就了不同的生态环境。易武茶山的古茶树种群较为简单，大都属于普洱茶种（学名为阿萨姆种），比较有代表性的古茶树有位于易武村落水洞，高 10.33 米，基围 1.32 米，树龄 700 多年的茶树王，以及位于易武村铜箐河，高 14.52 米，基围 1.8 米，树龄 400 多年的大茶树。

易武茶山所产的茶叶属大叶种茶，外形条索粗壮肥大，茶味浓郁，适宜制成普洱茶。若从越陈越香的角度看普洱茶，易武茶山的大叶种普洱茶堪称最佳，例如：经长久存放的易武春芽，汤色红润耐泡，叶底呈现褐红色，可谓普洱茶中的精品。

商业的繁荣与茶叶产量的猛增，使得易武成为"茶马古道"的始发地。那时，以易武为中心的茶马古道朝不同方向散射出去，主要的路线有：（1）经尚房到达老挝的南塔和万象。（2）经过老挝的乌德、丰沙里，越南的奠边府、海防到达中国香港。（3）经过勐腊、老挝的勐百察到达泰国的米赛。（4）经过思茅、景谷、大理、中甸到达拉萨。（5）经过江城、扬武、昆明、昭通、宜宾，最后到达北京。

另外，位于勐腊县易武乡东北方向，离易武街不到 20 公里的曼撒茶山，曾比易武茶山更加出名，清朝乾隆年间是那里最辉煌的时期。据史料记载，其地茶年产量达万担以上，生产出的茶叶多集中在曼撒老街进行交易。可惜在同治到光绪年间，曼撒接连遭受三次大的火灾和疫病，使其成为荒城。光绪以后的《普洱府志》上，易武取代了曼撒，成为六大茶山之一。

174 倚邦古茶山是如何兴起的？

倚邦在傣语中曾被称为"磨腊倚邦"，意为有茶树、有水井的地方。倚邦以中小叶种普洱茶闻名，其中曾作为皇家贡茶的曼松茶地位最尊，价格最高，它最大的特点是甜润。倚邦古茶山位于西双版纳州勐腊县的最北部，从普洱往南行，沿着茶马古道经思茅、倚象、勐旺，过补远江（小黑江）便进入倚邦茶山。倚邦茶山面积约 360 平方公里，南连蛮砖茶山，西接革登茶山，东邻易武茶山，习崆、架布、曼拱、曼松等子茶山皆在其范围内。在六大茶山中，倚邦的海拔最高，几乎全是高山。值得一提的是，在倚邦茶山至今能见到上百亩连片种植的小叶种古茶园，树龄均在 300 至 500 年，表明倚邦茶山很早以前就与内地茶区有着密切的交流。当地所产的大叶种茶，芽叶肥厚、大茸毛多，持嫩性强，是制作普洱茶的上好原料。而小叶种茶树鲜叶，叶面平、叶质软、色泽绿、茸毛长、持嫩性强，极其适合制作绿茶与普洱茶。倚邦小叶种茶——猫耳朵，形似猫的耳朵，肥厚可爱，在大叶种占主体的云南独树一帜，闻名天下。

自从品尝了倚邦曼松茶之后，北京的皇族就念念不忘。清道光二十五年（1845年），清廷修筑了一条从昆明起始，经过思茅至倚邦和易武茶山的运茶通道。这条石道宽2米，长达数百公里，目的正是加强对茶山的管理和贡茶的运送。在倚邦附近，至今还能看到部分残存的马道，通过观察石道磨损的情况，能感受到当年修路的艰辛和茶叶运输繁忙的景象。然而，由于清朝末期的贡茶任务过紧，许多茶农将茶树砍掉、烧掉，甚至举家逃难，再也没有回到曼松村。1942年攸乐人的再次进攻，使得曼松村元气大伤。现如今，能喝到正宗的曼松茶是一件非常令人开心的事。

175 攸乐古茶山是如何兴起的？

攸乐古茶山现今属于景洪市基诺山基诺族乡所管辖的区域，也称作基诺茶山。其东北方向与莽枝古茶山相邻，是历史上著名的普洱茶古六大茶山之一。除攸乐茶山外，其他5座茶山都在勐腊县。攸乐茶山海拔在575~1691米，气候温暖、湿热，土壤肥沃，有机质含量高，是大叶种茶树理想的生长地。攸乐山茶属于乔木大叶种，干茶外形条索紧实，油润显毫，汤色淡黄。品饮时舌根处苦涩感重，但回甘非常好。攸乐山茶的香型和口感与曼撒、易武茶接近，香气高扬，入口柔和。攸乐茶山的主要人口是基诺族，历史上茶山长期处于十分落后的原始状态，新中国成立前，以"刀耕火种"为主要手段的山地农业是当地经济生产的主要形式。经过几十年的发展，基诺族物产丰富，一如攸乐之名，悠闲而快乐。

176 莽枝古茶山是如何兴起的？

莽枝古茶山位于云南省勐腊县象明乡安乐村，与革登古茶山和孔明山相邻，海拔1400~1700米。莽枝山至少在元朝已有成片的茶园，山脚的曼赛、速底等村寨已有上千年的历史。明朝末年，开始有商人进入莽枝山贩茶。清康熙初年，莽枝茶山的牛滚塘是古六大茶山北部重要的茶叶集散地。现今古茶园最为集中的寨子是秧林村，是值得一去的地方。莽枝古茶山虽然面积不大，比倚邦古茶山小，但茶叶质量较好，在鼎盛时期，年产茶量达万担之多。据倪蜕《滇云历年传》记载："雍正六年（1728年），莽枝产茶，商贩践更收发，往往舍于茶户，坐地收购茶叶，轮班输入内地。"记载说明莽枝茶叶质量好，价格便宜，深受商户的青睐。当地所产的茶叶属于乔木种小叶种，汤色呈深橙黄色，入口较苦涩，但回甘迅猛，生津快，茶汤层次感丰富。其香气既有易武茶的花蜜香，又有倚邦茶的清雅香，茶气足，很耐泡，引人向往。品饮以后满口留香，茶汤的滑度、厚度和饱满度都不错。

177 蛮砖古茶山是如何兴起的？

蛮砖古茶山位于云南省勐腊县象明乡南部，位于古六大茶山的中央。蛮砖在现在的地图上标作"曼庄"，其实是少数民族语的音译，直译的意思是"中心大寨"，可以理解为古时当地的行政中心。蛮砖古茶山生态环境良好，有高品质的紫红土，且古茶园都处于山间林下。现今蛮砖古茶山仍保存有2930亩古茶园，古茶树大都生长在茂密的原始森林中，在海拔565~1540米都有分布。茶树品种较杂，以云南大叶种为主，还有当地人称为"柳叶茶"的小叶种，约占古茶园总面积的四分之一。其中，古茶树长势较好，密度较高，茶叶单产较高，目前年产量可达万担以上。那里的古茶树大叶种茶，芽叶肥厚、大茸毛多、持嫩性强，茶叶香高持久、滋味浓重，内含物丰富，为制作普洱茶的上好原材料。蛮砖茶的叶菁色泽较深，汤色呈透亮的橙黄色，口感香滑。蛮砖茶的香气浓郁、高雅、迷人，原始森林气息明显，品此茶有进入原始森林的感觉。尤其是茶香灌喉的那种清甜感，韵味很长，令人着迷！

178 革登古茶山是如何兴起的？

革登古茶山位于云南省勐腊县象明乡西部，倚邦茶山和莽枝茶山之间。在六大古茶山中革登古茶山面积最小（现仅约150平方公里），产量也最低，但因有一棵载入史册的特大古茶树王，从而在古六大茶山中有着特殊的地位和名气。关于革登茶王树，《思茅厅志》及《普洱府志》中曾记载："其治革登山，有茶王树，较众茶树独高大，土人当采茶时，先具酒醴礼祭于此。"六大茶山的大茶树非常多，但都未能入册，唯独此棵大茶树入了册，且被戴上王冠，它的"独、高、大"可想而知，极其与众不同。也因为茶王树就在"孔明山"身边，茶山先人认为这棵茶王树是孔明所种，所以每年春茶开摘前几个茶山的茶农都要来拜茶王树、祭孔明。

革登茶山所产的茶叶满枝银茸、芽头粗壮，民间称为革登"大白茶"，是加工贡茶进京入朝的首选原料。其茶汤芳香醇厚，层次丰富，犹如雨淋后树木的清香，汤感细腻、饱满，独具迷人的气息。由于战乱及朝代更替等原因，革登大部分的古茶树遭"火烧"和"砍头"破坏，现存古茶树较为稀少，因此常常在古六大茶山中被遗忘。如今的革登虽然没有了往日的繁盛，但保留下来的茶树极其难得，品质绝佳，有着独特的山野气韵。相信随着小众古茶树市场的兴起，革登的好茶会获得茶友们的喜爱。

179 新六大茶山有哪些？

由于地名变更、地域划分调整等因素，有不同版本的新六大茶山。目前认可度较高的版本为：南糯、南峤、勐宋、巴达、布朗、景迈。

新旧茶山的划分是根据命名的时间来定的，与茶树的生长历史无关，因而有些"新"茶山甚至比古茶山的历史还久。古六大茶山之名，形成于清朝雍正年间。清雍正七年（1729 年）的时候，清政府对西双版纳进行改土归流，成立了普洱府，将澜沧江以东的古六大茶山划入普洱府管辖，并作为经济改革的试验区，以此来稳固南疆，安抚少数民族。

而后，由于战争、大火等人为因素的影响，古六大茶山的茶产量逐渐下降，人们开始寻找其他的茶树资源。到了 20 世纪初，大批茶庄进入佛海（现今的勐海一带），发现在澜沧江西岸还有大片树龄成百上千年的古茶树，随即以"江外六大茶山"为之命名，有佛海、勐宋、南糯、南峤、巴达、景迈。与前面提到的公认版本，差别在于佛海。因为西双版纳进行地域调整和地名改制，导致变化较大，后期佛海由布朗山取而代之。目前，新六大茶山是近现代普洱茶的主要原料产地。

180 南糯茶山是如何兴起的？

新六大茶山之一的南糯茶山地处勐海县格朗和哈尼族乡东面，北抵流沙河与勐宋乡相望，距离景勐高速公路直线距离仅 7 公里，距离勐海县城 24 公里，是最容易去的古茶山。民国以前，南糯山是车里宣慰司的直管地。南糯在傣语里是"笋酱"的意思。相传有一年，傣族土司到南糯山巡视，当地哈尼族人设宴招待，宴席上的笋酱让土司吃得很高兴，于是笋酱每年作为贡品送至车里宣慰司，南糯山也因此而得名。

半坡老寨是南糯山古茶树保存最好，连片面积最大的村寨。20 世纪 50 年代，这里曾经发现了一棵基部直径达 1.38 米，高 5.49 米，树幅 10.9 米的南糯山茶王树。据说，南糯山的古茶树是濮人种下的。后来僾尼人（哈尼族的支系）迁徙到这里。第一代时，这棵茶王树属于"萨归"所有，所以也叫它萨归茶王树。当年，通过茶树干枯部分的截面，采用数年轮的方法测定，茶树的树龄已有 800 年以上。然而可惜的是，1995 年 9 月的一场暴风雨后，茶王树轰然倒下，只留下了一截 0.4 米高的树桩。

南糯山的茶树属于乔木大叶种，在其茶园优良单株中选育出来的云抗 10号，已经成为云南省种植面积最大的国家级良种。南糯山生产的茶叶，外形条索紧结，墨绿润泽；冲泡以后，汤质饱满，汤色金黄透亮，香气清香宜人，带有蜜香、荷香或兰香；入口有轻微的苦涩，但是回甘、生津比较好，使人品饮起来很舒服。

181 南峤茶山是如何兴起的？

南峤茶山位于如今西双版纳州勐海县的勐遮镇，又被称为勐遮茶山，享有"普洱茶源头之乡"的盛誉，是新六大茶山之一。南峤茶山所在的地理位置，在明朝隆庆四年（1570 年）设立十二版纳的时候就叫勐遮版纳。勐遮是傣语地名，意为湖水浸泡过的干坝。

雍正十三年（1735 年）十月设立的思茅厅统辖着后来的南峤茶山（当时还叫勐遮），并且设置了钱粮茶务军功司，专管粮食、茶叶的交易。随着朝代的变迁，1927 年民国政府将普思殖边督办公署的 8 个区殖边督办署改设为 7县和 1 个行政区，此时南峤茶山所在的地区被改设为五福县。3 年后，又将五福县改名为南峤县。这也是南峤茶山名字的由来。1950 年，当地解放后，名称又随着行政建制的改变而变化过，直到 1958 年恢复县制，设立了勐遮县，并于同年 11 月与原来的勐海县合并，成为如今勐海县的勐遮镇，隶属西双版纳傣族自治州。

勐遮镇东邻勐海镇，地势西北高，东南低，中间平坦，土地宽广肥沃，是勐海县境内最大的平坝（周围的山属于横断山系的怒山山脉）。因受到来自孟加拉湾的暖气流和来自印度半岛的干暖西风的交替控制，冬无严寒，夏无酷暑，一年中有 100 多天有雾，十分适合茶树的生长。坝中有万顷优质的稻田，平坝四周和坝中低矮的山丘上，有着连片种植的新式茶园。南峤茶山的古茶树资源主要分布在曼岭村曼岭大寨和南楞村。古茶园占地面共积 500 亩，茶园土壤为砖红壤性红壤，代表性植被有红毛树、火碳果树等。南峤茶山的茶树属于乔木中叶种，茶树树龄估测在 100~200 年，制成的普洱茶条索墨黑，汤色深橘黄，有花蜜香，入口滋味略苦涩，带有轻微的回甘。

另外，此处于 2004 年 2 月 23 日成立的勐海县南峤茶业有限责任公司南峤茶厂，创办了"车佛南"品牌的普洱茶（车佛南是车里、佛海、南峤的简称，即现今的景洪、勐海、勐遮三地，是普洱茶的主要原产地）。其出品的南峤 753 号青饼沿用了传统勐海茶厂 7532 的配方，此配方是 7542 配方的升级版，与 7542 都堪称是普洱生茶的标杆，用料好，性价比高，今日干仓普洱生茶的价值体系几乎完全建立在干仓 7542 之上。2005 年，南峤茶厂的 753 青饼还荣获了中国首届广州茶叶购物节普洱茶质量评比的金奖。

南峤茶山距离勐海很近，有机会去勐海考察的时候，一定不要漏掉种茶历史悠久的南峤茶山。

182 勐宋茶山是如何兴起的?

勐宋，新六大茶山之一。勐宋，傣语的地名，意思是高山间的平坝。它的地理位置在勐海县勐宋乡的东部，东边与景洪市接壤，西南接勐海镇，隔着流沙河就是南糯山。区域内有海拔 2429 米、号称西双版纳屋脊和西双版纳之巅的滑竹梁子山。据说以前山上遍地散生着大片细而高、节长而滑的野竹子，当地人称其为"滑竹"。由于较高的山脉在当地被称为"梁子"，所以这座高峰就叫作"滑竹梁子"。勐宋的茶树大多为拉祜族所种植，到清光绪年间，开始有汉人进入勐宋定居，从事茶叶生意。勐宋是勐海最老的古茶区之一，现今保留的古茶园面积约为 3000 亩，主要分布在大安、南本、保塘、坝檬、大曼吕、那卡（腊卡）等寨子，它们所产的茶叶各有特点。其中，位于滑竹梁子山东面的那卡，有着"小班章"的美誉，名气与老班章差不多。早在清代，那卡茶每年都要进贡给"车里宣慰府"；那卡所产的竹筒茶，被缅甸国王指定为贡茶。在勐宋地区，保塘是保护得最为完好的茶区，当地有一棵约 700 多年的茶王树，树高约 9.2 米，树冠直径 7.7 米，基围 2.1 米，人称"西保 8 号"。20 世纪七八十年代，大曼吕建立了新式茶园，成为勐海茶厂的重要原料来源，可见所产的茶叶原料质量不错。勐宋茶的茶香很纯正，入口滋味苦涩明显。代表性的那卡茶，属于高香型古树茶，入口回甘，生津较好，有喉韵，是一款好茶。

183　景迈茶山是如何兴起的?

如果说班章为王、易武为后，那么景迈就可称得上是妃子了，而且还是以香气为特点的香妃。景迈古茶山位于普洱市澜沧拉祜族自治县惠民镇的景迈村和芒景村，是新六大茶山之一。景迈山拥有 28 000 亩的古树茶园，遗存丰富，至今保留比较完整的大面积人工栽培型古茶林，被誉为茶树的"自然博物馆"，也有千年万亩古茶园之誉，而且是目前普洱茶古茶山当中唯一一个有望入选世界文化遗产的茶山。

"景迈"为傣语，相传远古之时，景迈这一带原是傣王的领地。公元 180 年，布朗人的先祖，叭岩冷率领部族来到景迈山，发现了原始的古茶树，便在此定居下来，驯化古茶，栽培古茶，至今已有 1800 年以上历史。另外，叭岩冷为茶叶取了一个特殊的名字——"腊"（意思是绿叶），这个名字后来也为傣族、基诺族和哈尼族等少数民族所借用。当时，叭岩冷每年都会带上最好的春尖去觐见傣王。频繁的往来，使得傣族和布朗族进行了联姻，令茶叶得到了更大的发展，明清时期，还成为土司和宫廷的贡茶。

景迈的茶树属于云南特有的中小叶种，最大的叶片也只能达到 10 厘米长、4 厘米宽，叶片呈柳叶状。经过自古至今基本没有改变的传统工艺杀青、揉捻、晒青所制成的茶叶，色泽黑亮，条索较纤细、紧实（因为景迈制茶有充分揉捻的传统）。开汤以后，茶汤通透性好，色泽清亮，呈微黄或金黄色。由于景迈的茶树是分散生长在当地的森林中，没有经过人为矮化，而且，茶树的枝干上长满了苔藓、藤蔓、野生菌类和许多寄生兰花等附生物（螃蟹脚就是景迈古树独特的寄生物），因此，景迈茶有着明显的山野气韵和独特的兰花香，不但茶汤中能品出兰香，杯底香也十分强烈，十多泡以后仍可以闻得到。这些香气正是人们喜爱景迈茶的主要原因。从滋味上来看，景迈茶苦味不强，但涩味较为明显。一般茶的甜味是苦后回甘的甜，而景迈茶的茶汤一入口就可以品出甜味，回甘有不错的持久性。

布朗族首领叭岩冷曾给族人留下遗训："我要给你们留下牛马，怕遭灾害死光。我要给你们留下金银财宝，你们也会吃光用完。就给你们留下茶树吧，让子孙后代取之不尽，用之不竭，你们一定要像爱护眼睛那样爱护茶树，一代传给一代，绝不能让其遗失。"因此，当地人民非常重视环境保护，当地生态因而非常优美。而且，除了茶叶，当地还保留了许多独特的建筑、音乐、习俗等传统文化。

笔者曾经在 2014 年初去过景迈古茶山，那时还没有机场，道路险峻，茶山没有酒店，就住在村民家里。满山的杜鹃花、三角梅，山间云雾缭绕，直到下午三点以后才陆续散去。数千棵数百上千年的古茶树散落山中，采摘需要借助梯子或者爬树。茶树上还有野生灵芝，石斛、医用橄榄等，山间还散落着成片制糖的甘蔗林。古村寨景观错落有致，美不胜收，佛教寺庙在阳光下金光闪闪。正赶上泼水节，村民载歌载舞，那盛况，让人难忘。中国企业家俱乐部在景迈这里也认养了专有的茶园。有机会一定要去景迈茶山走一走、看一看，定会受益良多。

184 布朗茶山是如何兴起的？

布朗茶山位于西双版纳州勐海县南八十公里处，南部与缅甸山水相连，是一座以少数民族布朗族而得名的古茶山。布朗族祖先是擅于种茶的古代濮人，寨子迁到哪里，就在哪里种茶，布朗茶山至今保存着近万亩栽培型古茶园。其中，最古老的布朗族村寨和最古老的茶园在老曼峨，其建寨历史已接近 1400 年，并以此为原点逐渐遍布于布朗乡 1000 多平方公里的山林中。说到普洱茶中的王者，一定能想到老班章茶，班章本是一个寨子的名字，这个寨子就位于布朗茶山范围内。

除了老班章和老曼峨之外，还有曼新龙、曼糯、章家三队等名寨，它们所产的普洱茶，品质同样上佳。布朗山出产的茶叶条索肥壮显毫，茶汤汤色橙黄透亮，香气独特，有梅子香、花蜜香、兰香，滋味浓酽霸道，回甘生津强烈。各寨所产的茶，虽然各有风味特色，但总体上仍以刚猛霸气为主要特点，是很多中外客商和普洱茶爱好者梦寐以求的收藏佳品。

185 巴达茶山是如何兴起的？

巴达茶山位于勐海县西部的西定乡，西边隔着南览河与缅甸相望，居住的主要民族是布朗族和哈尼族。巴达一词其实是傣语中的地名，意思是"仙人足迹"。传说山中有一块巨石，石上有仙人留下的脚印，巴达山因此而得名。

历史上，在明清时期，巴达属于勐遮，民国时期划归五福县（也就是南峤）。新中国成立后，曾经在南峤、勐遮、西定之间划来划去，2005 年巴达与西定合并，统称为西定哈尼族布朗族乡。

　　巴达茶的出名，主要是因为 1962 年在巴达贺松寨背后的原始森林中发现了一株高 50 余米、树龄达 1700 年的野生大茶树，史称巴达山野生茶树王。这一发现，在世界的茶叶界引起轰动，为云南成为世界茶发源地做出了贡献。巴达山既有主要分布在贺松大黑山的野生古茶树资源，也有布朗族先民种植栽培的古茶树资源，例如章朗、曼迈等地的古茶园。巴达山所产的茶鲜叶，叶片呈椭圆形，叶面微微隆起，摸起来质地较软，色泽黄绿。制成的新普洱生茶，条索紧结，色泽黑亮。冲泡以后，汤色金黄，山野气息强，茶汤香满于喉舌，苦稍长，微涩，有轻微的收敛，汤质细腻饱满，回甘、生津顺滑，杯底蜜香浓厚，令人回味无穷。

茶叶加工
技艺音频

第三篇

茶叶加工技艺

186 茶饼是如何压制的呢？

市场上火热的普洱茶和白茶，有很多产品形态是茶饼。传统上，手工压制茶饼主要有几道程序：首先，将毛茶称重，然后倒入一个底部用厚棉布封底的圆筒中，用高温蒸汽将毛茶蒸软，方便后续的压制。然后，将蒸软的茶饼和内飞放入一个专用的棉布袋中，使得茶叶形成茶饼的圆形。接着，通过石磨等重物和模具进行压制。待茶饼定型后，把茶饼放在阴凉处摊晾，有的还会用低温烘干一下，减少茶饼的水分，这样就完成茶饼的压制了。

现如今，茶饼的压制在机械的帮助下变得更为简单、高效，省却了手工包揉的步骤。茶叶蒸软后，倒入压制的模具中并放入内飞，剩下的压制和定型环节，可以都交给机器来完成（通常压制仅需一分半钟，非常快）。压制后的茶饼外形美观，储存、携带方便，口感更加醇和，前期蒸汽的参与和紧压状态下形成的微生物，以及稳定的氧气、温湿度环境，利于适合后期转化的茶类，例如黑茶、白茶、晒红。

187 各种形状的茶叶是怎么来的呢？

鲜叶失去一部分水分以后，质地会变软，如同面一样，可以做成扁的大饼、条形的面条、卷曲的花卷儿、方形的戗面儿馒头等各种形状的面食。而造型的选择，可依照原料自身的特点、制成茶类的品质要求和其他客观要求而定。例如：追求鲜爽的绿茶，多选用单芽，或芽多叶嫩的原料制作。借助外力进行揉、压、磨、抖等工序，可以做出扁形、针形、卷曲形等形状。通过摇青、包揉、烘焙制作蕴含烟香、烤香味的乌龙茶，多为条索形和颗粒形。而砖形、饼形和坨形等是通过特定的造型模具制作而成，制成这些形状的一部分原因是，这类茶在历史上多为边区少数民族饮用的边销茶，由于陆路运输成本高，而且少数民族多用茶叶搭配奶等其他食材一同煮着喝，对茶叶的外形没有过多的要求，因此将茶叶制成紧实的砖型或坨形可以运得更多，更具有成本优势。此外，还有一些为追求造型而特制的茶，如黄山绿牡丹，手工将挑选后的茶芽接在一起，用水冲泡后如盛开的牡丹，十分优美。

188 茉莉花茶是如何制作的呢？

茉莉花茶是用烘青绿茶作为茶胚，与茉莉花以1：1的比例多次窨制，然后把茉莉花筛分出去制成的花茶。其香气鲜灵持久，滋味浓醇鲜爽，汤色黄绿明亮，叶底嫩匀柔软，适合大部分人品饮，很多北方人非常喜欢饮用。

189　加工茉莉花茶的过程中，茶叶与花是如何分开的呢？

在茉莉花与茶坯拌和窨制好以后，将茶与花分离的工艺过程称为起花。茶厂一般先使用机器产生震动并配合筛网进行分筛，然后再人工挑拣剩余的花渣。以此保证迅速起花，避免由于鲜花萎缩、熟烂变质，使茶坯已吸收的香气受到损害，产生闷浊味，导致茶叶品质下降。

190　普洱熟茶是怎么来的？

普洱熟茶的概念实际上是在 1975 年左右才真正确立。之前的普洱茶，用今天的标准来看都是普洱生茶。云南至广州、香港，路途遥远，茶叶运输只能依靠"人背马驮"，而且往往要一年的时间才能运达。长时间的运输，风吹雨淋，茶叶运抵香港时茶汤颜色已经很深了。普洱茶运到香港以后，不会立刻就拿来出售，为了使口感更加柔和、舒适，往往需要再放上一段时间才会出售（此时售卖的茶又有红汤生普的别称）。随着时代进步，运输方式的转变，流通到香港等地的普洱保留了生涩的口感，消费者十分喝不惯。为了快速满足市场需求，各地开启了寻求普洱茶工艺的变革之路。最终于 1974 年，昆明茶厂在工艺调整后，参考黑茶工艺渥堆，终于获得了成功，实现当年销港普洱茶10.2 吨。紧接着，1975 年勐海的普洱茶基本定型，这就是今天人们熟知的现代普洱熟茶。著名的普洱熟茶有 7542（1975 年出品，4 级茶青，2 是勐海茶厂代号）。

关于普洱熟茶的起源，市面上流传的说法有：造假说——快速发酵冒充老生茶，雨淋说——马帮遇雨而发酵的故事，需求说——有人想要。这些大多是历史的碎片，可以参考，但不能盲从，独立思考方能培养思辨能力，不断进步。

191　茶叶制作中的"烧包"指的是什么意思？

日常提到"烧包"一词，多指某人很得意、爱炫耀的意思。而在茶叶的制作中，烧包一词指的是方包茶的发酵环节。

方包茶是篓包型炒压黑茶之一，属边销茶，产于四川省灌县、彭县（今彭州市）、邛崃、大邑、安县、平武、北川等县，集中在灌县、安县、平武等县压制。其品质特点是：梗多叶少，色浓味淡、焦香突出，每包重 37 公斤。

方包茶在经过晒干、毛茶整理、炒制筑包环节后，将筑包后的蔑包紧密重叠，排列成长方形，高约 3 米。夏、秋季堆积三四天，冬季则需五六天，中途均需翻堆一次。烧包的主要目的是利用湿热作用促进茶叶内含物的转化，形成方包茶色泽棕褐，汤色深红，滋味醇和、不涩的品质风味。

192 摊晾工艺和萎凋工艺是一样的吗？

"摊晾"和"萎凋"指的不是一件事情。"摊晾"以降低鲜叶含水量为主，使鲜叶散热、失水、挥发青草气和促进鲜叶内含成分的转化，让叶片变软，便于下一步的杀青，发生的更多的是物理变化。而"萎凋"除失水量较"摊晾"更多以外，其自体分解作用逐渐加强，水分的丧失与内质的变化使叶片面积萎缩，叶质由硬变软，叶色由鲜绿转变为暗绿，香味也相应地发生改变，同时伴有物理和生物化学变化。

193 机器制茶和手工制茶哪个好？

机器制茶，量大、稳定。手工制茶，量小，不稳定，但一些特殊品质可以出彩。还有像乌龙茶的摇青，看茶做茶，机器还不能完全替代手工。其实，随着时代不断发展，由于人力成本的上升，市场对卫生的重视等因素，现在绝大多数的茶都有机器参与制作。科技是第一生产力，随着科技的提高，机器将更加智能化。总不能像原来那样，红茶都拿脚踩吧？对于茶友来说，茶叶安全、卫生、便宜、好喝才是硬道理。

194 抹茶是绿茶磨成的粉吗？

这个问题从严格意义上来讲是不对的。直接将普通绿茶磨成的粉末绿茶和抹茶在树种、种植、加工工艺、气味和滋味上有明显的区别。生产抹茶的茶树一般选用从日本引进的特殊品种，其长出的叶子更加鲜嫩，做出的抹茶口感更好。从种植上来看，抹茶园需要搭棚子盖网进行遮阴，使得茶叶能更好地积累叶绿素和氨基酸，减少茶多酚的产生，减少苦味。抹茶的加工工艺有搅碎、蒸汽杀青、冷却、烘干、梗叶分离、去除砂石、杀菌、快速干燥以及研磨等，经历这多道工序，才能将普通的茶叶变成 2500 目以上的微粉。制成的抹茶闻起来有类似海苔的清香，滋味很鲜。而普通的粉末绿茶则闻起来就是普通茶叶的味道，兑水后非常的苦涩。由于以上的原因，正宗的抹茶粉价格要比等量的粉末绿茶贵上十几倍，也因此使得很多不法商家动了歪脑筋。分享一个鉴别抹茶是否正宗的方法：将买来的茶粉取适量放在太阳底下暴晒半个小时，若是颜色会明显变淡，则更有可能是正宗的抹茶粉，若怎么晒都不褪色，则很有可能是添加了色素的绿茶粉。

古代的龙团凤饼选用更加考究、细嫩的原料，其代价相当高昂，不是老百姓承受得起的。在茶叶已入民间的今天，只有通过一定的遮阴种植技术和复杂的现代去梗工艺，才能实现入口不苦的抹茶风味，毕竟抹茶粉儿是要全部吃进去的。

茶叶冲泡
品饮音频

第 四 篇

茶叶冲泡品饮

195 泡茶的要领是什么？

从入手来讲，建议主要关注茶类、投茶量、注水量和水温四个方面。例如，一般泡绿茶的水温最好是 80℃，茶水比为 1：50，即每 3g 茶用 150ml 的水，这样能够使得茶叶中的营养成分得到较好的保留，口感也更佳。当然，好茶不怕开水泡。如果茶叶为高档的精致茶，像龙井茶已经经过高温杀青，而且外形紧致扁平，那么使用开水来泡也是没有问题的。

196 茶叶通常可以冲泡几次？

中国茶品种类众多，各有特点，不可一概而论。可以从原料、造型和发酵工艺特点三个维度来决定泡茶的次数。第一，从原料的采摘老嫩程度来讲，常见的有单芽、一芽一叶、一芽多叶等标准，从采摘的茶树品种大类方面看，有大叶种、中叶种以及小叶种之分。一般来说，越幼嫩的、叶形越小的原料所制作的茶，在泡茶时的冲泡次数越少。例如：芽茶一般 2~4 泡后茶味就不足了，而通常选用大叶种作为原料制作的普洱茶十几、二十泡之后依然留有余香。第二，从干茶造型上大致分为紧实型（比如常见的紧压茶饼和扁状的龙井茶）、常规散茶型以及碎茶型。造型越紧致，冲泡的次数相较其他同类的茶会更多，而以袋泡茶为代表的碎茶型，其内含物质极易浸出，通常仅能冲泡 1~2 次。第三，从工艺特点上看，不炒不揉的白茶细胞结构未遭严重破坏，通常冲泡的次数较多，可达十来泡（老白茶煮一煮更能促进内含物的浸出）。后发酵的黑茶经过渥堆以后，内含物丰富，味道醇厚，冲泡次数较其他茶类更多，一般十几泡没有问题。绿茶和黄茶工艺相近，经过揉捻破壁后，茶汁较易浸出，可冲泡 2~4 次。而半发酵的乌龙茶和全发酵的红茶，转化了一部分物质，能冲泡 5~7 次，比如铁观音就有"七泡有余香"之誉。

俗话说：一道汤，二道茶，三道四道是精华。五道香，六道香，七道八道有余香。茶，从实践中来，再到实践中去，唯有多泡茶、多思考才能融会贯通，尽享泡茶、品茶的乐趣。

197 冲泡茶叶需要多长时间？

许多人泡茶习惯泡很久才喝，也有的人喜欢即泡即饮，其实泡茶最好掌握一定的时间。科学地讲，泡茶时间因茶类而异，一般的红茶、绿茶，冲泡 2~3

分钟即可开始饮用。单芽形高档名优绿茶，如开化龙顶，茶味稍淡，茶汁不易浸出，可适当延长冲泡时间。白茶在加工时未经揉捻，如白毫银针，茶汁不易浸出，冲泡时间更要延长一些。普洱茶、乌龙茶一般习惯于用紫砂壶多次冲泡，有时第一泡为洗茶，通常泡5~10秒立即沥出茶水，第二泡正式泡茶时间掌握在10~15秒，从第三泡开始，依次比前一泡增加5~10秒，这样才能使茶汤浓度滋味适口。冲泡花茶一般2分钟左右即可，这样花香不易散发。还有一句笔者的经验总结：绿茶等不发酵茶为水养茶，可以一直在杯中泡，喝一多半时再续杯，其他发酵茶茶水分离，快速出汤为妙。

198　洗茶指的是什么？

不是所有的茶都需要洗茶。"洗茶"确切地说是"润茶"或"醒茶"。历史上普遍认为："洗茶，即洗去了散茶表面杂质，且可诱发茶香、茶味。"古时的茶叶为纯手工制作，没有设备，加工环境差，茶叶中会混有较多的杂质；另外运输困难，多以人力或者牲口托运，路途遥远，耗时耗力；且茶叶的包装简陋，落上灰尘非常正常。因此，古人洗茶是为了去除杂质，而且可以润湿茶叶，唤醒茶叶，便于后续茶汤浸出和香气的激发。现代茶叶已经是半机械化生产，密封包装，基本不会沾染灰尘和泥土，因而只有黑茶、老白茶、铁观音等乌龙茶需要洗茶，其他茶品大多不用。

另外，茶友们比较关注农药残留问题，对此大家无须过多担心。一是国家对茶叶的监管很严，市面上质量合格的茶叶，农药残留是严格符合国家标准规定的。二是茶用农药严格限定用脂溶性的，不易溶于水，泡茶时的投茶量仅为几克，一年饮茶所积累的农药量相当于食用一天蔬菜所含的药量，因而一般而言饮用茶汤是安全的。当然，有条件的茶友可以选用有机茶、古树茶、高海拔的茶，这些茶更健康。

从茶类上讲，绿茶、黄茶、白茶与高等级红茶的原料较嫩，比较干净，第一泡洗茶太浪费。而且这些茶的耐泡度不如以粗老叶片为原料的茶类。所以，这些茶类最好不要洗茶。乌龙茶、等级低的红茶、颗粒状的茶洗茶一次就足够了，可以除去一些茶毫、茶渣，使后续冲泡的茶汤更清澈，也达到了醒茶的目的。而黑茶、普洱茶、老白茶是紧压茶，长年陈放，落有灰尘很正常。这些茶可以适当洗1~2次，去除异味和杂质，唤醒茶香与茶味。是否需要洗茶，可根据茶叶叶片的老嫩、茶叶的形状和紧结度、茶叶的揉捻程度、发酵程度以及该茶类主体香气适宜发挥的温度等因素综合判断。另外，洗茶用水量要少，以刚没过茶为好，大约杯子的1/3，冲泡时间上要求快速出汤，避免营养过度溶出。总之，洗茶与否并没有特定的标准，根据个人习惯选择即可。

199 泡茶有必要茶水分离吗？

这个问题是因茶而异的。绿茶、白茶、黄茶这类不发酵或轻发酵茶，可以把茶叶直接投入开水中，不需要茶水分离。不过，为了追求最佳口感，对浸泡时间会比较讲究，品饮的话一般不会长时间浸泡。如需长时间浸泡，应适当减少投茶量，避免长时间浸泡导致茶汤太浓。喝乌龙茶的时候，主要喝的就是各式各样的香气，当然是快速出汤为好。而像普洱熟茶、黑茶一类的发酵茶，也同样需要快速出汤，不适合杯泡法，否则茶汤会像酱油汤子一样，没法喝。总的来说，除绿茶更适合玻璃杯泡外，采用茶水分离的方法，能更好发挥出茶的口感和营养价值，对茶汤色泽、滋味及营养成分的保留更有利。

200 刚煮开的沸水可以直接泡茶吗？

由于茶叶里含有很多维生素，尤其是绿茶含有丰富的维生素 C，如果用刚煮沸的开水泡茶，会导致茶叶中的维生素 C 遭到极大破坏。但是，人们饮茶主要是追求其香味浓醇、生津止渴的茶汤，不是一味追求茶中的维生素。而且泡茶水温越高，茶汤中的香味才越能更好地挥发出来。为求得两全其美，品饮细嫩的高等级绿茶的时候，水温可掌握在 80℃左右，幼嫩的茶叶可低一些，这样既可保留茶中的维生素，又能使茶叶的有效成分浸出，不损害茶味。

201 可以用紫砂壶泡绿茶吗？

可以，有人专门用浅色系小壶泡绿茶，但是并不建议使用紫砂壶泡绿茶。主要有如下几个原因：首先，由于紫砂壶的材质结构可以吸取、平衡茶香，对于乌龙茶和黑茶来说是优点，但是对于需要追鲜的绿茶就成为一大缺点。其次，冲泡绿茶最好不要盖上盖焖泡，以免导致有熟汤味，影响茶汤的滋味。最后，对于绿茶而言，欣赏其优美的外形本身就是品茶的一个部分，用紫砂壶冲泡岂不是缺失了一景吗？盖碗泡绿茶不影响茶香，但不可观茶舞，建议平时还是用玻璃杯泡绿茶最好。

202 普洱茶在冲泡时，有什么小妙招吗？

可以先用盖碗儿泡，再用紫砂壶泡。先用盖碗儿泡是因为盖碗的空间大，可以充分地醒茶、润茶，易于观察茶叶和汤色的变化，并辅以人工干预。

203 老白茶可以煮着喝吗？

老白茶是可以煮着喝的，内含物大部分被煮出来，茶汤浓醇顺滑，尤其冬天时节，更是暖意融融。以不炒不揉为特点的白茶，叶面破损率低，内含物质析出较慢，一般泡上几泡之后，可以煮一煮继续喝。在煮的时候，建议使用热水来煮。因为热水的加热时间短，比较容易控制茶汤的浓淡程度，通常将茶汤煮至沸腾后保持一分钟，就可以品饮到口感顺滑的茶汤。若是用冷水来煮，由于将水煮开的时间比较长，茶的内含物质释放过多，导致茶汤浓度高，苦涩味较重。当然，每个人对茶汤浓度的要求不一样，可以根据实际的需求来决定。另外，出汤的时候建议留一些茶汤在壶中，这样每一壶茶汤的滋味不致过快变淡，可以延续茶汤的滋味。有些茶友在煮茶的时候，还喜欢搭配其他的食材一起来煮，比如陈皮、红枣等，既丰富了口感，也增强了养生的效果。

煮茶不宜高温煮的时间过长，否则易造成茶汤变黑变苦涩。煮几分钟以后，60~80℃保温即可。现在有一种喷淋的壶，可以控制温度的壶，能够很好地煮出白茶的有益成分而不使茶涩口。茶友对煮茶的关注不得不让人感叹，时尚真是个圈，唐代的煎煮法在当代依然魅力十足。

204 为什么喝茶时要闻香？

因为中国人喝茶喝了几千年，把茶喝出了两个必不可少的功能：一个是饮料的基本功能——解渴，另一个是审美功能，包括味觉审美和视觉审美。中国茶的消费驱动目前仍是审美属性大于健康属性。评茶、品茶的时候，也是用五官感知茶的色、香、味、形，特别是香气和滋味，为此还专门发明了闻香杯。闻香又有干嗅、热嗅、冷嗅等，热嗅其香型、异杂等，冷嗅其持久度。

205 茶叶的香气和臭气是怎么回事？

以绿茶为例，其特有的香气特征是叶中所含芳香物质的综合反映。高沸点的芳香物质往往表现为良好的香气，而低沸点的芳香物质一般带有极强的青臭气。此外，茶叶在炒制时，叶内的淀粉会水解成可溶性糖类，温度稍高还会发生美拉德反应，产生焦糖香。

站在人类的视角，漫漫求生路，寻求高能量食物的倾向早已深深地刻进了基因中，影响了人类的偏好。然而转换一下视角，人类喜欢的一些清香，如茉莉花香，狗就觉得是恶臭。为什么呢？因为狗类的嗅觉是人类的 40 倍以上，如果将茉莉花香的浓度提高，人类也会觉得很臭的。那么这又是为什么呢？其实，茉莉花含有一种名为"吲哚"的成分，而吲哚是一种集芳香与恶臭于一身的化合物。当吲哚浓度大于 1% 时，就是一种令人厌恶的粪便腐烂的气味。

综上所述，每一种感受都是在众多因素的作用下产生的，香与臭是可以互相转化的。让心静下来，方能看清世事，不沉溺于烦恼当中，找到自己的度。

206 挂杯香是什么？

提到挂杯一词，很多人会联想到红酒或者酱香型的白酒，酒类中有挂杯的概念，并被作为评价酒质的评价依据之一。挂杯的时间越长、挂杯的厚度越高，酒的品质就越强。在茶界也有一种挂杯香的说法，一些内含物质丰富的茶叶如果冲泡得当，往往可以留下持久、浓郁的挂杯香，例如普洱茶中的班章。但是，评价一款茶并不仅仅局限于香气。有的茶虽然在香气方面并不突出，但是入口滋味上佳，可谓一款好茶。而有的茶则相反，香气很足，但是滋味普通，品饮起来感觉并不好。毕竟咱们喝的是茶，滋味才是最重要的考量因素。

207 喉韵指的是什么？

很多初入茶圈的朋友，说到喉韵，总觉得它玄玄乎乎的。但喝出喉韵，这确实是喝茶的较高境界。其实简单来说，喉韵就是指喝茶之后，茶汤给喉咙带来的一种立体的感觉。从生理解剖角度来看，人的口、鼻、咽、喉是相通的，当茶汤经过喉咙处时，由于增加了其他的感受器，因此会产生较口腔不同的、层次更为丰富的感觉，也就是韵味。因此，可以说所有的茶都有喉韵。一般内含物质丰富，尤其是芳香类成分多的茶汤，带来的喉韵更好。资深的老茶客往往将喉韵作为品评茶叶优劣的重要条件之一，并不是故弄玄虚。

208 生津指的是什么？

生津，通俗地说，就是产生口水。喝茶后生津的核心原因就是茶汤中的茶多酚、氨基酸等物质刺激口腔，包括舌面、舌底等，从而促使唾液分泌。口中生津可以解渴，滋润口腔。喝到高品质的茶，会产生生津的现象，令人感觉十分美妙。

209　回甘指的是什么？

有人说苦尽甘来，这从现象层面来说并不为错。毕竟，吃完苦味的东西，来一口凉白开也会觉得有一丝甘洌。那么从微观来看，回甘的机理是什么呢？茶汤中有一种糖苷类的物质，在口腔中发生了水解，产生了葡萄糖。于是，产生了回甘的感觉。在这个过程中，苦味物质、涩味物质虽然没有直接参与，但是起到了对比效应，使得回甘更为强烈。涩味物质与口腔黏膜结合后形成一层膜，膜破裂后就能感受到甜味了。有的茶叶在香气和口感方面表现得不错，但是回甘时间短，这种茶叶的等级就比较普通。

210　收敛性指的是什么？

收敛性跟茶的苦、涩有关，是苦味、涩味转换成回甘之间的感知时间的强度。收敛性越强的茶，苦、涩味在进入口腔后从被感知至消退，转成回甘的过程就越短。这类茶，不仅在味觉上表现出了丰富的变化，而且在身心上给人以舒畅、通透之感，谓之好茶。如果收敛性弱，苦涩味在口腔内就会消退得慢，或者口腔一直都延续着苦涩味，茶的品质就有待商榷。总之，喝茶时感到的收敛性是一种复合的感受，并不是单一的。判断一款茶的收敛性是好是坏，还需结合多方面的因素来定。通常有回甘并且回甘快的就是好茶。

211　锁喉指的是什么？

有时喝完茶，喉咙会感到干燥、紧缩、吞咽困难，甚至产生灼烧等不舒服的感觉，茶友们称其为锁喉。喉咙很敏感，对于异物的反应程度要高于口腔（主要原因在于喉咙软组织表面的一层蛋白质）。一方面，茶汤中成分的比例越好，茶的评价往往越高。如果茶多酚、咖啡碱等刺激性物质的含量过高，或者由于焙火等工艺的原因，导致茶叶富有火气，例如足火的乌龙新茶，则对喉咙的刺激性就会比较强，引起不适感。另一方面，劣质的茶往往含有刺激性的物质，对身体健康不利。若遇到这种茶，还是赶紧扔掉为好。当然，如果茶友本身有上火、发炎等健康问题，喝什么都不舒服，这时候还是先把喝茶这事儿放放，养好身体再喝。

212 "岩韵"指的是什么？

"岩韵"是武夷岩茶特有的味道，俗称岩石味，也称"岩骨花香"。有资深岩茶爱好者戏称这是一种砸碎石头以后飘出的味道，是武夷岩茶独特的山场、多奇特岩石的自然生态环境、适宜的茶树品种、良好的栽培技术和传统而科学的制作工艺等因素综合形成的香气和滋味。"岩韵"的有无取决于茶树的生长环境，"岩韵"的强弱受到茶树品种、栽培管理和制作工艺的影响。因此，在同等条件下不同的茶树品种岩韵强弱不同。非岩茶制作工艺加工，则体现不出岩韵，精制焙火是提升岩韵的重要工序。

这一妙不可言的"岩韵"，有朋友给出一个同样不好描述的词汇："冽"。是一种水凉、甘甜、富含矿物质的感觉。而所谓的"韵"，最早源于音乐上的术语，将不同的声音按一定的规律有序排列后，能使人产生听觉的愉悦感。岩茶的韵，则同样是多种滋味的组合，在品茶的过程中让人产生一系列愉悦的感觉，使人尤为舒畅。都说一入岩茶深似海，丰富多变的岩茶韵味，能使喝茶人分泌大量的多巴胺，让人留恋不已。

213 茶叶中的花香和果香是如何出现的呢？

茶是神奇的物种，可以不添加任何东西，而只通过工艺自身就能呈现出多种花香、果香。茶中所感受到的花香和果香主要有两个来源：一种是来自外部的再加工茶，如茉莉花茶是因为采用了窨制工艺制作，茶叶吸收了茉莉花香。另一种是受环境的影响，如苏州东山的碧螺春。东山常年种植琵琶、水蜜桃和橘子等多种果树，而散种于花果树下的茶树经受果树长期的影响，花果香气早已融入其中，虽不至于直接呈现味道，却也会有一定的转化。

作为纯粹的六大茶类茶叶，其中的花果香，更多的是由于茶叶加工工艺造成的内含物质转化而来。例如凤凰单丛，经过加工后各类芳香物质增加数倍，使得其粗分有十大香型，细分可达到数百种香型，香气非常丰富。发酵低、火工轻呈花香，高些则呈果香，再高则是熟果香，更高是薯香蜜韵，最高是烂果味或焦糖香。这里需要注意，传统的中国茶除了花茶外，是不添加外部香的，与国外的香料茶、水果茶有着本质上的区别。

214 冲泡姿势的意义?

冲泡茶叶的姿势,更多地是为了表演展示而服务,但也不能说跟泡好一杯茶完全无关。因为从实用的角度上来讲,所谓的冲泡姿势,本质上是对水温的控制,通过旋转的角度与冲泡的力度调整对茶叶的冲击力。有一个将二者融合得很好的例子,那就是潮州工夫茶。潮州工夫茶中有一个叫"关公巡城"的动作,看似有些花哨,实际上在转的过程中,自然而然地将每一杯中的茶汤分得很公道,浓度和茶汤量都接近,连公道杯都省了。而且看起来动作极具美感,是不是很酷?不同类的茶叶以及不同习惯的饮茶人,冲泡姿势不同。无他,只为适合茶性,只为你喜欢的一杯好茶。

215 茶艺表演中的凤凰三点头是什么?

欣赏茶艺表演的时候,表演者常常在注水冲泡时,高提水壶,让水直泻而下。然后表演者利用手腕的力量,上下提拉注水,反复三次,让茶叶在水中翻动。这套动作被雅称为凤凰三点头,能表达三重意义。第一,这套动作最早用于绿茶的茶艺表演,用水三次冲击茶汤,能更多地激发茶性,有利于丰富茶汤的滋味。老北京人喝花茶的时候,新沏的茶会先倒出来半杯不喝,放一下再倒回去,叫作"砸一下",其原理与之类似。第二,凤凰三点头的动作,姿态优美,富有形式美。第三,凤凰三点头表达了茶人对客人和杯中茶叶的敬意。

216 斗茶大赛"斗"的是什么?

斗茶分为斗茶品和斗茶技。斗茶品的斗茶其实就是比赛茶的品质,比的是茶叶,它是每年春季新茶制成后,茶农、茶人们为比较新茶优劣而展开的赛事。比赛内容包括茶叶的色相与芳香度、茶汤香醇度,现代采用评茶五因子法进行评分。

斗茶技其实就是一种饮茶的娱乐方式,比的是茶人的水平,古代称为茶百戏,将茶碾制成粉过筛,评比选择茶具的优劣、煮水火候的缓急等。其中,点茶击拂是斗茶过程中最重要的一环。注水的时候,要求水自壶嘴中涌出呈柱状,注时连续,一收即止。然后,用一种类似小扫帚状的茶筅搅动茶汤,使之泛起汤花以后,再经过集体品评,以俱臻上乘者为胜。斗茶技在现代则大多是指参赛者评茶、识茶的品鉴水平评比,还有茶艺比赛、茶席大赛等衍生赛事内容。

217 什么是冷萃茶？

冷萃茶又叫冷泡茶，顾名思义就是用低温的水，甚至是冷水来冲泡茶叶。传统用热水冲泡的茶非常香，但是热水也会激发茶叶当中的茶碱和咖啡碱。茶叶当中的氨基酸等甜味物质溶点最低，在冷水中氨基酸以及挥发性脂肪会先溶解。这些茶的香味元素溶解于水中，而茶碱、咖啡碱等物质溶点较高，则不会溶解在冷萃茶当中。但是冷萃茶由于温度较低，浸泡的时间要更长一点，大概需要四个小时才能饮用。现代工业环境下，为了更快得到冷萃茶，一般会用到加压、超真空等方式制作。另外，在制好的冷萃茶中加入果汁更加美味，快点动手试试吧！

茶叶选购
储存音频

第五篇

Q&A for Tea

茶叶选购储存

218 茶叶小白如何入门选茶呢？

六大茶类，从寒到暖。有鲜嫩提神的绿茶、温和却不失清爽的黄茶、自然鲜醇的白茶、滋味千变万化的乌龙茶、温润甘甜的红茶以及陈醇的黑茶，还有花香、茶香融于一体的再加工花茶。茶无上品，适口为珍，除了注意绿茶这类偏寒性的茶叶不太适合一些体质以外的情况，选择一种喝着可口、舒心的茶品开启茶的旅程即可。

219 在茶叶的选购上，应该关注哪些方面呢？

要想喝上一杯好茶，似乎要知道山头、地域、品种、工艺等等，这么多知识。然而，一位普通的消费者若是想买点茶品饮或者送人，还得学习这么多的概念，认知负担太重了。茶叶和红酒都是品鉴式消费，注重感官体验。在选购茶叶的时候，应在形状、色泽、香气三个方面留心。总体来说，形状整齐、紧致，色泽纯，有光泽，香气纯净，无异味为佳。如今，消费者在买茶的时候，听到的许多概念都属于生产端的话语。小罐茶虽然在"大师造"这个营销点上被茶人们诟病，但是在构建茶叶消费端的话语体系方面，还是做出了有益的商业探索，使消费者在购买茶叶送礼时，更多地从品牌、产品系列、价位等角度考虑，值得肯定。希望未来茶界能探索出一条新路，探索出茶的品牌之路，大宗健康实惠之路，文化价值之路，科技兴农消费透明之路，让大家都能省心、放心。

220 选择散茶好，还是选择包装茶好？

茶叶的质量跟茶叶的包装没有必然的联系，只是放在不同的地方卖，给大家造成的心理感觉不一样而已，散茶和包装茶主要与茶叶本身的保存方式有关系。茶叶的种类众多，不同的茶叶对于保存的要求不同，这也会影响茶叶的包装。就拿普洱茶和铁观音来说，铁观音要保证香味和口感，所以要采用真空包装，防止茶叶暴露在空气中被氧化；而普洱茶则不一样，如果是适合保存的普洱茶，通常会被制成茶饼，用一层棉布纸包着，不需要什么包装，这样既能避免茶叶完全暴露在空气中受潮，又能保证普洱茶和空气发生作用，内质慢慢地发生转化。当然包装茶和散装茶的选择也要看消费者的需求，消费者如果是自己喝，那买散装茶没有关系，但如果是送人，适合的包装就是必要的了。

221　如何发现茶叶"加香"？

加香的茶叶，初泡茶汤的香气十分高扬，让人觉得似乎从没有喝过这么高香的茶叶。然而，第二泡茶的香气陡然下降，近乎没有，这表明茶叶的香气持久度差，而且这时去闻一闻叶底，往往并无余香。如果同时碰到以上几种现象，那么就要提高警惕了。莫要买错茶、喝错茶，失了金钱，更伤了健康。

222　有的茶宣传，存放三年是药，存放七年以上就是宝贝了，这是真的吗？

茶不能说是药，药典里没有茶！茶叶的功用早已从药用、食用转变到饮用，妄图回到过去这不是开历史的倒车吗？每次喝茶就用那么几克，即便茶叶里面含有一些有益的成分，但从剂量上说远远论不上是药。不过，不能不说这是一句成功的营销语。这句话从广告营销角度来说，好记忆，利于传播。而且，对于茶商来说，白茶原料便宜，制成以后有充分的盈利空间。如果卖不出去，储存还能升值，具有一定的金融属性。老百姓选一款喝着可口、舒心的茶即可，不用天天听人讲故事。茶不是药，有病吃药，没病喝茶！

223　有20多年的老白茶饼吗？

真正量产并投向市场的白茶饼，最初可以追溯到2007年天湖公司（绿雪芽）创制的中国白茶第一饼。距今不过10余年，哪来那么多20年甚至30年的老白茶饼投入市场销售呢？从制作工艺上来讲，制作白茶饼需要经过蒸汽的高温使茶叶变软，同时压制时需要挤压茶叶使其成型，属于新工艺。相较于传统白茶"不炒不揉"的工艺特点，白茶饼经过高温蒸压后，口感和后期陈化都有了变化。压制后的白茶究竟还算不算白茶，需要打个问号。当然，白茶压饼后也有自身的优点，比如：白茶饼制作过程造成的破壁和后期的发酵，使得生成果香的概率大大增加。而散茶没有经历破壁，细胞液流出的概率极小，难以同外界氧气接触，因此生成果香的概率微乎其微，即便存上5年、10年甚至更久，都不会出现白茶饼中的果香。传统的散装白茶与白茶饼各有特点，选择喝着可口、价格实惠的茶来品饮就好。

224 什么是好茶？

好茶有三香："盖杯香、水中香、挂杯香。"喝完之后，口中有三变："齿颊留香、唇舌生津、润泽回喉。"十大名茶经过历史的检验，毋庸置疑是好茶。还有很多地方好茶、小众的极品茶等。对大众而言，茶的色、香、味、形、观感和体感都很舒适就好了，所谓适口为珍。

225 茶越新鲜越好吗？

不能简单地一概而论，需要考虑多方面的因素。比如最常品饮的绿茶，品质的一个重要表现点为鲜度，但是刚刚制作而成的茶叶，其中的多酚类、醇类、醛类含量较多，对人的胃肠黏膜有较强的刺激作用。如果长时间饮用这种过于新的茶，可能会引起腹部的不适，并产生四肢无力、冷汗淋漓等茶醉的现象。与绿茶相类似的还有乌龙茶，由于制作工艺的原因，新制的乌龙茶往往火气十足，多喝易引起上火的情况。它们一般需要存放半个月到 1 个月再品饮滋味更佳。而像后发酵的黑茶和老白茶更不用说了，需要存放更久的时间才能促使内含物质进行转化，产生那种使人留恋的滋味。所以说，茶并不是越新鲜越好，还是要依茶性而定，如果要找规律的话，大致可以概括为：发酵度低的追鲜，发酵度高的需要经过岁月的沉淀。

226 普洱茶越陈越香吗？

岁月知味，历久弥香，这只是一种通俗和较为简化的说法。"越陈越香"中的这个"香"字，实际上是指普洱茶品质向更好的方向转化的意思。随着时间的推移，普洱茶会发生两大类变化，一是茶叶本身物质之间的化学变化，二是附着在普洱茶上的微生物利用茶叶作为基质进行发酵，产生多种对人体有益的物质和香味物质。在这一点上，普洱熟茶的发酵与白酒和葡萄酒等产品的发酵机理很相似（而那些前发酵茶，如绿茶、乌龙茶、红茶等则是茶多酚的氧化反应）。

实际上，这种说法背后有一个隐含的假设，那就是必须是在合适的储藏条件下，普洱茶才能"越陈越香"。如果储藏环境不合适，或者储藏方法不当，那就可能未必是"越陈越香"。同时，这个"越陈越香"只是在一定的时间阶段内的越陈越香。每一种普洱茶，都有一个最佳的陈化期，在这个时间段内，在合适的储存条件下，普洱茶的品饮品质会与时俱进。但当茶叶的品质在经历较长的一段时间，达到一个峰值状态以后，其品饮的品质，反而会随时光的流逝而被缓慢损耗。例如：20 世纪 70 年代故宫仓库仍存留部分清代年间作为贡品的团茶，经过茶叶评审专家们泡饮鉴定，该百年的陈茶只有暗红色的汤色，滋味非常淡薄。这是由于年份太久，茶叶"陈化"得太过分，其饮用价值已被弱化，此时其价值主要是体现在历史和文化方面了。从这个角度看，简单或者盲目地以年份长短来论普洱茶品质的高下未必合适。曾经在故宫留下的百年普洱，更多的是文物价值和稀缺属性，即使还能喝，也已经没有什么滋味了。普洱茶品质受多方面因素的影响，一款品质优良的普洱茶品，需要专业的制茶人在各方面的用心。

所以，常说的"越陈越香"是指在一定时间内的越陈越香，是建立在优质茶青基础上的越陈越香，是依托科学生产手段的越陈越香，是满足合理储藏环境的越陈越香。没有优质的茶青、科学的生产工艺和合理的储藏，即使是时光再久，也不可能让劣质普洱茶脱胎换骨。茶是有生命的，作为一个生命体，就有生命的曲线，就有生命的辉煌与落幕！这和酒的储存是一个道理。

227 一口料优于拼配料吗？

对于大厂而言，酒靠勾兑，茶靠拼配，才能保证恒定的好口味，这也是企业的核心技术。拼配是几乎所有茶叶精制加工过程中的重要环节之一，即用不同产地同一品质，或者同一产地不同筛号、级别的茶青按照配方进行混合加工，这样能够扬长避短、显优隐次、高低平衡，从而不仅使茶叶的色、香、味、形符合标准，保证产品质量稳定性和一致性，而且能生产出更具风格特点的产品。拼配实际上是一种很好的创造，这与白酒生产过程中的"勾兑"有异曲同工之妙。

使用"一口料"所生产的茶叶是由某个小范围内所生产出来的茶青加工而成，可能会在某些方面，比如香气或滋味上有比较突出的特点，但其各个方面的协调性往往存在一定的不足。另外，由于原料生产地域的有限性，不容易保证品质的长期稳定性。如果拼配工艺使得产品特点达到"中庸"境界的话，那么"一口料"产品的特点则是"偏"。

因此，简单地说"一口料"比拼配原料做的茶好是不准确的。当然，如果读者有品质好的名山头古树纯料的资源，而且可以承受其价格，那也是不错的。只是不建议一般人盲目追求。

228 茉莉花茶的主要产地在哪里？

茉莉花茶在福建、广西、云南、四川、浙江等地生产较多。福建的福州是茉莉花茶的发源地，制茶水平高，茉莉花茶非常的不错。而广西的横县，目前是茉莉花茶产量最大的产区。四川的碧潭飘雪，也因其外形俊美而享誉全国。浙江金华的茉莉花茶，茶香浓郁清高，滋味鲜爽甘醇。云南地区的元江也盛产茉莉花，云南也有用大叶种的普洱制作花茶的习惯。反而是古代享有盛名的苏州等地很少栽培茉莉花、制作茉莉花茶。所以就目前而言，福州、横县、元江、峨眉、金华等地是茉莉花茶的主要生产地。

229 茶叶应该如何储存？

买到可心的茶叶是每一位茶人的乐事，但若储存不当使茶叶品质下降甚至变质就闹心了。明代的黄龙德在《茶说》一书中提到"茶性喜燥而恶湿"，可谓道出了古代储存茶叶的核心要点。由于茶叶中含有大量亲水性的化学成分，具有很强的吸附作用，能将水分和异味吸附到茶叶上，故而易导致茶叶品质下降。要保持茶叶的品质，就必须采取低温、低湿、避光等保鲜措施。具体到茶类上，像绿茶和黄茶这类比较追求鲜爽的茶叶，若买的量少，那么用锡纸包好存于茶叶罐中，放置于阴凉处存放即可。若买的茶叶多，则可以分装到不同的袋子中，一部分留在外面来喝，一部分可以放进冷藏室或冷冻室保存（用专门的冰箱单独存放最好），一般保持 1 年的新鲜度没有问题（当然，还是喝新鲜的茶叶最好）。外面放的茶叶喝完之前，应提前从冰箱内取出小包袋，让茶叶有个"醒来"的过程，以恢复、增强茶香。这样也能避免由于马上打开，室温相差太大，出现水气，导致反潮（特别是在高温的夏季）。对于普洱茶饼和白茶饼这类有陈化特性的产品，保证环境的温、湿度合适和避光即可，不必放入冰箱保存。其他的乌龙茶、红茶和花茶要密封好，注意温湿度和避光，以免香气散发，这样储存一般品质不会太受影响。

230 茶叶最长能存放多久呢？

茶叶在存储的过程中，会随着时间，有氧化、挥发和微生物反应，产生一系列的物理和化学变化，使得茶叶的内含物质和口感发生一定程度的改变。大部分绿茶的最佳品饮期在一年以内,黄茶最长不建议超过 2 年,红茶的保质期一般为 1~3 年,大叶种的晒红,因内含物丰富,且杀青和揉捻程度比小叶种红茶轻,所以保质期会长一些。轻发酵的乌龙茶建议储存时间不超过 2 年,重发酵的乌龙茶也不要超过 3 年。除此之外,黑茶和白茶类有一定的后期转化空间,建议不要存储超过 20 年,通常 10 年到 15 年是最佳品饮期。普通百姓想喝有些年头的茶,建议采购大厂出品的茶饼即可。自己存储,既占压资金,又有潜在的茶品劣化风险。即便是每天都从早到晚地饮茶,一年也喝不了多少茶,完全没必要囤一大堆茶。

231 为什么用锡罐存茶?

茶宜锡,华而不奢。在产茶大省福建,有很多人喜欢用大锡罐来存茶。用锡罐存茶有几点好处:一是锡罐的密封和保鲜的性能好。从沉于海底 230 余年的哥德堡号打捞上来的存在锡罐里的茶叶,仍有淡淡的茶香。二是纯锡无毒无害,有杀菌的作用,能够净化内部的空间。而且,锡不与空气和水发生反应,没有金属味。一些刚买回来的新罐,会有异味,需要清除一下,才能存放茶叶。

232 普洱茶放多久能喝?

普洱生茶和普洱熟茶在生产后即可泡饮,只是因其生产工艺的不同,以及随后的储存条件的不同,其风格也会不同。在合适的储存条件下,茶品汤色趋向红浓,口感日渐柔和或醇厚,香气和滋味日益丰富。消费者可根据自己的口感偏好,品饮不同类型和不同风格的产品。普洱生茶根据原料基础工艺水平、储存环境等因素,存储十几年、二十几年后品质趋向高峰。熟茶因发酵完全,存放几年去掉发酵仓味就比较圆润可口了!

233 普洱茶会过期吗?

"茶性喜燥而恶湿",茶叶本身为多孔稀疏型结构,而且含有大量的亲水性化学成分,具有很强的物理和化学吸附作用,能将水分和异味吸附到茶叶上,从而导致茶叶的品质下降,甚至霉变。而通常保存得当的普洱茶,其丰富的内含物质经过以有益微生物为主、氧化为辅的转化过程,是会越陈越香的。当然,普洱茶也并不是存放得越久越好,北京故宫曾经清理出一批普洱茶,当时的试泡专家对其评价为:"汤有色,但茶叶陈化、淡薄。"因为,过久的陈化过程已将茶中的内含物都消耗尽了。总之,质量合格的普洱茶在适当的环境下保存,并无过期的说法。

234 如何辨别茶的陈味与霉味呢?

陈味与霉味的产生,在于茶叶中是何种微生物在进行活动。因此,大家首先可以重点闻一闻茶叶的气味究竟是参香、药香或花香这种好闻的香味,还是辛辣刺鼻、使人感觉难受的霉味。若只闻干茶中的味道难以做出决断,可以用热水充分醒茶,提高内含物的浸出浓度,以此来确定究竟是陈味,还是茶叶发霉了。

235 老茶需要定期焙火才能更好地储存吗?

若不是茶叶受潮的话,当然不需要。有时候一些放了几年的岩茶,储存环境略潮湿,是需要隔一段时间复焙一下的。虽然复焙有助于提高茶叶的干燥程度,能够去除一些水分和霉味儿,焙火的时候闻起来非常香,但是同时也就意味着更多的茶香物质都散失了。而且,如果火候掌握得不好,干茶部分还会产生碳化,造成茶叶品质下降,品饮起来滋味寡淡,甚至有异味。想更好地保存茶叶,还是应该根据茶性,注意避光、干燥、温湿度等基本因素才是。

第六篇

Q&A for Tea

衍生器物文化

236 泡茶的器具是怎么演变的?

器为茶之父,是茶器承载了一杯茶。China(中国)就有瓷器的含义,国外是通过瓷器认识中国的。早期的陶器、青铜器,后来的瓷器以及紫砂、玻璃等材质的器具,都是适应当时社会生产力和冲泡方法的泡茶器具。法门寺地宫出土的大唐宫廷使用的金质、银质的全套茶器让人叹为观止(《唐宫夜宴图》中也有多种茶器的身影)。宋徽宗带领群臣斗茶,茶器都要作为斗茶的重要元素,点茶必备的建盏流行开来,流传到日本的建盏(天目盏)中有三件成为日本的国宝。制造品茶器具的五大名窑也举世闻名。

茶具的演变是个庞大的话题,而其核心脱离不开"陶瓷、技术、文化"3个词。今天,咱们从材质和时间两个维度来梳理茶具的演变情况。

第一,从材质上来看,以陶器、瓷器和介于二者之间的紫砂3大类为主体,并配以用琉璃、木材、金属、石材等制作的辅助茶具。

第二,从时间上来看,汉代以前品茶并没有使用单独的器具,通常与吃饭、喝酒用的器皿混用。到了汉代,开始出现单独的茶具,并且有了制作粗糙的青瓷,此点从王褒《僮约》一文中记载的"烹茶尽具,武阳买茶"中可见一斑。

接着进入唐朝,由于社会安定,经济繁荣,既诞生了以茶圣陆羽著作为代表的茶文化,又在瓷器的烧制工艺上取得了长足的进步。典型的瓷器有浙江龙泉的青瓷、河北定窑的白瓷,《茶经》中说的"邢瓷类银,越瓷类玉""若邢瓷类雪,则越瓷类冰"指的就是它们。

而到了宋代,点茶、斗茶蔚然成风。由于点茶以白沫为评判标准,进而促使属于黑瓷范畴的建盏取得了大发展。同时,现代人常常提起的五大名窑指的也是这个时代的窑口。随后,于元代出现了始于唐宋、兴于元代的青花瓷。青花瓷与此前的瓷器大多颜色单一、没有过多的色彩不同,这主要归功于制瓷技术的进步。

历史的车轮继续转动,来到了明代。由于废团改散,品茶的方式产生了巨大的变化。此时,绿色的茶汤,用洁白如玉的茶器来衬托,显得清新雅致、悦目自然。社会崇尚白色茶器成为风潮,进而促成了白瓷的飞速发展,江西的景德镇也因此成为全国的制瓷中心。景德镇产出的瓷器胎白细致、釉色光润,具有"薄如纸、白如玉,声如磬,明如镜"的特点。手艺人们发挥聪明才智,创造各种彩瓷、色釉，用来制作出造型小巧、胎制细腻、色彩艳丽的茶具，包括茶壶、茶盏、茶杯等。花色品种越来越多，极大地丰富了茶具的艺术内容。

另一个必须要提到的是宜兴的紫砂茶具。其在功能上与散茶冲泡配合得相得益彰，在造型上更是千姿百态，富于变化，将功能与艺术欣赏进行了有机的结合，在茶具体系中占有独特而重要的一席之地。

接下来进入清代，由于满族受汉族文化的影响很深，淡雅仍是这一时期的主流风格。得益于文人们的极力推广，紫砂茶具和以盖碗为代表的瓷质茶器表现最为出色。

走进现代，由于科技水平的快速发展，玻璃这种在古代称为琉璃的奢侈材质一下子普遍推广开来，迅速成为茶具体系中的重要组成部分。

综上所述，可以说茶具演变的历史是由功能需求为指引，结合各个历史时期的技术水平与审美观点共同推进的。

237 基本茶具有哪些？

以盖碗冲泡散茶的茶席为例，我们以泡茶、品茶为主线来辅助记忆一下。首先要有一个放置主泡器的茶盘，可以是干泡台或者是湿泡台。泡茶肯定要有主泡器，可以是盖碗、玻璃杯或者紫砂壶等。泡茶的过程中，要用到茶洗和茶道六君子。分茶的过程中，可能用到公道杯、茶巾。而品茶的时候，则要有品茗杯。当然，烧水壶可别忘了。

238 什么是主人杯？

主人杯其实指的就是每个喝茶人自己专属的杯子。茶友们用主人杯主要有4个原因。第一，肯定是使用方便、卫生。去不同的地方喝茶，公用的品茗杯虽然经过了清洗，但是总归不如自己专用的杯子让人更放心。第二，彰显品位。茶友们选择主人杯与买衣服很相似，都会根据自身的风格喜好选择不同类型的茶杯，如白瓷类型的，建盏类型的，彩绘类型的，甚至是金银材质的，等等，类型多样。第三，能够丰富茶席间的话题。都说器为茶之父，每位茶友带来各式各样的主人杯，刚好可以互相欣赏，增添品茗乐趣。第四，给人以专业的感觉。同一壶茶，若用不同的器皿来品饮，在细节上会有一定的差别。为了更好地降低外部的干扰因素，老茶客都习惯于随身携带一个主人杯。

239 什么是公道杯?

首先，公道杯最核心的作用是使茶汤浓度均匀，温度一样，这样为各位茶友奉茶的时候，茶汤浓度一致，茶量一样，温度相同，十分公道，故得名公道杯。其次，公道杯有茶水分离、沉淀茶渣的功能。若是玻璃材质的公道杯，还能有助于观赏茶汤。

在使用公道杯的时候有几点要注意。第一，一定要保持公道杯的干净卫生，这是对客人最起码的尊重。第二，杯嘴不要对着别人，就像用手指指别人一样，杯嘴对着别人十分不礼貌。这一条在其他的场合也适用，属于基本的桌席礼仪。第三，要时刻保持公道杯外壁的干燥，不要让茶汤顺着外壁滴出来污染茶席，甚至客人的品茗杯。为此，在为客人斟茶的时候，先用茶巾擦一下为好，养成良好的习惯。

那么，如何选购公道杯呢? 公道杯的款式通常有侧手柄的、传统手柄的和手柄的，可根据个人喜好选择。需要注意的是，公道杯的出汤嘴部最好能尖和薄一些，有利于快速收水。而关于材质的选择，最流行的还是玻璃的，毕竟欣赏茶汤很方便。但是若从配合茶席和其他茶器的角度上来讲，还是选购统一风格的公道杯更佳。

240 什么是茶中"笔筒"?

在茶道表演中，像笔筒一样的器具套组被称为"茶道六君子"，传统上包含茶则、茶针、茶筒、茶夹、茶漏、茶匙。它们在提供器质性功能以外，也有一定的引申含义。例如，茶则从使用上来说，可以盛茶、赏茶。茶则的"则"字，可引申出"尺子、测量"的意思。

241 用木头制作的茶针怎么撬茶饼呢?

这个木制品叫作"茶通"更加准确。它的主要功能是疏通茶壶嘴，并不是用来撬茶饼的。由于年代、地区、语言等众多因素，要格外注意一些概念词汇，可能有歧义的问题。如此，将有助于各位茶友更好地学习茶文化。

242 点茶过程中，像打蛋器一样的器具是什么?

那可不是什么打蛋器，它叫"茶筅"，是点茶时的一种烹茶工具，由一个精细切割而成的竹块制作而成，用以调搅粉末茶。宋代点茶时，将丝罗筛出的极细茶粉放入碗中，注以沸水，同时用茶筅快速搅拌击打茶汤使之发泡，泡沫浮于汤面。击打时，手腕用力呈 M 型上下搅动，不能划圈。以茶汤颜色鲜白和茶沫停留保持时间长久为茶技高超的标准，从宫廷到市井，常以之赌胜负。当年，宋徽宗常常带领大臣斗茶，后来斗茶习俗逐渐转向民间并流传至日本。

243 什么是茶宠？

茶宠指的是茶人们饮茶品茗时把玩的物件，常见的茶宠多为用紫砂或澄泥烧制而成的陶制工艺品，也有一些瓷质或者石质的。滋养茶宠其乐无穷，人们利用中空结构和热胀冷缩的原理，制作出淋上茶水能产生吐泡、喷水现象的茶宠，增添了品茗时的乐趣。也有的类似于玩手串儿、盘核桃等，通过茶汁的滋润和日常的维护，茶宠也会越发地有光泽，充满灵性。随着科技的发展，一些随着温度变色的材料用于茶宠制作中，让客人感到惊喜。空闲时，在手里慢慢把玩茶宠，对脑力劳动者调节大脑中枢神经、减缓脑部疲劳方面有一定的帮助。茶宠的造型有金蟾、如意足、金猪、童男童女等，非常丰富。

244 什么是茶挂？

茶挂是茶事活动中的重要道具，可呈现茶会主题，体现组织者的用意，起到提纲挈领的作用，是茶室布置时关键的要素之一，一般只挂一幅。如今，茶挂在日本较为盛行，我国国内则还不是很重视。随着茶道的兴盛，文人情趣开始回归，茶挂将被更多地应用。

茶室所挂的字画可分为两类。一类适合相对稳定、长久地张挂，可根据茶室的名称、环境以及主人风格而定。另一类是为适应茶会举办而专门张挂的，可以根据茶席主题不断变换。对于书画不那么了解的茶人也无须烦恼，选一幅可心的书画作为茶挂即可，品茗时或独自品味，或与三两好友一同欣赏，岂不是增添了一种乐趣？

245 什么是建盏？

建盏创烧于晚唐五代时期，兴盛于宋，是宋代皇室的御用茶具。因产自宋建州府建安县（今天的建阳市水吉镇后井村一带），故得名建盏，是中国黑瓷的代表。两宋时期，由于黑底、胎体厚重的建盏保温效果好，凸显白色茶沫，非常有利于斗茶，故而很受欢迎。而且，借着文化交流，建盏传至日本。因当时禅学和茶学的著名寺院杭州径山寺位于天目山脉的缘故，建盏在被日本被称为天目盏。现存于日本东京静嘉堂的曜变天目盏是国际公认的天下第一名碗。

建盏经过选瓷矿、瓷矿粉碎、淘洗、配料、陈腐、练泥、揉泥、拉坯、修坯、素烧、上釉、装窑和焙烧13道工序烧制而成。因所选坯泥含铁量高，烧成后呈现"铁胎"的特质，叩之有类似金属碰撞的声音。和景德镇白瓷尽量避免含铁不同，含铁量高正是建盏的特色。如此，不仅烧出来呈黑色，而且可以磁化水质，使茶汤的口感醇和柔顺，提升茶汤的鲜度。

建盏造型的共通点是碗口大，圈足小，状似漏斗。业内根据建盏口沿、腹部和底足的变化，将建盏分为束口、敛口、撇口和敞口四种类型。其中，束口型的特征为：口沿曲折，外缘向内凹，于口沿处形成一周凸圈，俗称"注水线"。宋代斗茶用的就是束口型建盏，它也是当今最主流的器型。

关于建盏的釉色，可以分为黑色釉和杂色釉两大类。典型的黑色釉有曜变釉、乌金釉、兔毫釉和油滴釉等。杂色釉有茶叶末釉、酱色釉和柿红釉等。曜变釉是建盏中至高无上的釉色，瓷釉和窑火在变幻的情况下偶然才能生成一盏。仅存于世的三只完整宋代曜变盏均存于日本，被日本奉为国宝。

一窑一世界，一盏一人生。一捧坯土，通过匠人高超的制作工艺，经过火焰的淬炼，展现出独具特色的奇幻异彩。

246 什么是黑釉木叶纹盏？

宋代热衷斗茶，故而兴起了黑釉茶盏。在这段历史时期内，出现了一种略注清水便好似有树叶飘荡其中的茶盏——黑釉木叶纹盏。黑釉木叶纹盏出自宋代的吉州窑，窑址位于如今江西省吉安市的永和镇。木叶纹盏是吉州窑独创的产品，在制作工艺上有着极大的创新。关于木叶纹盏的诞生，主要有两种说法。一种说法认为，古代窑工在装窑的时候，偶然间让一片桑叶落入盏中，出窑后惊艳了众人。另一种说法认为，宋朝禅宗文化盛行，木叶纹盏很可能是寺院的僧人为了精进修为，有意研究制作出来的。由于历史上的战乱等原因，古代的制作方法已经不得而知。

现如今，工匠们先进行练泥、拉坯、晾坯、修坯、施釉环节，然后在盏中放入阴干的树叶。通过特制的匣钵固定茶盏和盏中的树叶，像套娃一样叠放，然后装窑烧制而成。烧制出来的木叶纹盏，独具魅力，既寓意人生没有完美，也体现出古人尊重自然之心。宋代流传下来的木叶纹盏在日本被奉为"国宝文物"，在英国被赞为"世之神器"。

247 什么是云南建水紫陶？

云南不仅是茶的发源地，还出产一种紫陶器，这种紫陶器与江苏宜兴的紫砂陶、广西钦州的坭兴陶、重庆荣昌的安富陶并称中国四大名陶。这就是出自云南省建水县的特产——建水紫陶。建水紫陶也被称作五彩云陶、滇南琼玉，有"质如铁、明如水、润如玉、声如磬"的美誉。

建水在明清时期曾是临安府的所在地，深受中原文化的影响，迁移进了大量中原工匠。到了清代末期，建水紫陶制作工艺逐步成形。建水紫陶的制作原料取自建水境内五彩山中呈现五种色彩的土，含铁量较高。陶工们将五色土过筛处理后，按一定的比例制作成泥料，然后经过塑形拉坯、精修陶坯、书画落墨、精雕阴刻、彩泥阳填、外形雕塑、风干修坯、龙窑烧制、手工无釉抛光等十余道工序制作而成。阴刻阳填、无釉抛光工艺和残贴、淡艳的特殊装饰手法，是建水紫陶的装饰特色。而且建水紫陶集书画、金石、镌刻、镶嵌等装饰艺术于一身，有"壶、杯、盆、碗、碟、缸、汽锅、烟斗、文房四宝"等产品。制作云南名菜汽锅鸡所用的汽锅，正是用建水紫陶生产的独特蒸锅。

1927年，著名的建水紫陶大师向逢春的作品在昆明"劝业展览会"上获一等奖，随后又参加在天津、上海等地的展览，得到广泛好评。1933年，在美国芝加哥"百年进步博览会"上，向逢春的汽锅以其古拙雄壮、文云盎然的典雅气度征服了世界，荣获博览会美术大奖。1953年，建水紫陶被国家轻工部列为"中国四大名陶"之一。2008年建水紫陶烧制技艺入选国家级非物质文化遗产名录，2016年成为中国国家地理标志产品。

建水的一位朋友曾送给笔者一个建水紫陶的茶叶罐，颜色深褐有光泽，雄浑，手工刻绘的渔人泛舟图入石三分，意境幽远，敲之，声音清脆，绕梁许久，笔者超级喜欢。借由此罐，笔者对建水紫陶较之宜兴紫砂的区别，有了深刻认识。

248 什么是搪瓷？

搪瓷在一开始被称为珐琅，广为人知的景泰蓝就是珐琅镶嵌的工艺品。这里额外补充一个小知识点，中国古代习惯将附着在陶或瓷胎表面的称为"釉"，附着在建筑瓦件上的称为"琉璃"，而附着在金属表面的称为"珐琅"。

相传搪瓷技术最早起源于埃及，随后传入欧洲。但是现今使用的铸铁搪瓷，多始于 19 世纪初的德国与奥地利。清光绪四年（1878 年），奥地利第一次将搪瓷制作工艺传入中国，从此中国开始了搪瓷的制作。后来经过技术的不断进步，搪瓷才从一种奢侈品逐渐成为日常用品。

从原料上来看，搪瓷所使用的是一种硅酸盐，一般以石英、长石、黏土为原料。制作搪瓷时，原料经研磨、加水调制后涂敷于坯体表面，然后经过一定温度的焙烧而熔融。当温度下降时，形成附着在坯体表面的玻璃质薄层。从烧成温度来讲，搪瓷的釉一般烧成温度在 750~900℃，而陶瓷一般分为 1100℃以下的易熔釉、1100~1250℃的中温釉和 1250℃以上的高温釉。另外，搪瓷底釉是通过氧化钴、氧化镍等化学物质渗透到金属材质中形成化学密着，达到附着在金属表层的效果，而陶瓷釉更多的是通过釉层渗透到土坯的空隙中，形成物理附着力。

相较于 20 世纪，现在人们的家里一般很少再用搪瓷的制品，更多的是使用塑料、陶瓷、玻璃制品，但是搪瓷制作这项技术并没有消失。在欧美、日本等国家，人们将搪瓷技术与现代设计相结合来进行创新，制成的无论是工艺品，还是像炖锅这样的生活用品，都独具美感，使得搪瓷技术焕发了新的活力。我们相信，中国的非遗文化也能够通过创新紧跟时代步伐，再登新高峰。

249 什么是骨瓷？

陶瓷源于中国，而在欧洲诞生了一种全新的高档瓷器：骨瓷。中国工匠技艺超群，制作出来的瓷器有"白如玉、明如镜、薄如纸、声如磬"的美誉，深受欧洲消费者的喜爱。然而，由于欧洲缺少高岭土，即便是康熙末年长期逗留于景德镇的法国传教士殷弘绪将瓷器的制作工艺公之于世，欧洲早期烧制的瓷器却仍然是质地偏软，质量较差。后来，在 1800 年左右的英国，英国人托马斯·弗莱（Thomas Frye）在瓷器制作过程中加入动物骨粉，改善了瓷器的玻化度和透光度。接着，乔西亚·斯波德父子经过进一步研究，改进了烧制配方，基本确定了现代骨瓷生产的基础配方，他们成为现代英国骨瓷制作的先驱。中国的窑神有以身赴炉烧瓷的传说，或许也有这方面的道理吧！

骨瓷是以动物的骨炭、黏土、长石和石英为基本原料，经过高温素烧和低温釉烧两次烧制而成的一种瓷器，烧制温度达 1280℃。优良的骨瓷色泽呈现天然骨粉独有的自然奶白色。骨粉在高温下可以生成氧化钙，氧化钙是玻璃制造中最重要的助融剂之一，它可以有效地降低二氧化硅的软化温度，更容易形成玻璃类物质；而生成的氧化铝则是很好的乳浊剂，呈现不太透明的乳白色。骨瓷就是利用这些原理被发明制作出来的。一般来说，原料中含有25%骨粉的瓷器可以称为骨瓷，国际公认的骨瓷骨粉含量则要高于40%。世界上生产骨瓷的著名厂家有英国的韦奇伍德、斯波德、皇家道尔顿，德国的罗森塔尔，美国的蓝纳克斯，日本的鸣海、诺太克，等等。

　　骨瓷技术是欧洲人在学习和仿造中国瓷器的过程中发明的，但是由于种种原因，中国却长期无人懂得骨瓷的制作方法。1965年，唐山陶瓷工业公司改组为河北省陶瓷公司，统领河北全省陶瓷工业并启动了开发骨质瓷的科研计划。最开始，科研团队除了知道骨瓷中肯定有骨头的成分，没有任何其他的参考资料。经过科研团队的不懈努力，1974年成功做出了骨质瓷的样品。1975年做出了中国第一件由动物骨灰为主要原料的骨质瓷产品。尽管这款产品透着绿色的荧光，质地也不稳定，但是令大家非常兴奋，称其为"绿宝石"骨瓷。之后，通过进一步地调整配方、改进工艺，1982年终于成功出窑了白色的骨质瓷，并且，通过了国家科委、轻工业部及国内各地专家的鉴定，荣获国家新产品奖。也就是从这一年开始，中国最早的骨瓷在唐山诞生了。后来，唐山第一瓷厂与英国艾克米·玛尔斯公司达成了关于骨灰瓷整套设备与技术捆绑引进的谈判协议，并派遣中方考察组赴英国的瓷都——斯托克进行实地考察、学习。1989年初，英国的设备和专家组开始陆续到厂，双方以唐山原有的骨质瓷工艺为基础，按照新的生产工艺标准开始了全新的实验与探索。1991年8月，唐山第一瓷厂的专业生产线通过了国家验收，从此达到了与英国相同的现代化技术标准。自此，中外客商的订单蜂拥而来，中国骨瓷开始走向辉煌。

　　挑选骨瓷的时候，可将杯子冲着光看，透光性强、色泽柔和的为上品。用瓷勺或手指轻轻敲杯体，声音清脆响亮者为佳。注意，骨瓷最好用80℃以下的水温手洗。不要将热的杯子直接浸入冷水中，以免温度骤变损伤瓷质。如果杯子有小块的刮花，可以用牙膏略微打磨。若您对英国的骨瓷历史感兴趣，可以前往有"英国景德镇"之称的斯托克小镇看一看，那里生产的陶瓷是英国乃至全欧洲王室的日常用品以及收藏品；在斯托克最大的瓷器博物馆，还能看到三百年来英国的瓷器发展历史。

250 有的茶壶直接对着嘴喝，这是怎么回事？

直接用小茶壶对嘴喝，免去了滤茶、分茶的烦琐过程，可以在走动、做其他事情的时候也能够饮茶，使用方便，喝起来也痛快。这类壶的一个典型是"西施壶"。西施壶一般制作为150毫升左右的容量，壶嘴短小，持握顺手，看起来非常小巧可人，常常作为私人专用的饮茶壶。但是，从卫生安全和保护茶器的角度，笔者并不建议直接使用茶壶来饮茶。毕竟，烫嘴的茶汤和不易清洗干净的茶壶可能会伤害到自己。

251 水平壶是如何诞生的？

在紫砂壶的世界里，有一类壶叫作水平壶。这个名字是怎么来的呢？这要从潮州工夫茶说起。潮州工夫茶从传统上来说，主要品饮的是乌龙茶。乌龙茶有什么特点呢？有高香。所以为了最大限度地激发茶香，最好是用100℃的沸水来冲泡。那么有问题产生了，高水温冲泡加速了茶叶内含物质的释放，茶汤滋味往往有向苦涩发展的趋势。怎么来解决呢？可以通过缩短冲泡时间，快进快出，起到调节滋味的效果。因此，日常人们偏好使用容量小的壶来沏茶。但是用小壶来冲泡，又会引出新的问题，乌龙茶的投茶量一般都比绿茶高出一倍以上，更何况喜欢喝浓茶的潮州人了，他们都是在茶壶里塞上满满的茶叶。这样一来，人们注入沸水时就需要注的很满，而且注水后往往需要再用沸水从外部浇淋茶壶，进一步激发茶香。所以，形似一个大碗的茶海就成了黄金搭档。同时，为了避免壶外的水倒流进茶壶内，往往壶嘴采用剑流的样式，形似宝剑。日常喝茶的时候，人们偶然间发现小壶能够飘在水上，不偏不倚，很平稳，故此称其为水平壶。

水平壶看似简单，实际上为了达到水平的效果，匠人们在制作的过程中往往需要提前规划好每一个部件的位置、重量、形状等因素，使其既能满足实用的功能，又能具备美感。例如：壶盖和壶身都要做到厚薄均匀，重量要低。还有，把壶倒置过来，壶口、壶嘴、提柄都平齐在一个平面上，三点一线，叫作三山齐。

在日常生活中，一把用料讲究、做工精湛的水平壶是十分难得的。笔者有一把名师手工制作的，可以飘在水上的100毫升小壶，太湖石形状，薄如蝉翼，其球形滤孔经过多次试验才烧制成功。广义上来讲，如工夫茶地区用来喝茶的红泥小壶那般壶，都可以称作水平壶，它是一个泛称。如果大家想入手水平壶的话，要格外注意壶嘴的位置，避免磕碰破损。做工轻薄的水平壶，需要更多的关爱。

252　什么是漆器？

　　漆器一般指的是以木质或其他材料造型，然后经过髹漆而成的器物，具有实用功能和欣赏价值。漆器所使用的天然漆原料也叫大漆、生漆，主要由漆酚、漆酶、树胶质以及水分构成，是从中国一种叫作大漆树的树干上割开一个口子收集而来，跟切割橡胶树以此来收集橡胶类似。一棵树只能产出几两的生漆，十分宝贵，用其制作的涂料有耐潮、耐高温、耐腐蚀等功能。中国是世界上最早认识漆的特性，并将漆与矿物质颜料融合，调成各种颜色用作美化装饰之用的国家。现今发现最早的漆器，是出土于杭州跨湖桥的跨湖桥漆弓，距今8000 年，被称为中国的"漆器之源"。漆器的制作工艺经过不断的发展，到目前有 13 种主要工艺，例如百宝嵌、犀皮漆、雕漆、款彩、螺钿、描金、戗金等。而且，漆器经过上百次的打磨、抛光，可以达到与瓷器相媲美的程度。在英文中，China 有瓷器的意思，而表示日本的 Japan 则有着漆器的意思。漆器精美绝伦，工艺浩繁，在我国国内走上了一条专供上层社会人群使用的道路，普通老百姓根本用不起，也难得一见，于是失去了成为大众艺术的机会，发展面越来越窄。然而，日本却是真正闻名世界的漆器大国，向世界其他国家大量出口漆器。16 世纪之后，日本在漆器研究上有了空前的发展，以描金、彩漆、镶嵌漆器为主，并且形成了产业链条，使得普通民众都能用上漆器。由此不得不令人反思，如今国内的天价茶动辄一斤成千上万元，老百姓真的喝得起吗？茶叶不走进千家万户，不喝进老百姓的肚子里，何谈茶能带来健康？何谈茶文化的兴旺？当然，也不能完全拒绝高端礼品茶。毕竟走亲访友、商务往来实属正常。未来的高端礼品茶，应当将文化内涵做足，而不仅仅是将茶炒成天价茶。

253　为什么很多人使用焖壶？

　　在马连道参加各类茶事活动时，经常见到主办方使用焖壶来准备茶汤，一开始还没明白，后来自己也试了一下，真好用！看，只需放入少量的茶叶就可以快速闷出更醇厚的茶汤。冲泡只能析出 30% 左右的内容物，而闷泡则可以析出 60% 以上，特别是果胶等物质，非常适合老白茶、黑茶。当然，绿茶这类追求鲜爽的茶叶不适合使用焖壶，因为会把茶叶泡烂，产生熟汤味。焖壶还有一点好处，在客人多的时候茶汤能快速供应上。要是都用盖碗冲泡茶汤，客人多时还不得急死？

254 制作瓷器的瓷土是高岭土吗？

在南宋以前，景德镇瓷器制作使用的是一元配方，即只用瓷石（景德镇一带所产的瓷石，一般是长石石英岩蚀变而成）。由于优质瓷石的原料开采过量，导致原料濒临枯竭，而普通的瓷石铝氧含量低，铝钠含量高，烧制器物时，有容易变形、烧塌的缺点，因而到了宋末元初的时候，景德镇的陶工们找到了优质的制瓷原料——高岭土，并将它与瓷石混合在一块，研制出了二元配方。

高岭土因首先发现于景德镇以东 45 公里的高岭村而得名。高岭土呈白色，其矿物组成除高岭石外，还含有多量的石英和云母。高岭土含杂质时可呈现黄、灰、玫瑰等色，耐火度约高达 1735℃。

高岭土的使用是中国乃至世界制瓷史上的一次重大革命，它不仅扩大了制瓷原料的来源，而且改变了瓷器的性能。原来单一的瓷石泥料（史称一元配方）只能烧至 1150℃左右，为软质瓷，制品变形率较高，胎色也不够白净。由于高岭土耐火度高，在瓷胎中起到骨料的作用，从而提高了瓷胎的耐火度，可烧至 1330℃左右，不仅减少了制品的变形率，同时也改善了瓷器的物理性能。西方早期无法制作出瓷器的原因中，最关键的因素就是不知道高岭土。直到法国耶稣会的传教士殷宏绪在江西景德镇等地传教期间，获取了制瓷的技术和原料，并把各种釉面的配方和烧制工艺详细记录下来，公开发表在欧洲刊物上，使中国瓷器的技术奥秘彻底公开，欧洲自此才生产出真正的瓷器。要论将最伟大、最多的古代及近代知识产权奉献给世界，或者知识产权被窃取从而无偿服务世界的国家，非中国莫属。

255 大家都调侃的"吃土"，吃的是路边的土吗？

古人说的吃土指的是吃观音土。观音土的颜色是白色的，土质比较软，加水后能变成糊状，使人联想到面粉。少量食用这种土，可以产生一定的饱腹感。其实，观音土的主要成分是硅铝酸盐，化学性质稳定，不易分解为对人体有害的成分。古代灾民在没有东西可以吃的情况下，尝试吃这种土以后，发现身体当时没有立刻出现不适，还有饱腹的感觉，便认为这是救苦救难的观音菩萨为造福饥民降下的神物。因此，民间将这种土叫作观音土。观音土没有营养，只能解决一时的饥饿感，而且吃多了还会腹胀如鼓而死。另外，观音土还有两种正经的用途。一种用途是作为坯料，塑形后烧制成瓷器。广为人知的江西景德镇高岭土，其实就是观音土。另一种用途是作为药物的一种成分入药。现代有种药叫作"蒙脱石散"，便是利用观音土止涩的性质治疗拉肚子的症状。

256 瓷釉是如何诞生的？

瓷器美观雅致，光润的瓷釉是许多人喜爱瓷器的原因。那么，瓷釉是什么呢？是将宝石融化后涂在上面的吗？当然不是。在商周时期，由于南方盛产印纹硬陶，它的烧成温度高于一般的陶器，在烧造过程中陶工们偶然发现，器物的局部表面上有一层光泽。经过多次的观察，发现陶坯上落灰的地方更容易出现这种现象。后来，陶工们把燃烧过的草木灰与水一同搅拌，涂抹在陶坯上入窑烧造，从此瓷器诞生了。这种原始的釉也被称为灰釉，是瓷釉的鼻祖，是瓷器发明的重要条件，一直被历代陶瓷工匠们延续使用，行业里都说"无灰不成釉"。

随着制瓷业的发展，为满足不同的需求，开始在灰釉的基础上加入石灰石、黏土等材料以调整釉的稳定性、流动性。又加入含有金属化合物的原料，改变颜色的变化等。例如：加入铁，呈现青色。加入铜，呈现红色。加入钴，呈现蓝色。当然，有一些品种的釉料为了达到特殊的效果，也会加入宝石。例如：景德镇著名的祭红瓷，古人配制釉料的时候就会加入珊瑚、玛瑙等珍贵原料。复兴的汝瓷也是找到本地的一种玛瑙入釉，才烧出独特的天青色。釉本来自天然，而非化工。

257 制作陶瓷的过程中，还原烧和氧化烧指的是什么意思？

氧化烧比较容易理解，就是在陶瓷的烧造过程中保证窑炉内氧气的供给。这样，在拥有釉料配方和窑温数据的情况下，控制化学变化的因素较少，可以稳定地生产陶瓷制品。而还原烧指的是在窑炉温度达到一定程度以后，通过关闭炉门等方式减少窑炉内的氧气供给，迫使燃料从矿釉原料甚至是胎土中夺取氧元素来助燃，并影响器物的颜色、图案、质地等方面。因此，窑炉内的化学变化，在一定程度上是不可控的，甚至是未知的，窑变就是还原烧的典型例子。以"青翠欲滴，温润如玉"而著称的龙泉窑，也是通过在烧造过程中关闭炉门的方式，才使得青翠的颜色如此特别。否则，原料中的铁质含量高，经过充分氧化以后，颜色会变深，呈褐色、黑色。

258 宋代五大名窑是指哪几座窑？

据明代古籍《宣德鼎彝谱》记载："内府所藏名贵瓷器，以柴、汝、官、哥、钧、定六个窑口并称。"为首的柴窑由于窑址、器物等并无明确的实证，太过神秘，被后人予以除名。剩下的汝、官、哥、钧、定五个窑成了如今人们议论的宋代五大名窑。而且，宋代是中国历史上艺术的巅峰朝代，自此之后再无名窑可与宋代五大名窑比肩。天青色的汝窑，专供宫廷的官窑，开片自然、有"金丝铁线"之称的哥窑，以及窑变的钧瓷和坚持白色为主调的定窑，它们各有特色，给后人留下了丰富的物质与精神财富。

259 什么是汝窑？

"纵有家财万贯，不抵汝瓷一件。"以天青色为瓷器标志性颜色的汝窑，始于宋初，盛于北宋晚期，衰于南宋，终于元末。窑址所在地在宋时称汝州，现今为河南省宝丰县大营镇清凉寺村。所产青瓷名列宋代青瓷榜首的汝窑，特指汝官窑，该窑专为宫廷烧造御用瓷器，大约只在北宋哲宗元祐元年（1086年）到宋徽宗崇宁五年（1106年）的20余年间存在，产量不大，所产瓷器非常稀有。汝瓷工艺绝伦，其胎色均为灰白色，与燃烧后的"香灰"相似，俗称"香灰胎"，这是鉴定汝窑瓷器的要点之一。汝窑瓷器釉色主要有天青、天蓝、粉青、月白等，以天青为上品，受到宋徽宗的推崇。天青色难于控制，在不同器物上会有浓淡的区别，可谓"靠天吃饭"。另外，成功制作的汝瓷釉面上往往有因胎和釉膨胀系数不一而自然导致的冰裂纹（俗称"开片"），宛如鱼鳞。开片本是陶瓷制作中的一种缺陷，后被人加以利用，成为一种独特的装饰艺术。冰裂纹按颜色分有鳝血、金丝铁线、浅黄鱼子纹等，按形状分有渔网纹、梅花纹、百圾碎等。如今，宋代汝窑的传世器物据粗略统计在全世界仅存70余件，多在大型的博物馆中收藏，例如：北京故宫博物院的汝窑三足樽承盘、台北故宫的汝窑莲花式温碗等。

260　什么是官窑？

在中国古代，瓷器烧制有官窑，有民窑。皇权时代，官办的窑口集举国之力为宫廷服务，其艺术水准非常之高，烧制瓷器的精美程度远非民窑瓷器所能比。

官窑是一个比较广义的概念，但凡历代由朝廷专设的瓷窑，皆可以称为官窑，烧造的瓷器则成为官窑瓷。宋代五大名窑中的官窑是中国陶瓷历史上首座用制度的形式建立，并以"官窑"命名的朝廷官办窑场。其他的汝窑、哥窑、钧窑和定窑本质上皆为民窑。宋代瓷器的以简为美与皇帝的喜好息息相关。一是宋朝开国皇帝赵匡胤倡导简约，使得朝堂与民间皆形成此风气。二是宋徽宗痴迷天青色，曾留下"雨过天晴云破处，这般颜色作将来"的名句。由此，汝窑工匠研究并烧制出的天青色瓷器，便成为皇帝的心爱之物。政和至宣和年间（1111—1125年），宋徽宗下令在都城汴梁（今天的开封市）建立了专门为皇帝烧制高级瓷器的窑口，史称"北宋官窑"。然而，随着北宋的覆灭和黄河的泛滥，北宋官窑被深埋于地下，至今未找到窑址。

到了南宋时期，在外逃难多时的宋高宗赵构南迁建都于临安（今天的杭州）。为了祭天等仪式，也为了供皇室日常使用，特先后设立了修内司窑和郊坛下窑，按照《宣和博古图录》中记载的礼器样式烧造仿古青瓷。南宋朝廷在建立南宋官窑的时候，继承了北宋官窑、汝窑等北方窑口造型端庄简朴、釉质浑厚的特点，又吸收了南方越窑、龙泉窑等名窑薄胎、造型精巧的工艺精华，体现出了南北交融的特点。自20世纪50年代以来，浙江省文博部门先后发掘出位于杭州市郊乌龟山的郊坛下窑和位于杭州凤凰山老虎洞的修内司窑。

官窑以青瓷闻名于世，两宋官窑的器型很多是仿商周的用于皇室祭祀的青铜器器型，也有瓶、尊、洗、盘、碗、鬲式炉、觚等器型。其形质、釉色、工艺与汝窑瓷器有共同之处，釉色有淡青、粉青、灰青等多种色调，釉质匀润莹亮，有根据形态被称为"冰裂纹""蟹爪纹"的大开片。胎骨施以满釉，用裹足支烧的方法进行烧制。胎土釉色的选料往往非常考究，所用的瓷土含铁量极高，所以胎骨的颜色偏黑紫色，在器物口沿部分釉薄处隐隐露出，俗称"紫口"。又因底足露胎，俗称"铁足"。紫口铁足的特征在南宋时期比北宋时期更加明显。因为受地域风气影响，北宋时期施釉较厚，紫口这类由于薄釉呈现胎骨的特征便不明显了。也因此，仅凭胎体的薄厚程度就可以较好地区分北宋和南宋的官窑制品。

宋代官窑将青铜器、玉器、瓷器这些代表中国文明的特质融于一身，烧制出外形仿古、釉色如玉的瓷器，官窑瓷是真正地将艺术与文化完美结合的瓷器瑰宝。

261 什么是哥窑？

哥窑名列宋代五大名窑，在浙江龙泉的具体位置已经不可考，其所生产的瓷器属于青瓷系，民间又叫"碎瓷"或"炸瓷"，器型有各式瓶、炉、洗、盘、罐等。相传宋代龙泉章氏兄弟各主窑事，哥哥的窑口便称为哥窑。哥窑有酥油光、金丝铁线、紫口铁足、聚沫攒珠四个特点，成就了哥窑风靡千年的独特之美。

酥油光：哥窑的瓷釉属于无光釉，釉层凝厚，光泽莹润如酥油一般，手感细腻。哥窑瓷器颜色丰富多彩，常见的有月白、粉青、炒米黄。

金丝铁线：黑色的叫铁线，黄色的叫金丝。其现象的形成原因是，烧造过程中，由于胎和釉的膨胀系数不同，造成瓷器出窑以后会出现开片。瓷器晾凉之后，将其放入炭黑水里，让开片中浸入黑色，形成黑线。由于瓷器的应力释放可以持续2~3年，新开出来的片，经过空气的氧化逐渐变为黄色，这便是金丝。

紫口铁足：由于使用紫金土塑胎，胎内含氧化铁量极高，胎色较深，而口部挂釉较薄，泛出比内部黑胎稍浅的紫色。而底部无釉处，则呈现胎的本色，故叫作铁足，给人以稳重、朴雅之感。

聚沫攒珠：哥窑瓷器通体釉层厚重，最厚处甚至与胎的厚度相等，釉内含有的丰富起泡无法排出，如小水珠般满布在器表上，展现出"聚沫攒珠"般的美韵。

由于史料匮乏，"哥窑"是中国五大名窑中唯一未揭谜底的瓷窑。期待新的纪年材料的出现以及陶瓷无损测年技术的进步，为人们带来更科学的认知。

262 什么是钧窑？

"钧瓷无对，窑变无双！"历来被人们称为"国之瑰宝"的钧瓷，产于钧窑。钧窑在宋代五大名窑中以生产的瓷器"釉具五色，艳丽绝伦"独树一帜。而"窑变"无疑是钧瓷的奇绝之处，也因此成就了钧瓷特殊的美感，是中国制瓷史上的一大发明。

钧窑分为官钧窑和民钧窑。官钧窑是宋徽宗年间继汝窑之后建立的第二座官窑，因位于河南禹州神垕镇，有夏启举行开国大典的钧台而得名。为何钧窑能幻化出如此众多的色彩呢？一切皆因它的窑变釉。窑变釉广义地说仍是青瓷，其主要的色剂是氧化铁，但它和一般青瓷又不一样，除了铁之外，又加入了铜、钛、锡、磷等元素。所以，入窑后自然发生变化，即窑变。

在制作方面，钧瓷分两步烧成。第一次素烧，起到强固胎体的作用。出窑后施以釉彩，然后进行釉烧，呈现光泽色彩。钧瓷釉层厚，在烧制过程中釉料自然流淌以填补裂纹，出窑后形成有规则的流动线条，非常类似蚯蚓在泥土中爬行的痕迹，故称之为"蚯蚓走泥纹"。钧窑的主要贡献在于烧制出艳丽绝伦的红釉钧瓷，从而开创了铜红釉之先河，改变了以前中国高温颜色釉只有黑釉和青釉的局面，开拓了新的艺术境界。

在宋朝的五大名窑中，除钧窑以外烧制的器物都呈现单色。只有钧窑，瓷器"入窑一色，出窑万彩"。宋代诗人曾以"夕阳紫翠忽成岚"赞叹钧瓷之美。具有古典魅力的钧瓷还有太多可以供人谈论的点，其蕴含深厚的历史文化，能给读者增添无限的艺术享受。钧瓷应用也很广泛，既有茶器、花器还有酒器，还有置于厅堂庭院的大瓶装饰，可谓雅俗共赏，令人着迷。

263 什么是定窑？

定窑是继唐代的邢窑白瓷之后兴起的一大瓷窑体系。其主要产地在现在的河北省保定市曲阳县的涧磁村、野北村及东燕川村和西燕川村一带，由于此地区在唐宋时期隶属于定州，故名定窑，历史上是北方白瓷的中心。

在历史长河中，定窑还有北定、南定之分。北宋之前，定窑窑址在北方的定州，这时烧制的物品称为北定。而当宋朝皇室南迁之后，一部分定窑工人到了景德镇，一部分到了吉州，他们所制作的瓷器被称为南定。因在景德镇生产的瓷器釉色似粉，又称粉定。

在北宋早期，烧制瓷器多采用正烧法，一个匣钵内只放一件器物，生产效率比较低。发展至宋朝中期以后，因烧制工艺的改进，发明了一种可以倒扣着装5个相同器形的匣钵，这是一种节能高效的覆烧法，推动了瓷业的发展。但是，这种烧制方法也带来了口沿无釉、被称为"芒口"的问题，既不美观，也不方便使用，还会划伤嘴巴。因此，制瓷人会在芒口处镶上金、银或者铜质的圈，把边缘包起来，形成"金装定器"，从而形成定窑的一个独特的制瓷工艺特点。

定窑瓷胎色白净，略显微黄，胎质薄而显轻，施釉极薄，可以看见胎体，常被称为"象牙白"釉。而且，多有一些积釉的形状，好似泪痕，被称为"蜡泪痕"。另外，在器物外壁薄釉的地方，能看出胎上的旋坯痕迹，俗称"竹丝刷纹"。这"象牙白"釉、蜡泪痕以及竹丝刷纹，正是鉴别定窑瓷的重要因素。

另外，定窑器物有着丰富多彩的纹样装饰。装饰技法以白釉印花、白釉刻花和白釉划花为主，还有白釉剔花和全彩描花，纹样秀丽典雅，深受人们的喜爱。在实际生产上，定窑生产规模宏大，品种繁多，多为碗、盘、瓶、碟、盒和枕。故宫博物院收藏的"定州白瓷孩儿枕"是定窑瓷器的代表作之一。如今定窑焕发新生，作为国家非物质文化遗产项目，为更多人和更多场景服务。

264 什么是前墅龙窑？

"白甀家家哀玉响，青窑处处画溪烟。"在紫砂名都宜兴市的丁蜀镇有一个前墅村，那里有一座创烧于明代，距今已有 600 多年历史的古龙窑——前墅龙窑。数百年来，前墅龙窑持续使用，有序传承，被人们称为唯一活着的古龙窑。因龙窑依山势建造，像长长的龙一般，所以得名"龙窑"，也称"长窑"。相传，古时太湖里有一条乌龙，长大以后玉帝就召它到天上，专门管理下雨的事情。但是，太湖西岸丁蜀一带的百姓不敬天神，玉帝便惩罚他们，不让那里下雨。乌龙见田地干裂，便动了恻隐之心，吸水播雨。玉帝因此而大怒，派遣天兵天将来捉拿乌龙。乌龙最终因寡不敌众，伤痕累累，跌落在一座小山坡上。丁蜀地区的百姓自发挑土，掩埋乌龙。多年之后，葬龙的土堆上出现了许多洞口，有人钻进去一看，乌龙的尸骨不见了，里面成了空空的倾斜隧道。后来，人们就尝试在洞中烧制陶器，陶器烧的又多又快又省柴。从此，龙窑便在中国各地流行开来。

前墅龙窑头北尾南，利用自然山坡进行建造，由窑头、窑身和窑尾三部分构成，窑头在下，窑尾在上，通长 43.4 米，采用传统柴烧技艺。烧窑过程包括装窑、热窑、烧窑、冷却、开窑几道工序。装窑指的是工人们将窑内打扫干净，然后把本次需要烧制的坯子放入窑中。放置好以后，将龙窑两侧的拱形窑门封好，在窑头处点燃松枝，既去除窑内潮气，又能起到预热的作用。接着进入烧窑阶段，窑工们从下到上，依次于窑身两侧的投柴孔（当地称为鳞眼洞）

放入松枝或竹枝，从洞口看过去好似太上老君的八卦炉，发出火红的光亮。可能有朋友会问，依山而建的龙窑使得陶器和燃料的搬运增添了不便，为什么要这么建造呢？其实，倾斜建造的龙窑正是利用火势自下而上的燃烧，并通过窑尾处的烟囱和挡火板来控制气流量，高效地利用热能，起到了提高生产效率、节省燃料成本的作用。

　　形似蛟龙的前墅古龙窑，无一处不透着古人的勤劳与智慧。2006 年前墅古龙窑被列为全国重点文物保护单位。2013 年龙窑烧制技艺被列为无锡市非物质文化遗产。喜爱紫砂壶的朋友有时间一定要去美丽的宜兴走一走，看一看。那里不但有太湖、陶朱公和西施，还有苏轼，更有促使陶瓷业大发展的历史建筑——前墅古龙窑，至今作为保护单位，有专业人员值守。幸运的话，还可以一睹器物的烧制过程。

265　什么是磁州窑？

　　磁州窑是中国北方一个巨大的民窑体系，具有极为鲜明的民窑特色，在世界陶瓷史上占有十分重要的地位。由于磁州窑出产的器物朴实自然，被广泛用于民间，影响十分巨大，以至较长的一段时间内，瓷器的"瓷"字被磁铁的"磁"字所取代。比如地名：磁器口。

　　磁州窑烧造历史悠久，自南北朝创始，历经隋、唐、宋、金、元时期的繁荣鼎盛，经明清至今，绵延不断，历千年不衰。窑址位于河北省邯郸市磁县的观台镇和峰峰矿区的彭城镇一带。彭城窑作为磁州窑系的杰出代表，在民间一直享有着"南有景德，北有彭城"和"千里彭城，日进斗金"的美誉。在宋代，磁州窑的装饰技法突破了当时五大官窑单色釉的局限，将陶瓷器物带入了一个崭新的艺术世界，开创了陶瓷艺术的新时代。

　　磁州窑瓷的题材选择范围广泛，形式多样，大部分是来源于民间生活，有自然界中的动植物、人物故事、花鸟鱼虫、珍禽瑞兽、山水人物等。最出名的装饰艺术——"白地黑花"，开创了用中国书法、绘画装饰瓷器的新篇章。白地黑花典型代表有白地绘花、白地黑彩剔花两种。白地绘花指的是先在坯体上浇上一层化妆土，风干后直接进行装饰，然后浇上一层透明釉以后再进行烧制。白地黑彩剔花指的是在坯体上先浇上一层化妆土，风干后再浇上一层黑釉。再次风干后，通过将部分黑釉剔除，露出化妆土的方式进行艺术创作。最后，再往坯体上浇上透明釉进行烧制。另外，创烧于金代的红绿彩装饰技法，属于釉上彩，开创了中国陶瓷彩色瓷的先河。

磁州窑制成的产品，多是日常生活中必需的盘、碗、罐、瓶、盒之类的用具和始见于隋代的瓷枕，产品类型非常丰富。

2003 年磁州窑被国家列为中国十大名窑之一，2006 年磁州窑烧制技艺列入第一批国家级非物质文化遗产名录。为了充分展示和弘扬磁州窑文化，在河北省磁县城内的磁州路建立了磁州窑博物馆。

邯郸磁县友人曾赠送给笔者一对大师制作的磁州窑花瓶对瓶，黑白相间，雕刻立体，艺术气息浓厚，再插上鲜花，充满了神韵，别具一格。在插花艺术上，磁州窑的瓶花具有不可替代的地位。

266 新买的紫砂壶如何开壶?

对于紫砂壶来讲，现在广为流传的说法有"懒人开"和"文人开"两种开壶法。懒人开壶法比较简单，将壶冲洗干净以后，直接用开水泡今后这把壶要泡的茶，静置 10 分钟左右后倒出，再重复两到三次即可。文人开壶法稍微烦琐一些，可以将壶放置于锅中，注入漫过壶身的清水，再往锅内加入日后所要冲泡的茶叶，投茶量大概为日常的三倍，煮一个小时即可。注意，水沸腾后需要转为文火进行慢煮，最好人能在一旁稍微盯一下，避免因水的翻滚导致壶身和壶盖发生磕碰。一般来说，其他的紫砂壶开壶方法，更多的是一种噱头，比如用豆腐、甘蔗、米汤等开壶，虽一时看着有效果，但弄不好还可能将孔隙堵了，或者不卫生，留有异味，给后续泡养留下隐患。保持好茶壶的清洁，泡一壶好茶才是最重要的。

267 如何养护紫砂壶?

养壶有技巧，更要有耐心。紫砂壶经过一段时间的使用和养护，可以呈现内敛而含蓄的亚光色泽。那么，平常怎么样来养壶比较好呢? 通过茶友们的日常实践，我们将养壶的关键总结为:"泡淋勤擦，油汗勿沾，用二休一。"

首先说泡淋，可以分为外养和内养两种方法。外养法，顾名思义，日常冲泡时可以用平时洗茶的茶汤进行浇淋，或者用养壶笔沾上茶汤均匀涂抹在茶壶上。好处是立竿见影，速度快，包浆油润。实际养壶的过程中要注意，不要用自己杯中残留的茶汤浇淋，动作不雅而且有杯中的茶渣。每次冲泡结束后，需要再用煮开的水冲一下壶，用壶巾擦拭干净，避免因部分茶汤有残留导致形成茶垢或者是和尚光。另外，若使用颜色比较浅的段泥壶来冲泡汤色深的发酵茶，则不建议使用外养的方法来养壶，容易将壶养花。而内养法指的是纯粹日常泡养的过程，不用将茶汤浇在壶上。虽然变化过程不如外养法那么快，但是能形成更加温润的效果。当然，无论是外养法还是内养法，都不要通过将茶渣或茶汤留于壶内来进行养壶，否则容易滋生细菌，不利于健康。

其次，勤擦，指的是茶友们在日常养壶的过程中，要多用壶巾来擦拭壶身，尤其是第一泡茶汤浇淋壶身后，可趁热仔细擦拭，能够事半功倍。喝茶结束后，同样擦拭干净后再放置。

再次，油汗勿沾，指的是不要用有油、出了汗的手去摩擦茶壶。若经过这种所谓的"养壶"，壶上会是油光满满的和尚光，而非紫砂的温润之光。

最后，用二休一，指的是茶壶使用两天以后，可清洗干净并倒着放置休养一到两天，毕竟茶壶也是需要休息的。

268 包浆是怎么出现的？

所谓包浆，核心是氧化反应。从物理层面看，通过研磨和冲刷起到抛光的效果。从化学层面看，内部与外部的油脂类物质在空气中进行氧化反应，形成大分子物质沉积在壶的表面，同时，在这个过程中还会产生一些酸性物质，增强了沉积物与物件的结合度。除以上原因外，包浆的快慢还与物料的致密度、手盘的频次有关。致密度越高，包浆的速度越慢，盘的越勤快，包浆的速度则越快。包浆是一个不断打磨细化的过程，是物与人共同作用的结果。从物质层面看，包浆展现出的细腻、油润、光泽，使器物本身显得十分富有灵性。从精神层面看，它代表的是流淌的岁月，充满着厚重感。包浆，玩的是物件，盘的却是内心。

269 什么是俄罗斯茶炊？

俄国人不仅爱喝伏特加，其实也非常喜欢喝茶。俄国诗人普希金曾说过："最甜蜜销魂的，莫过于捧在手心的一杯茶，化在嘴里的一块糖。"为了能品饮上一杯热茶，俄国人创造出了一种独特的茶具——茶炊。茶炊在俄语中叫作萨摩瓦（samovar），它是俄国茶文化的象征，而且影响了土耳其、伊朗及中亚诸国。俄罗斯民间有"无茶炊，便不能算饮茶"的说法。

茶炊"萨摩瓦"的基本含义是"自煮"。简单地说，就是一个带水龙头的，用来烧热水的炭火铜锅。茶炊由装有水龙头的金属壶身，位于壶身中心、可以燃烧木炭或干松果的垂直烟筒，壶盖，以及支撑腿等几部分组成。其中，垂直烟筒的底部是镂空的，既可以让燃烧后的灰落下去，又增强了空气流通，促进燃烧。而烟筒的上部可以加一段排烟管，像烟囱一样。也可以加上一个壶托，能够用于茶壶的保温。另外，有人将茶炊的壶身内部分成几个区域，并且加装水龙头，使得茶炊不仅可以用来煮水，还有热汤、煮粥、加热土豆和包子的功能，他们称这种器具为茶炊灶。

俄国制作茶炊最著名、最大的地方，是位于莫斯科以南165公里处的图拉（这里也是大文豪托尔斯泰的故乡）。作为传统的军工制造城市，图拉有许多的铁匠和军械师，为制作茶炊打下了良好的金属加工基础。19世纪末，图拉已经拥有一百多家茶炊工厂，茶炊最高年产量达到66万件，而且制作精致，款式多样，有双耳式、球形、蛋形、桶形、花瓶形、高脚杯形、罐形以及一些不规则形状的茶炊。

俄罗斯人在喝茶的时候与中国人不太一样。他们先根据喝茶的人数，在茶壶中投入相应量的茶，然后少加一点开水，把茶壶放在茶炊顶部的茶托上，收敛出浓酽的茶汁。当需要喝茶的时候，人们先在杯子里倒入一点茶汁，然后根据个人的喜好，打开茶炊的水龙头兑水。

如今，由于生活节奏的加快，现代俄罗斯的城市家庭中，茶炊更多时候只起到装饰品、工艺品的作用。但是，当庆祝节日的时候，俄罗斯人依然会把茶炊摆上餐桌，亲朋好友一同围着茶炊饮茶，非常热闹。茶炊也随着时间变化成为俄罗斯文化的重要艺术标志之一，是家庭的象征。若想深度了解俄罗斯的茶炊文化，不妨前往位于图拉城的"图拉茶炊"博物馆。这里是俄罗斯最著名也是最大的茶炊博物馆，馆内收藏了500多件、150多种类型的茶炊，非常具有参观价值。

第七篇

中外茶礼茶俗

270 客来敬茶指的是什么？

客来敬茶是中国的传统礼节，其蕴含的意义有三：第一，对远道而来的客人表示欢迎。第二，让赶路的客人解解渴。第三，茶水较白水更加适合人的身体，能有效为客人补充水分，让客人舒缓身心，是对生命的关爱。中国是文明古国、礼仪之邦，很重视人与人之间来往的礼节。当遇到接待客人的场合时，不要忘记沏杯茶。

271 用茶招待客人的时候，需要注意些什么？

以茶待客是一种文明礼貌的体现，但要注意以下几点。首先，喝茶环境和茶器需要保持干净整洁，不能客人到了再去清洗、整理。其次，待客时要向客人介绍品饮的茶，表示敬意。再次，泡茶的动作要轻盈优雅。最后，尤其需要注意，泡茶时加水不能太满，七分为宜，避免烫着客人。酒满敬客，茶满欺人，浅杯茶、满杯酒是中国人传统的待客习俗。另外，可以配以少量茶点、水果，避免客人饥饿导致茶醉，也赏心悦目，丰富了客人品茶的乐趣。

272 叩指礼是指什么？

叩指礼，又称"谢茶礼"，通常是指泡茶人给客人倒茶时，客人用手指在茶几上轻敲几下的过程，主要表达茶客对泡茶者的感谢。相传，这个茶俗始于清代乾隆皇帝。乾隆皇帝微服私访江南时，到了广州一家茶馆，乾隆一时兴起就忘了身份，抓起茶壶便给大臣们倒茶。按照皇朝礼仪，皇帝赐物臣僚必须下跪接受。可这是在微服私访，下跪会暴露身份，可不跪又是欺君之罪。于是一臣子急中生智，以食指和中指屈成跪状，叩击三下，以代替下跪。后来，民间风行以此谢茶的礼俗。

早先的叩指礼是比较讲究的，必须屈腕握空拳，叩指关节。随着时间的推移，逐渐演化为将手弯曲，用食指、中指或者食指单指轻叩桌面几下，以示谢忱。根据不同情况可分为三种叩指礼。第一，晚辈向长辈：五指并拢成拳，拳心向下，五个手指同时敲击桌面，相当于五体投地跪拜礼。一般敲三下即可。第二，平辈之间：食指中指并拢，敲击桌面，相当于双手抱拳作揖。敲三下表示尊重。第三，长辈向晚辈：食指敲击桌面，相当于点下头。如果特别欣赏晚辈，可敲三下。其实到如今，茶桌上的叩指礼只是表示礼貌而已，并无尊卑之分，都双指轻点即可，或者微微颔首点头以示知晓和谢意。试想，当茶友们在席间聊天时，若出声或采用大的动作表示感谢确实烦琐，打断了别人的谈话，反而不礼貌了。

273 喝茶过程中来了新的客人，主人该怎么做？

首先主人要表示欢迎，请客人入座，然后为其他客人做一个引荐。接着，要立即更换茶叶，沏新茶，并且先为新来的客人斟茶，否则会被认为是待客不周。当然，好茶不便宜，倒了可惜，而且温度可能更加适宜马上喝，因此特别熟悉的朋友，直接入座接着喝就好。

274 有哪些泡茶的仪态需要注意？

泡茶人作为席主，既是服务者，又是管理者，其仪态坐姿、眼神手势，需要好好修炼，以达到眼观六路，照顾全局。

看过茶艺表演的茶友都感到，哇，茶师好有气质，茶师的气场很足。可是轮到自己泡茶的时候，却没有那种感觉了，这是为什么呢？改善气质的核心就在于"不偏不倚"四个字，处理好茶师与客人的距离，茶师与器具的关系，在细节中呈现出气场。在处理茶师与客人的距离方面，茶师在坐下的时候，最好肚脐跟桌子的距离有1拳到2拳的距离，挺直腰部，身体微微前倾，腿自然垂放。您看，"美"这个字从结构上来说，属于开放式结构，也是一种舒展的状态。注意，不要跷二郎腿，对骨盆不好，也会产生高低肩的问题。在处理茶师与器具的关系方面，首先，应在坐下的时候，手臂自然垂放，肘部可以稍稍大过90度，这个需要每个人根据自身的情况搭配桌子和凳子；其次，茶师行茶的过程中，不要翘大臂，也不要翘兰花指，左手管左边的事情，右手管右边的事情，不要交叉。若有另一侧的事项，可以茶人面前的茶巾处作为中转站来传递器具，以此可以避免身体歪、高低肩等不雅的仪态。

275 应该按什么顺序斟茶？

茶席如酒席，也要有规矩。客人进屋以后，应先招呼客人坐下，主人在一边，客人在另一边。重要客人在对面，次重要的在两侧。斟茶的时候，长辈以及领导优先，没有的话则以女士优先。若以上情况都没有，则优先为年长的斟茶。注意，杯底一般要放置一个杯垫，这样无论是主人奉茶还是客人自己取茶都更加卫生，也能避免烫伤手。

276 奉茶时有什么需要注意的地方？

相较于日常围坐在茶席边品茶，举办茶会的时候人都会多一些，此时，就需要将沏好的香茗放置在奉茶盘上，送给客人品一品。在奉茶的时候，主要有距离、高度、稳定度和位置四个点需要注意。距离指的是奉茶盘到客人的距离，客人手臂略微伸展，肘关节大于 90 度的距离比较合适。高度指的是奉茶盘的高度，能让客人以 45 度俯视角看到茶杯的汤面为宜。稳定度则指的是奉茶盘要端得稳，在确定客人拿稳品茗杯前，不要急于离开，以免打翻杯子。最后，位置指的是当从客人侧面奉茶时，要考虑客人拿杯子是否方便。例如：客人惯用左手还是右手？现在客人的哪一侧适合取茶？等等。学一些礼仪，予人方便，无论在生活中还是在工作中，都会成为一个受欢迎的人。

277 为客人添茶时有什么需要注意的？

在客人品茶后，要及时为客人添茶。主人首先要注意与客人之间的位置，若是从客人的右侧奉茶，用右手持壶倒茶较妥当。因为若用左手，手臂容易穿过客人的面前，或是太靠近客人的身体。相反地，若从客人的左侧奉茶，就要用左手倒茶了。这时的客人要注意不要只顾与别人说话，对方倒完茶要行礼表示谢意。客人还要留意自己的杯子是否放在不易倒茶的地方，若是，应将杯子移到奉茶者容易倒茶的位置，或是将杯子端在手上以方便奉茶；如果担心烫手，可将杯子放在奉茶者的茶盘上，倒完茶再端下来即可。

278 什么是潮州工夫茶？

潮州工夫茶既是潮州人深入骨髓的一种生活方式，又是当代茶艺的基础仪轨。潮州工夫茶艺是第一个民俗板块茶文化类的国家级非物质文化遗产。潮州人从小就喝茶，最早的两三岁就开始；他们谈生意更要喝茶，茶盘两边品茶不辍，你来我往中业务达成；老年茶人的茶壶则塞满茶叶，浓酽无比，已经接近吃茶了！

潮州工夫茶艺注重细节，所用器物、行茶仪轨以及品饮方式等都很讲究，于 2008 年成为首个列入国家级非物质文化遗产名录的茶俗。明朝的历史事件——"废团改散"，使得中国茶进入一个全新的原叶茶时代。关于工夫茶的诞生有两种说法。一种叫"战乱说"：讲的是为躲避战乱民众都往南边、往山里跑，在山里发现了茶树这种植物；喝上一杯浓浓的茶，既消食，又能改善身体的状况。之后茶在生活中不断地演化，逐渐形成了今日的饮茶形态。另一种叫"迁徙说"：由于明朝中期的经济发展，苏杭地区的人们工作、生活节奏加快，逐渐没有时间也没有心思慢慢地泡茶、品茶，与现代社会的上班族颇有相似之处。与此同时，商人们边做生意，边把茶带着南移。其间茶俗随着人们的迁徙不断地演变、传承，直到他们面朝大海，最终安居于潮州，渐渐形成了今日的工夫茶。

工夫茶有四宝：潮阳红泥炉、枫溪沙铫（玉书煨）、宜兴紫砂壶（孟臣罐）、景德镇若琛杯。传统潮州工夫茶的冲泡表演通常采用二十一式，其关键点可用当地的顺口溜和四香来辅助记忆。顺口溜为：高冲低洒，刮沫淋盖。关公巡城，韩信点兵。"四香"指的是品茗时要感受的四种香。第一香为闻香。先呼一口气后，拿起茶杯看看汤色，闻一闻茶汤的香气。第二香为入口香。小口啜吸，品味茶汤的香气与滋味。第三香为杯底香，即杯底的留香。第四香为喉咙的回甘。总体来说，同茶叶审评中的观汤色、热嗅、尝滋味、冷嗅环节类似。

另外，谈到潮州工夫茶，不能不说当地的茶品：凤凰单丛茶。凤凰单丛生长在高海拔的凤凰山上，每一丛都有独特的香气，制作工艺也比较复杂，其香气的类型与复杂度堪称茶中之最。名品有鸭屎香、宋种等，各自都有一众粉丝。虽然凤凰单丛产量不大，目前还算小众，但是潮州人独爱它。

如今人们的焦虑情绪很普遍，不妨邀朋友、家人一道品品茶，聊聊家常。潮州人早已把茶融入生活，品茶成为一种健康的生活方式与社交手段。同时，潮州人又把泡茶升华成艺术，展现在全国与国际舞台。青山沧海不老，潮州工夫茶艺常在。

279 什么是大碗茶？

"世上的饮料有千百种，也许它最廉价，可为什么，为什么它醇厚的香味儿直传到天涯？"《前门情思大碗茶》这一首京腔京韵十足，脍炙人口的歌曲，不知能否勾起您的回忆？在现实中，大碗茶没有那么多的礼节和程式，不讲究方式，粗犷率真。一张桌子，几条板凳，再来一个大壶冲泡，齐活！大碗茶多以茶摊或茶亭的形式出现，客人皆可小憩。街道两旁、车站码头都可以见到它的踪影。大碗茶由于贴近生活、贴近百姓，被人们广泛接受，从一种习惯演变为民俗，最终成为一种文化。

大碗茶的诞生虽并无明确的史料依据，但是一方面，唐代的《封氏闻见记》和宋代的《清明上河图》中都有描写民间饮茶的内容，另一方面，茶器是从日常饮食喝酒的陶器剥离出来的，自成体系；因而，在其演化的过程中，直接使用碗来喝茶就是一件再正常不过的事了。当代大碗茶是北京茶文化的一个重要组成部分，在商界先后产生了青年茶舍，也就是后来的北京大碗茶商贸集团公司，和1988年成立的老舍茶馆，成为享誉国内外的知名品牌。由于京城的影响力强，很多人认为老北京是大碗茶的发源地。其实，在明清时期，到齐鲁之地的泰山朝拜祈福者众多，外地香客长途跋涉，多遭饥渴之苦，大碗茶就曾以"施茶"的公益形式出现。笔者去京西时路过一个叫作"茶棚"的地方，据说就是给香客准备大碗茶，供他们喝茶歇脚的地方！因此，笔者认为大碗茶是伴随着人类日常生活自然而然产生的，并不存在唯一的发源地之说。

280 什么是广东早茶？

提到广东早茶，大家都会联想到一边喝茶，一边吃着虾饺、凤爪、叉烧包等精致美食的场景。作为广东饮食文化中重要的一部分，广东早茶是怎么来的呢？

1757年，由于清政府将广州特许为中国唯一合法的海上对外贸易口岸，自此广州地区商品经济快速发展，带动了周边地区的城镇化和工商化。各个行业、各个国家的人涌入广州，使得广州成为人流、物流聚集的中心。一开始，为了满足底层劳动人民歇脚、解渴的需求，出现了一些茶水摊。后来，茶铺还供应肉包、米糕等简单点心，满足劳动人民的就餐需求，因收茶费二厘，这样的茶铺也被称为"二厘馆"。广东早茶里标志性的"一盅两件"也由此而来。逐渐地，许多商人发现这种地方是不错的社交场所。为满足更高消费群体的需求，茶居和茶楼便应运而生，所能享用的精美餐点也不断地丰富起来，逐渐形成了今天的早茶文化。

广州著名的老字号茶楼有陶陶居、莲香楼等。新式连锁茶楼有周记、点都德等。若您前往广州，一定要去吃个早茶，感受独特的岭南味道。在北京，也有金鼎轩等提供早茶点心的店铺，可以在饮茶的同时一饱口福。

281 什么是老北京面茶？

"午梦初醒热面茶，干姜麻酱总须加。"老北京面茶是一种用糜子面熬制成糊，加上调好味的麻酱，再撒上芝麻盐的老北京吃食。相较于添加糖、香料、果脯等众多辅料的茶汤，面茶更为富有平民气息。早在清代的《随园食单》中就有记载："熬粗茶叶汁，炒面兑之，加芝麻酱亦可，加牛乳亦可，微加一撮盐。无乳则加奶酥、奶皮亦可。"在食用面茶的时候，先是沿着碗边儿吸溜儿地喝，等到吸不上来的时候，再用勺子挖出来吃。如今人们的健康意识逐渐增强，也开始在自己的食谱中加入更多种类的食物，来获取丰富的营养。不妨早上来一碗易于制作的面茶，健康又美味。

282 什么是天桥茶汤李？

老北京地区的传统风味小吃——天桥茶汤李，虽然名字里有茶字，但和茶叶却没有什么关系。茶汤李始创于1858年，最开始在老北京厂甸设摊，专营茶汤、油茶、元宵、扒糕、凉刮条面等小吃。1886年茶汤李迁至天桥，名声大噪。1984年，茶汤李第四代传人李跃在大学毕业后继承了祖传的茶汤制作技艺并将之发扬光大，深受老北京人的喜爱。

茶汤的制作是先用少量的温水或凉水将糜子面搅匀，然后用龙嘴大茶壶里的开水，将面糊冲熟。传统上来讲，冲好的茶汤讲究"倒扣碗"，就是将碗倒扣过来以后茶汤能垂下来，用手一弹还有弹性。冲好茶汤以后，再在茶汤上搁上红糖、白糖、山楂干、葡萄干、炒熟的白芝麻和糖桂花即可。冲好的茶汤稠而不腻，香甜绵细，非常有特色。北京庙会期间，在地坛、厂甸、龙潭湖、大观园、白云观、朝阳公园都有茶汤李的摊位。

如今，茶汤李的茶汤系列包含了茶汤、油茶、杏仁茶、咸味面茶、莲藕茶、菱角茶等品种。若大家有机会来北京游玩，一定不要错过天桥茶汤李。

283 什么是擂茶？

擂茶实际上是一种菜粥，它盛行于汕尾市和揭阳以及广西、湘西等地区。擂茶的制作方法是把茶叶放入陶制的牙钵，用木杵、擂槌将茶叶捣碎。接着，将花生米、芝麻、薄荷叶等投入牙钵，继续捣成糯糊状，再放入食盐，用沸水冲入即成。给客人饮用时，再将炒过的米倒入，可边饮边嚼，众乐陶陶。

284 什么是白族三道茶?

上关花,下关风,下关风吹上关花。苍山雪,洱海月,洱海月照苍山雪。在风景秀丽的云南大理,居住着一个好客民族——白族。云南白族招待贵宾时有一种奉茶方式,以其独特的"一苦、二甜、三回味",早在明代就成为待客交友的一种礼仪,特别是在新女婿上门、子女成家立业时,是长辈谆谆告诫晚辈的一种祝愿。白族称它为"绍道兆",民间叫它"白族三道茶",于2014年11月被正式列入第四批国家级非物质文化遗产名录。相传"白族三道茶"的诞生与古时南诏大理国崇尚佛教活动有关。南诏后期,佛教被大理国奉为国教,饮茶之风盛行,民间争相效仿。其"一苦、二甜、三回味"的人生哲理暗合了佛家追求人格完善的境界。第一道苦茶,炙烤至焦香的茶于沸腾的水中翻滚,茶汤呈琥珀色,味道苦涩,寓意着吃苦是人生的一门必修课,立业要先吃苦。第二道甜茶,用第一道茶的方法制作茶汤,然后加入红糖熬煮,之后倒入盛有核桃片、烤乳扇丝的杯中。香甜的滋味使人心情愉悦,寓意着苦尽甘来。第三道回味茶,用茶叶和生姜一起煮,然后加上桂皮、花椒。最后起锅时再搅入一点蜂蜜,既使人感到辣辣的,又透着茶的清香、蜜的香甜,层次十分丰富。回味茶寓意着回首世间五味陈杂,有心酸,有苦涩,有甜蜜,也有悠闲、平静。品白族三道茶,观人的一生,起起伏伏,只是在顿悟生活不易后,依然充满着希望过好每一天。

285 什么是德昂族酸茶?

德昂族酸茶是在云南德昂族流传的一种独特的发酵茶,人们上山干活的时候随身会携带这种茶,渴了就嚼一嚼,非常方便。德昂族是云南省特有的民族,主要分布在云南省德宏州的芒市、瑞丽、盈江、陇川、梁河等地。作为一个以茶为图腾,认为祖先是由102个茶树精灵所变的民族,德昂族家家户户都会种茶、做茶。据当地的老人讲,若是不会种茶、不会做茶,是很难找到对象的。德昂族是中国各民族中种茶比较早的民族之一,他们在不断应用茶叶的过程中,根据当地的气候特点创制出了具有民族特色的酸茶。酸茶其实并不是非常的酸,其汤色金黄透亮,入口回甘,带有特殊的微酸,而且具有天然的苔味、岩味,层次感很强。那么这特别的酸茶是如何制作的呢?首先,以一芽二叶为标准,采摘古树茶的鲜叶并晾干。然后,将茶鲜叶放入蒸桶中,以蒸煮的形式高温杀青，去除涩味，通常花费二十分钟左右。接着，将茶叶平铺在大簸箕上，待茶叶的温度降下来以后，将茶叶放入清洗干净的新鲜竹筒中，层层压实，用芭蕉叶密封好。随后找一个阴凉的地方，先用芭蕉叶垫上，再将包好的竹筒埋进地下发酵。根据天气情况，茶叶发酵一个半月左右以后，人们挖出竹筒，从中挑选呈现金黄色、发酵好的茶叶，将其放入石臼中，用传统的脚碓舂成茶泥，揉成小团，压成饼状。将茶饼晒上两天，待茶饼逐渐转变成深黑色，半干的时候，德昂族人会将其剪成小块，继续暴晒五天便得到成品。酸茶除了可以直接咀嚼以外，还可以用陶罐、铜罐和新鲜的竹筒来煮着喝。通过长期的发酵，酸茶有着健脾、健胃、除湿等效果。若大家有机会去云南，可以前往德宏州芒市三台山乡的出冬瓜村，那里不仅有制作酸茶的非遗传承人，还保留有许多德昂族的传统建筑，在那里可以深度体验德昂族的传统文化。

286 什么是瑶族打油茶？

"一杯苦，二杯涩，三杯四杯好油茶。恭城油茶喷喷香，一天回来喝三碗。"打油茶又叫"吃豆茶"，是瑶族、侗族、苗族等少数民族特有的一种饮食习惯，流行于湖南、贵州、广西等地。不同的地方，油茶的做法不尽相同，但基本是用油炸糯米花、炒花生、炒黄豆、炒米和茶叶等配制而成。

广西恭城因盛产茶叶，史称茶城。由于恭城山区气候潮湿、昼夜温差大，长期生活在此的人们为了驱寒祛湿和补充能量，发明了打油茶，并且一年四季都保有打油茶、喝油茶的习惯。油茶制作包含泡、炒、捶、煮等多个流程。"泡"指的是将茶叶用开水泡软。"炒"指的是将沥干水分的茶叶与姜、花生米放入小茶锅中，放入适量的油翻炒出香味。"捶"指的是用长得像数字7样式的茶叶锤，将锅中的原料捶打至颗粒状。"捶"是制作油茶的关键环节。"煮"则指的是在锅中加入开水煮上3分钟。至此，可滤出第一道茶汤，剩下的材料还可再制作第二道、第三道茶汤。然后，可将茶汤冲入盛有麻旦果、炒糯米花、香葱、香菜等配料的碗中享用。吃油茶时，客人为了表示对主人热情好客的回敬，赞美油茶的鲜美可口，称道主人的手艺不凡，总是边喝，边啜，边嚼，在口中发出"啧啧"声响，赞不绝口。

恭城油茶是恭城瑶族饮食文化的精华，也是当地重要的文化符号。2021年瑶族油茶习俗入选第五批国家级非物质文化遗产代表性项目名录的扩展项目名录。小小油茶，在帮助当地人增收致富的同时，还衍生出了名为"打油茶"

的舞蹈，促进了当地文化和旅游业的发展。

287 什么是傣族竹筒茶？

竹筒茶在傣语中叫"腊跺"，因茶叶具有竹筒香味而得名，是傣族别具风味的一种茶饮。竹筒茶主产于云南西双版纳的勐海县和文山州广南县底圩、腾冲市坝外等地，至今已有200多年的历史了。

制作竹筒茶所用的鲜竹特别讲究，需在春夏之交精选一年生的野生甜香竹，截取大小、粗细适中的节段。制作竹筒茶时，先将一芽二、三叶的细嫩云南晒青毛茶装入竹筒内，放入火塘烘烤。6~7分钟以后，竹筒内的茶会被烤出的鲜竹汁浸润而渐渐软化。这时，用木棒将竹筒里的茶舂紧（把茶捣碎）。接着，再次填满茶，再烤，然后再舂。如此循环往复数次，直至竹筒填满舂紧的茶叶为止。待竹筒由青绿色烤成焦黄色，筒内的茶叶全部烤干时，竹筒茶就制成了。冲泡竹筒茶的时候，剖开竹筒，掰下少许竹筒茶放入茶碗。然后冲入沸水至七八分满，3~5分钟以后就可以开始饮茶。竹筒茶既有茶的醇厚滋味，又有竹的浓郁清香，令人回味无穷。过去云南人将当年生茶视为有寒毒，用竹筒烤制可以去寒、去涩，留下清香。竹筒茶是劳动人民智慧的结晶。

288 什么是蒙古族咸奶茶？

提到蒙古族，人们联想到的，不但有无垠的草原、成群的骏马，还有具备民族特色的蒙古包和香喷喷的牛羊肉。由于草原民族的日常饮食以乳制品和肉制品为主，蛋白质和脂肪的摄入含量很高，而富含维生素、纤维的蔬菜食用较少，肠胃的负担比较重。因此，人们用茶叶和鲜奶制作出香而不腻的奶茶，以起到助消化、解油腻和顺肠胃的作用。传统上，蒙古奶茶在制作的时候选用原产于湖北省的青砖茶作为原材料，先将砸下来的碎茶装入网兜里，然后将其放入水中煮。待茶水呈褐色的时候，取出茶叶袋，加入鲜奶并搅拌，等再次开锅以后放入适量的盐即可饮用。

历史上，青砖茶作为蒙古地区重要的物资，不仅在日常生活中发挥着巨大的作用，更是能有效地降低军队粮草的供应难度。人喝完的茶渣，还能作为战马的食物，因此茶这种重要物资，曾帮助历史上的蒙古帝国打下一片大大的疆土。曾经有一段历史时期，砖茶甚至能代替货币在蒙古族聚居区流通。

289 什么是藏族酥油茶？

酥油茶是一种用茶、酥油和水等原料制成的饮品。它既是藏族人民日常生活中必不可少的饮料，也是他们用来馈赠宾客的礼品。

制作酥油茶的酥油，是煮沸的牛奶或羊奶经搅拌冷却后凝结在奶液表面的一层脂肪。制作酥油茶时，先把茶放在小土罐内烤至焦黄，然后熬成茶汁倒入酥油筒内，加入酥油、花生、盐、鸡蛋和炒熟舂碎的核桃仁等，再用一根特制的木棒上下抽打，直到酥油、茶汁、辅料充分混合成浆状，最后倒入锅里加热即可。食用时，酥油茶多作为主食与糌粑一起食用，有御寒、提神醒脑、生津止渴的作用。

饮用酥油茶也需要遵循一定的礼仪，例如：饮茶讲究尊卑有序、长幼有序、主客有序，煮好茶必先斟献于长辈。敬茶的时候，需要在客人喝一口以后，立即为其斟满。客人在喝茶时，不能一口气喝完，而应该小口慢饮。客人不想再喝，则应不动茶碗或用手盖住茶碗。客人临走时，如果茶碗里的茶还没有喝完，可以一饮而尽，也可以不喝，以表示今后再相会或"富足有余"的美好寓意。

笔者曾去西藏进行访茶活动，在西藏茶协会会长的安排下，笔者在西藏茶体验馆亲手制作了酥油茶，还获得了制作酥油茶的长筒木器具，甚是喜欢，也知制作劳苦不易。

当然，西藏不仅有酥油茶，还有一种类似奶茶的甜茶。甜茶店客流不断，很受游客欢迎。酥油茶具有民族特色、地域特色，饮之浑身发热舒泰，无论喜欢喝与否，在西藏这个世界屋脊高寒缺氧环境，它都是离不开的食药。

290 什么是宁夏八宝茶？

八宝茶的配料一般有枸杞、桂圆、葡萄干、红枣、果干、冰糖、芝麻、茶叶等，一共八种。又因传统上冲泡的茶具是盖碗（或叫"三泡台"），故称之为八宝盖碗茶，简称八宝茶，宁夏人也叫它"回家茶"。冲泡八宝茶的时候，通常先将配料放入盖碗中，冲入沸水，然后再用茶盖将水滤掉，当地叫"流茶"，与喝茶时的润茶是一样的。第二次加入水后，静待二至三分钟，待配料充分吸水，释放出内含物以后便可饮用。

喝茶时，左手托住茶托，右手用茶盖刮一刮茶面，使茶料上下翻滚，营养成分充分进入茶水中,并且可拨开茶叶,便于品尝。一般不能用嘴吹,也不能一饮而尽,而是要端起来慢慢地品尝,每一口的味道都不同。如果喝完一碗还想喝,就不要把碗底喝净,主人会继续给您添水,如果已经喝够了,就把碗底喝干,捂一下碗口,或者把碗里的桂圆、枣子吃掉,主人就不会继续给您添水了。

笔者曾经在北京的一个会展上见识了八宝茶的魅力,这个产品把各种配方的高品质原料用透明小袋分装,按照营养功效进行分类,购买后用富有特色民族元素的布袋或者礼盒包装,价格按斤称量,并不便宜。但是对追求品质与健康的人群而言体验很棒,因此很受欢迎,人们排队购买。旁边竹篮中摆放的像水晶一样的黄色蜂蜜冰糖,红色枸杞冰糖,还有透明壶中绽放的花果茶,以及旁边的民族蜡染布艺装饰,实在是惊艳!

当然,八宝茶也不仅仅指宁夏这一种搭配方式的茶。比如四川就有放入罗汉果、花旗参、菊花等其他配料的同类茶,八宝茶是一种可以根据实际需要,用若干种原材料进行自由组合搭配的养生茶。茶不是药,无论怎么讲,单一的茶在功效上都是有限的。而且,茶性本凉,多种原材料组合而成的复合功能茶饮更能更全面地维护身体健康,促进健康产业的发展。

291 什么是甘肃罐罐茶?

罐罐茶不是一种茶类,而是一种喝茶的民俗。罐罐茶广泛流行于甘肃东部、南部,陕西的西部以及云南等地,并非哪个地区独有的创造。发源于云贵川一带的茶树多属于乔木型,制成的茶叶内含物质极其丰富,在古代甚至可算得上是一种寒毒。智慧的古人发现,经过烤制的茶叶可以减轻刺激性,而且香气、滋味变得更加好喝。于是,烤茶的制作便延续至今。以烤茶为基础,通过与各地风土相结合,便产生了各式各样的罐罐茶。

甘肃罐罐茶常用小型陶罐加上一根小木棍来煮茶。制作时,先将适量生茶放入罐中翻炒一下,然后放入适量的清水来煮茶,煮成浓浓的茶汤,就是传统老人最爱喝的罐罐茶了。而有些年轻人,会在煮的过程中加入几颗红枣、枸杞、破壳的龙眼、冰糖等,冲淡过多的苦味。在甘肃当地,每天清晨起来家家户户都会来上一杯罐罐茶,一天都有精气神。而且,早上喝茶的时候,往往会搭配馒头、馍、油饼等一起吃,也可以算是早茶了。如果有机会尝试甘肃的罐罐茶,建议先将红枣、龙眼、枸杞等配料放入水中煮开,然后再放入茶叶来煮。这样煮出来的茶汤，不是那么苦涩，更容易接受。

　　笔者曾经在一位甘肃好友处听到过对甘肃罐罐茶的一番见解。他说："在甘肃，罐罐茶已经成了一种文化。当地人喝罐罐茶，绝不是为了消闲，而是表达潜意识中对水的珍惜。他们追求茶的苦味，因为耐不得茶的苦味，也就耐不得劳作之苦。从这个意义上说，罐罐茶就是他们对人生理解的物化，他们的情感都通过罐罐茶的茶道得以诠释。如果你想了解旱作文化和生活于这个文化圈内的人，尽可于罐罐茶中品味。"笔者认为，他一定是个会喝罐罐茶的甘肃人，他说得太好了。

292　什么是云南龙虎斗茶？

　　茶，使人心境恬淡。酒，令人心潮澎湃。一动一静，看似不相关的东西在云南却融为一体。这就是云南纳西族的龙虎斗茶。龙虎斗茶原名叫作"阿吉勒烤"，是在火塘边烤制的茶饮。另外，它也被纳西族人用来解表散寒，缓解感冒。制作龙虎斗的时候，纳西族会先将茶叶在陶罐中烤至焦香，接着冲入开水制成茶汤。然后，迅速倒进盛有米酒、苞谷酒的茶盅，茶盅内会发出呲啦的响声，故而称作龙虎斗。"龙"指的是如蛟龙入海一般的茶汤。"虎"指的则是酒。当地人有时还会在茶盅内加上一个辣椒，使得滋味更加刺激。冷酒与热茶发出的响声，被纳西族人视为吉祥的象征，响声越大，在场的人就越高兴。

293　什么是岳阳椒子茶？

　　椒子也叫茶椒，是椒子树的果实。椒子离开椒子树后，经过风干从浅绿色变成暗褐色，它的形态与做饭所用的花椒粒非常像。在湖南省岳阳地区，人们在冲泡茶叶的时候，喜欢放入几粒茶椒和少许食盐增添滋味。这种饮茶习俗是岳阳人的最爱，所以也叫作岳阳椒子茶。经过沸水冲泡的椒子茶，清爽回甘，有夹杂着茶椒香味的独特茶香。喝茶时把茶椒和茶叶一起嚼一嚼，一股辛辣又带咸味的香气使人满口生津，回味无穷。在当地一些地方，新娘过门的时候必须给大家敬上一道椒子茶，否则会被认为没有家教。因为椒子茶虽然便宜，但只有把客人当作自家人的时候才会喝。若不是从小就喝椒子茶，其实很多人是不太喝得惯的。也因此，当看到有人冲泡椒子茶的时候，会唤起在外拼搏的岳阳人浓浓的乡情。正所谓：岳阳游子闯天下，椒子茶中寄乡情。

294 什么是浙江七家茶？

俗语说："不饮立夏茶，一夏苦难熬。"初夏的时候，天气会逐渐地炎热起来，许多人会有身体疲惫、食欲减退的感觉，称之为疰夏，是中暑的前兆。在江浙一带有一种习俗，立夏时，家家户户带上自己烘焙好的茶叶，混合冲泡成一大壶茶，再欢聚一堂共饮，祝福大家健康、平安度夏，这种茶称为"七家茶"。

相传七家茶起源于宋朝，北宋时期都城的居民每逢佳节或迁居，邻里都会来献茶或者请到家中吃茶，街坊齐聚饮茶的风俗也由此而来。后来南宋迁都，随之而来的原开封居民，又把这种传统带到了新都杭州，吃七家茶的习俗便在江南茶乡流传至今。明代杭州文人田汝成在《熙朝乐事》一书中记载："立夏之日，人家各烹新茶，配以诸色细果，馈送亲戚比邻，谓之七家茶。"所谓细果，指的是桂圆、荔枝、青橄榄之类的小型果品，也有泡蚕豆和小麦的。现如今，苏州地区就以各式细果（桃片、麦片、蚕豆、青梅、枣等七样食材）烹煮雨前茶，也称作七家茶。另外，人们又在传统的七家茶中添入桂皮等食材，把吃剩下的立夏蛋（煮鸡蛋）放进去烹煮，形成了中国的传统小吃——茶叶蛋。

295 什么是浙江元宝茶俗？

浙江盛产绿茶，各家各户都喜欢品饮绿茶。浙江民间流行的元宝茶俗，便离不开绿茶。元宝茶一般是在绿茶茶汤中加入两颗金橘或者青橄榄，饮茶而佐以橄榄、金橘，清脆可口，茶味更香。碧绿+橙黄的组合，不仅讨人喜欢，而且有新春吉利的意思。元宝茶一般是大年初一早上起床后的饮品，有"喝碗元宝茶，一年四季元宝来"的寓意。在春节这样一个阖家欢乐的日子，大家不妨也来一碗元宝茶，为新年讨个好彩头。

296 什么是台湾地区泡沫红茶？

在如今中国的大小街市上，到处都能看见新式茶饮的踪迹。而在新式茶饮之前流行的珍珠奶茶，其实是台湾地区泡沫红茶文化的一种。泡沫红茶是怎么来的呢？有一位叫张番薯的台湾人，曾在日本人开设的居酒屋担任调酒师，他用当年调酒的器具，在如今台南市中正路131巷的巷口，卖起了当年独一无二的手摇现冲红茶，这便是在当今台湾地区普遍可见的泡沫红茶的始祖。1980

年，由于张老先生年事已高，便将泡茶的功夫传授给了自家的亲戚——许天旺先生。因为来喝茶的客人都是常客，对茶的要求十分严格，许天旺先生便以"坚持该坚持的，改进该改进的"作为经营原则，除了谨守传统风味，更从品茶者的角度不断改进，为客人呈现更美味的红茶。因而老客人不但没有因为换老板而离去，还主动带来更多的新客人，茶店曾缔造出一天卖出千余杯的辉煌纪录。1983年，为配合台南市美化市容的规定，许天旺先生买下了一个小店面，落户台南市中正路131巷2号。20世纪90年代，由于台湾地区泡沫红茶店开得越来越多，产生了很多加奶、加水果等辅料的产品。许天旺先生意识到传统风味的泡沫红茶有被冲击的风险，特将"巷口现冲红茶"正式注册为"双全红茶"，以彰显老店"周全、安全"的服务原则。

　　双全红茶店的泡沫红茶，如今要25元新台币一杯，其采用台湾地区农林公司生产的仙女红茶和自行熬制的白糖水冲泡，绝对不添加糖精和茶精，而且有冷、温、热3种可供选择。制作泡沫红茶的技巧在于泡茶，而不在摇茶，需要根据茶叶情况，选用不同的冲泡方法来保证茶汤滋味。泡出来的红茶，上面有一层由茶皂素产生的泡沫，跟啤酒有点像。品饮泡沫红茶时，建议直接用玻璃杯喝，而不是用吸管来喝。第一口，大口地喝到嘴里，含在嘴里感觉一下，再吞下去，如此才能喝出真正的香醇滋味。若是用吸管喝的话，因为吸管很细，一吸就到喉咙里了，感觉上就没有那么香了。历经半个世纪之久的双全红茶店，因坚持现冲原味，得以在多如过江之鲫的泡沫红茶店中独树一帜，许天旺先生也获得了"红茶伯"的外号，吸引不少媒体前来采访。在采访中，许先生骄傲地讲道："很多老主顾都是喝我们的红茶长大的。"在那个没有手机的年代，许多人会来到泡沫红茶店，点上一杯消暑红茶水，打打牌，看看书，闲聊一会儿，十分惬意，感觉跟成都人爱泡茶馆一样。

297　茶叶在婚俗中有哪些体现？

　　茶这片神奇的叶子，自走进人类社会以来，一直被视为珍贵的礼品，与婚礼结缘。文成公主入藏的时候，陪嫁的礼品中就有茶叶，茶叶逐渐成为婚俗礼仪的一部分。为什么茶和婚俗会产生关系呢？明代郎瑛在《七修类稿》中写道："种茶下子，不可移植，移植则不复生也。故女子受聘，谓之吃茶。又聘以茶为礼者，见其从一之义。"古人认为，茶树只能以种子萌芽成株，而不能移植，可用来表示爱情忠贞不渝。因"茶性最洁"，可用来表示爱情冰清玉洁。

因茶树多籽，可用来象征子息繁盛、子孙满堂。因茶树四季常青，又可表示爱情永世常青。所以，民间男女订婚要以茶为礼，茶礼成为男女之间确立婚姻关系的重要形式。在婚俗中，吃茶意味着女方接受男方的求婚。四大名著之一的《红楼梦》中，王熙凤送林黛玉茶叶后就打趣道："既吃了我们家的茶，怎么还不给我们家做媳妇儿？"

如今，中国一些农村地区和一些少数民族地区仍把订婚、结婚称为"受茶""吃茶"，把订婚的定金称为"茶金"，把彩礼称为"茶礼"等。如：蒙古族订婚、说亲时都离不开茶叶，用其来表示爱情珍贵；回族、满族和哈萨克族订婚时，男方给女方的礼品都是茶叶，回族人把订婚称为"定茶""吃喜茶"，而满族人则把结婚时的茶礼称作"下大茶"。

现在，新人们在结婚仪式上也有为双方父母奉茶的环节。祝愿每一对新人，永结同心，白头偕老！

298 国际上有哪些饮茶习俗？

虽然世界上的茶起源于中国，但是入乡随俗，茶与各地方的环境、文化以及经济等相结合，产生了多姿多彩的饮茶习俗。俄罗斯人喜欢饮用甜味的茶，英国有体现绅士风度和生活品质的英式下午茶，美国人喜爱冷饮的柠檬茶，新西兰、菲律宾人喜爱加糖、加奶的餐后红茶，埃及有甜味浓郁的糖茶，土耳其、摩洛哥、阿尔及利亚等地有在绿茶中加入新鲜薄荷叶的薄荷茶，新加坡有肉骨茶，马来西亚有拉茶，日本有抹茶，泰国有冰茶，等等。正所谓：中国茶，传遍世界。世界茶，各具风采！

299 什么是韩国茶礼？

韩国经过模仿、吸收和消化中国的茶文化后，开始形成了具有其本民族特色的茶文化——茶礼，并逐渐普及到各个群体。韩国的茶礼是在春节、中秋节等传统节日的清晨进行的一项仪式，意在将逝去的祖先请回家过节，以求得先人的庇佑。其宗旨是"和、敬、俭、真"。"和"指善良的心地，"敬"指人们互相敬重，"俭"指生活俭朴、清廉，"真"指心地真诚，人与人之间以诚相待。

茶礼进行时，会在茶礼桌上摆满各色各味的料理、茶果和酒水，料理的种类、装盘的形式、盘子的摆法等都有很多讲究。通常，茶礼桌上的第一排会摆放主食和餐具。第二排按照"鱼东肉西"的原则摆放各种鱼和肉类，以及各种韩式煎饼。第三排摆放汤类。第四排摆放米酿和各种凉拌蔬菜。第五排摆放干果和顶部被削平的水果。有的还会在茶礼桌前放置香炉、贡酒及先人的名字牌位等。在进行茶礼时，一般全家人会按照辈分、男女分开行礼。行礼结束以后，一家老少才开始共同分享敬过祖先的茶礼饭菜。

300　什么是印度拉茶？

印度既是产茶大国，又是茶叶消费大国，印度每年所产茶叶中有 70% 是在其国内消费的。印度人对茶叶的喜爱与当地的民俗融合在一起，产生了独具特色的印度茶俗。印度人喜欢将茶叶切碎以后，加奶或糖做成奶茶。由于气候条件的差异，印度南北两地制作奶茶的方式差别很大。南部地区是一种被称为"拉茶"或"香料印度茶"的饮茶方式。

制作拉茶时，先将大锅中的水烧热，然后加入红茶和姜，煮沸以后加入牛奶，等再次沸腾后加入马萨拉（一种咖喱酱）。煮好后将茶水装入一个带龙头的大铜壶中。在饮用之前，先从壶中倒出一杯，再倒入另一个杯子中，反复地在两个杯子中倒进倒出，每次都在空中"拉"出一条弧线。这种方式不仅可以让牛奶的味道完全渗入茶中，而且还可以让牛奶和茶叶的香味在拉茶的过程中完全释放出来，拉得越长，起泡越多，味道就会越好。

笔者的老朋友——大吉岭红茶屋的肖娟老师，曾邀请笔者参加印度大使馆举办的印度风情节，笔者得以品尝到正宗的印度拉茶、奶茶和清饮的红茶，非常不错。拉茶的表演甚是有趣，印度人载歌载舞，场面十分热闹。一方水土一方茶俗，盛产香料又炎热的印度出产印度拉茶，也在情理之中。

301　马来西亚肉骨茶是怎么来的？

在马来西亚和新加坡，有一种由当年下南洋的潮州人和闽南人发明的美食，叫肉骨茶。虽然名字里有茶字，但是其中并没有茶叶存在。当年下南洋的人，很多人文化水平都不高，因此会选择在工资较高的锡矿当矿工来讨生活。但是，由于生活条件差、劳动强度高和东南亚湿热的气候等因素，很多华人劳工患上了风湿，十分痛苦。一位下南洋的中医，结合大部分劳工都是潮汕人和闽南人，而且他们喜爱饮茶的特点，用当归、枸杞、甘草、川芎、肉桂等常见药材做成茶包，方便大家随时随地饮用，祛热除湿。当时，劳工穷苦，只能买些剔掉肉的骨头炖点荤味。一天，有人失手将药包掉入炖骨头的大锅，发现加了药包的骨汤竟然十分美味，于是这种做法迅速在华工中流行开来。之后，有一位叫李文地的福建华人，开始在位于马来西亚巴生的自家排挡中售卖这种食物。由于他用料实在，做的炖肉骨风味独特，十分滋补，再加上价格低廉，他的排挡很快便成了劳工们最爱光顾的食档。大家都叫李文地的食档为"肉骨地"。在闽南话中，"地""茶"同音，在向外传播的过程中逐渐演变成广为人知的肉骨茶，李文地也被称为肉骨茶之父。

现在肉骨茶主要分为汤色显白的潮州派和汤色显黑的福建派。潮州派的原料构成比较简单，有白胡椒、不去皮的蒜瓣和一点五香粉，颜色比较浅。而福建派的原料有白胡椒、蒜瓣、五香粉、八角、甘草以及当归等十多种药材和酱油，颜色发黑。吃上一碗肉骨茶，清中带香，回味悠长，再配上一碟炸得酥脆的油条段，泡在碗中吸足肉骨汤后一吃，别提有多美了。若再来上一杯工夫茶，嘿！滋润。

302 美国冰茶是怎么来的？

源于中国的茶，本来是用开水煮或冲泡的热饮料，但是在大洋彼岸的美国，却开启了以茶做冷饮料的风潮。其中，最受欢迎的就是冰制柠檬茶。对国外生活文化有所了解的朋友可能会发现，许多西方国家的人并不像中国人一样喜爱喝热水，他们从早到晚，一年四季都喝冷水。这种嗜冷的饮食习俗，再结合工业时代制冰机的出现以及快节奏的生活方式，冰茶便应运而生了。据说，1904 年，一个英国人在美国圣路易士博览会展示茶叶。当时正值盛夏，人们口渴难忍。为了更好地吸引观众，他将冰块加入茶汤中。清凉的茶汤一下子吸引来了很多观众，大受欢迎。由于美国盛产柠檬，有人将柠檬也加入到冰茶中，得到了既有浓醇茶味又有清新果味的冰茶。当然，炎热的泰国等东南亚国家也喜欢冰茶，冰茶不但解暑，还能补充维生素和矿物质。在夏天来一杯冰茶，暑气顿消，精神为之一振，神清气爽！然而，冰凉的茶汤对人的脾胃影响较大。建议各位朋友，尤其是小朋友，还是少喝冰茶为好。

第 **八** 篇

古今茶事生活

303 5·21 国际茶日

茶作为世界三大饮品之一，历史文化厚重，影响力巨大。但是，一直未有一种国家级或者国际性的"饮茶日"出现。随着茶产业经济的迅速发展，茶文化事业越来越繁荣，民间希望设立"饮茶日"的呼声日益高涨。多年来，虽然各方人士不断呼吁，但始终未设立正式的节日。

直到 2016 年 5 月，在联合国粮农组织政府间茶叶工作组第 22 届会议上，与会代表讨论了设立一个国际性茶叶节日的可能性。接着，在 2018 年的联合国粮农组织第 23 届会议上，中国代表团提交了在每年 5 月 21 日庆祝"国际饮茶日"的提案；同年 9 月，在罗马总部召开的商委会的会议上，对设立"国际茶日"的提案进行了投票。会上，我国农业农村部农业贸易促进中心主任张陆彪从帮助消除贫困、促进茶叶消费及提升人类健康水平等多个角度进行阐述，对设立"国际饮茶日"的中国提案做了有力陈述，提案获得了全体成员国的通过。2019 年 6 月的联合国粮农组织会议上，联合国粮农组织大会提请联合国大会在下一届会议上宣布每年 5 月 21 日为"国际饮茶日"。而且，在 2019 年的会议上，中国农业农村部副部长屈冬玉当选为联合国粮农组织的第九任总干事。终于，经过联合国一系列的程序之后，2019 年 12 月 19 日联合国大会正式宣布，每年的 5 月 21 日为"国际茶日"，全世界爱茶人士终于有了自己的节日。2020 年 5 月 21 日，是联合国确定的首个"国际茶日"，我国各地举办的"国际茶日"系列活动受到了国家主席的热烈祝贺。当天，时任农业农村部部长韩长赋还在线上为首个国际茶日发表了致辞，祝全世界的爱茶人节日快乐。

"国际茶日"的成功设立，对弘扬茶文化、促进世界茶叶贸易有着巨大的利好，其所传播的和谐、包容的理念，也正是现今世界迫切需要的。

304 如何理解"茶"这个字？

从上往下分，寓意"人在草木间"。再将草字头左右分开，整个茶字变成 10+10+88，还可寓意茶寿 108 岁。从发音上来看，茶字与检查的查字相同，寓意茶进入身体能清理脏东西，增强体内脏腑的感知，像神农氏的水晶肚一样。

305 如何理解茶叶与食物之间的关系？

食物为阳，茶叶为阴。食物为人体提供营养，但是如果摄入过多却无法运化，便容易产生问题。而茶叶有助于消解过剩营养，平衡、调节身体机能，保持健康状态。正所谓："万物有度，平衡为之。"

306 口粮茶指的是什么？

茶能够天天喝，不贵而且喝不腻。不必追求极致，喝起来不心疼，却也要舒服、舒心、适口。好喝不贵，真正实惠，这就是所谓口粮茶，和平时吃饭的口粮一样。

307 泡奶茶用什么茶最好？

泡奶茶还是用红茶最好，对红茶要求三个字：浓、强、鲜。怎么样做到浓呢？第一，用碎茶比较好。第二，用原叶茶的话，将茶叶煮一煮会更加浓。强和鲜肯定是要强度更高的、内含物非常丰富的茶叶，比如阿萨姆的红茶，比如中国的祁门红茶，还有一些大叶种的茶叶，如云南的滇红、广东的英德红茶，都是不错的选择。

308 喝茶可以解酒吗？

首先从成分上来讲，喝茶是可以解酒的，因为茶叶中的内含物能够分解一部分酒精。但是不建议喝酒的时候饮浓茶，因为茶本身对肠胃有一定的刺激性，而且能够增强血液循环，扩张血管，使得酒精作用快速爆发，两项相加，肝脏处理不了，会使得症状更加严重，即"上头"。当然，少量饮用淡茶是可以的，减少了刺激性，也补充了水分，能降低酒精在血液中的浓度并且有助于将其排出体外。

309 喝茶可以减肥吗？

不要幻想仅仅喝茶就能减肥。从成分上来讲，茶的标志性内含物茶多酚中的儿茶素确实可以抑制胰脂肪酶的活性，减少脂肪的合成。而且，茶中的咖啡碱可以大大加速人体的新陈代谢，如果在饮用茶之后进行适量的运动，能够消耗更多的热量。但是，每个人的先天体质、饮食结构、睡眠质量、精神状态、喝茶和运动的量等多种因素都能影响身体的体重和体脂率。茶在减肥的过程中，更多的是起到平衡、调节身体机能的作用。建议饮用一些性温、刺激性小的黑茶来辅助减肥，例如熟普洱、六堡茶等。

310 什么茶能美容养颜？

所有的茶类都可以美容养颜。第一，茶中的多酚类物质能够清除自由基，减缓氧化。第二，喝茶能适当补充维生素、花青素等。第三，把水喝进去，可补充水分，滋润肌肤。当然，六大茶类中最养颜的有绿茶、白茶里面比较幼嫩的白毫银针，以及一些乌龙茶。发酵度过高的茶类，对清理肠胃有帮助，但是美容养颜的效果会弱一点。

311 茶喝多了为什么睡不着觉？

睡不着觉主要是因为对咖啡碱比较敏感。适当地掌握好饮茶时间和饮用量就可以逐步适应。第一，不要晚上喝茶，可以选择上午或下午喝。第二，喝茶的时候把第一道茶让给别人喝，因为咖啡碱是热溶性的，第一道把大部分都浸溶出来了，50%以上的咖啡碱都在第一道茶里面。特别是一些焙火比较重的茶，像武夷岩茶、六安瓜片表面的那一层白霜就是咖啡碱，第一泡就浸出了。第三，如果在服用某些药物，最好服药期间不饮茶，以防咖啡碱与药物发生反应，产生不良后果。

不是喝了茶睡不着，还是喝茶太少！虽然个体差异很大，但喝茶有耐受性，长期饮茶可以提高身体对咖啡碱的耐受性。

312 隔夜茶能喝吗？

不建议饮用隔夜茶，虽然目前没有发现隔夜茶的副作用，还是要看放置时间长短。尤其是绿茶等发酵度低的茶类的茶汤，在夏天高温天气容易受到细菌霉菌的污染。红茶等也会因为氧化茶汤变色发暗，表面结膜如生锈。但是一些发酵度高的茶，如普洱熟茶、老白茶等则影响不大。当然隔夜的茶汤也有一些好处，可以使用隔夜茶漱口，有助于杀菌消炎，其中含有的精油可以消除口臭，酸素还可阻止牙龈出血，对口腔健康有益，擦拭皮肤则可以缓解晒伤，去除异味。

313　可以空腹饮茶吗？

茶叶虽是健康的饮料，但与其他任何饮料一样，也得饮之有度，否则过量则不及。一般成人每天平均饮干茶 5~15 克，茶水 200~800 毫升较为适宜。很多人暴饮浓茶，对身体健康非但无益，反而会带来不利影响。

314　嗓子不舒服喝什么茶？

茶不是药，有病吃药。要说缓解嗓子，喝点金银花、菊花、胖大海等更有效果。在选择茶的方面，煮些老白茶喝，也可适当地缓解症状。

315　喝茶可以替代喝水吗？

不建议用喝茶完全替代喝水。主要有以下几个原因：第一，茶内的咖啡碱能刺激神经，喝多了易引起失眠的问题。第二，茶中的茶多酚对肠胃有一定的刺激性，摄入过多会引起肠胃不适。第三，茶可以利尿，过量饮茶会加重肾脏的负担，可能会引起身体的隐性脱水，草酸多会增加结石的可能性，影响钙质、铁质的吸收。氟的摄入量过多也不利健康。

拿笔者自己来说，有时受朋友们的邀请去马连道参加各类茶会，一天下来一杯接一杯，真是喝不少茶。即使是对茶有了一定的耐受性，晚上回到家仍然会有些茶醉的现象，颇为不适。可能有人会说了，我泡一杯茶，一喝喝一天，也没感觉有什么不适啊？其实，一杯就那么几克茶，喝的除了头几杯是茶，剩下的都是水了，不是吗？因此，茶虽好，每天也要喝些白水补充水分才是，尤其是在刚睡醒、就餐时、茶喝多了、临睡前等情况下。还是那句话：万物有度，平衡为之！

316　女性经期可以饮茶吗？

妇女在经期时，适当饮些清淡的茶是有益无害的。但"三期"期间，由于生理需要的不同，一般不宜多饮茶，尤其不能喝浓茶。如果妇女经期饮浓茶，将使经期基础代谢增高，可能会引起痛经、经血过多甚至经期延长等现象。

317　好茶都是苦涩的吗？

好茶，首先一定要好喝，还要香气持久，有韵味。有人说不苦不涩不为茶，但是好茶一定要有回甘，也就是说入口能把苦涩味在短时间内化开。好茶，并不是由单一成分的高低来决定，而是看各种成分之间的比例是否恰当。因此，好茶难得，适口为珍。

318 为什么北方人喜爱茉莉花茶？

第一是因为北方气候寒冷，茉莉花茶，茶性温和，芳香解郁，适合北方品饮。第二是因为能改善水质口感，存放方便，价格实惠，因而深受百姓欢迎。

319 一天喝多少茶对身体比较有益？

茶虽是健康的饮料，但与其他任何饮料一样，也得饮之有度，否则过犹不及。一般成人每天平均饮干茶 5~15 克，茶水 200~800 毫升适宜。很多人暴饮浓茶，对身体健康非但无益，反而会带来不利影响。

320 只喝一种茶好吗？

大家都有自己的喜好，这无可厚非。只是为了健康平衡之见，建议茶友们可以六大茶类都喝一喝。这类茶喝几天，换一类茶再喝几天，一天喝几种茶，不同季节饮不同的茶，这样比较平衡。如果只喝一种茶，容易越喝口越重，伤胃。若一直喝的再是绿茶，体质弱的人，可能会产生身体不适。

321 女性可以喝生普洱吗？

女性当然可以喝，特别是好茶，适度而已。但是一般不建议女性过多喝生普，因为生普洱的制作工艺同绿茶类似，固定了茶叶本身带有的寒性，再加上普洱茶叶大、内含物质如茶多酚、咖啡碱等远较一般灌木茶多，刺激性强，对体质先天偏寒性的女士和肠胃不好的人影响更大。如果想试试，可以喝有一定年份的老生普或者古树茶，喜欢甜味的试试冰岛，喜欢霸道的来点班章。建议女性朋友在晚上的时候、空腹的时候、孕期和生理期的时候尽量不要喝生普，强收敛性的茶多酚摄入过多会影响健康。平时多喝点温和的茶，对身体的保养会更好。

322 为什么有些人品茶时的声音很大？

吃饭时不能出声，出声则不雅。而品茶则可以出声，出声则专业，是为啜饮。有些人饮茶的响声比较大，一种情况是在评茶的时候，评茶员需要快速且充分地从不同角度感受茶汤滋味，啜饮可以让茶汤与口腔充分接触，以便打出一个适当的分数。另一种情况就是日常饮茶的时候，茶汤都比较烫，一口牛饮下去，还不得把嘴烫坏了？吸溜一声，如音乐相伴，给无声的品茶带来一种动感。没有食物残渣，也不会不雅。当然，若为了更加礼貌，可以控制一下啜饮的力度，稍微小点儿声就好。

323　每个人更适合喝哪种茶呢？

喝茶有益于身体健康，但由于每个人的体质不同，爱好不一，习惯有别。因此，每个人更适合喝哪种茶，应因人而异。一般说来，初始饮茶者或者平日不大饮茶的人，最好品尝清香醇和的名优绿茶，如西湖龙井、黄山毛峰、信阳毛尖、庐山云雾等。有饮茶习惯、嗜好清淡口味者，可以选择一些地方优质茶，如太平猴魁、六安瓜片、君山银针等。喜欢茶味浓醇者，则以半发酵的乌龙茶为佳，如铁观音、武夷岩茶、台湾地区乌龙等。平时畏热的人，以选择绿茶为上。绿茶有清头润肺、生津利便的功效，喝了使人有清凉之感。然而，绿茶属于不发酵茶，不适合手足易凉、体寒的人饮用，这些人以选择红茶为好。因为红茶经过全发酵后，茶性相对温和，喝了有驱寒暖胃的功效。胃部常感不适或有胃病的，也应改变或者减少喝绿茶的量，转而品饮红茶，比如滇红、祁红等，还可以在茶汤中适量加些牛奶和糖，自制奶茶。对于身体肥胖的人，饮用去腻消脂功效显著的乌龙茶和云南普洱茶更为适合。

324　如何缓解茶醉呢？

酒逢知己千杯少，茶遇知音乐忘忧。酒喝多了会醉，茶喝多了也会醉。不经常喝茶的人，或空腹大量喝茶、喝浓茶的人，会阻止胃液的分泌，妨碍消化，也会引起失眠、心悸、头痛、眼花、心烦等症状，俗称"茶醉"。茶醉后缓解的方法非常简单，只需吃一些甜点或者是喝一碗糖水就能见效。喝茶的时候，不妨在茶桌上摆放一些精致、可口的茶点，一边吃，一边品茶，可以有效预防茶醉的产生，降低茶醉的程度。当然，有些人担心吃茶点会影响品茶时的口感，更偏好饮清茶，那么，可以在品茶前喝一些蜂蜜水或者吃一顿饭再品清茶。在日本茶道中，怀石料理就是在品茶前主人为客人准备的精致饭菜，体现了日本食文化的美。

325 茶水中的沫子是什么？

如果茶汤没有变味的话，一般来说最主要的原因是茶叶中含有的茶皂素使得茶汤产生一些沫子。在历史上，宋代宋徽宗所倡导的斗茶大赛正是以茶沫的多寡、持久度来评判一款茶的好坏。所以，这种茶不仅没坏，而且更是一款不错的茶呢！

326 名茶凭什么"贵"？

名茶之所以贵，一是由于大多数茶芽头多品质高本身成本就高，且作为地标产品本身数量有限，比较稀缺，全国需求旺盛供不应求；另一方面在于品牌的附加值高，很多名茶曾经作为贡品备受上层社会青睐，现代人又很注重礼节，因而名茶的商务礼品属性很强。

327 品茶"品"的是什么？

三口为品，大口为饮，一小杯茶可以用三口来慢品。品茶，是品茶的色香味形，品水质的甘甜，品茶器的精美，品茶的冲泡技艺，品泡茶的环境及琴、棋、书、画、诗、香、花等。生活需要慢品，正所谓品茶、品酒、品人生。

328 泡茶的水有什么讲究？

水为茶之母，谈茶就要论水。茶与水，灵魂碰撞的升华。

沏茶之水对于现代茶人而言，既有情怀之下的欣喜与向往，又不乏纠结之下的挑剔与困惑。陆羽在《茶经》中论煮茶方法的时候曾指出："其水，用山水上，江水中，井水下。"陆羽认为山水最好，其次为江水和井水。他又把山水分为泉水、奔涌翻腾之水和流于山谷停滞不动的水。饮山水，要拣石隙间流出的泉水。

笔者从五个方面来解读为什么用山泉水好：第一，富氧化，更有活性；第二，小分子团化，溶解更多茶中营养，并易于被人体吸收；第三，经过沙砾过滤，更加干净。第四，泡养过砂石以后矿物质更为丰富顺滑，而钙、镁离子不易沉积，水不易结垢络合。第五，经过碰撞，部分水分解出羟基负离子，所有负离子都杀菌，所谓流水不腐，户枢不蠹，转动的门轴产生固态负离子，原始森林中更多的负氧离子也使空气清新。

清代张大复所写的《梅花草堂笔谈》中记载："茶性必发于水，八分之茶，遇十分之水，茶亦十分矣。八分之水，试十分之茶，茶只八分耳。"可见，对于沦茶之水的极致追求，从古至今孜孜不倦。好茶用好水冲泡才能更好地焕发茶叶的第二次生命，而在众多的水源中，泉水可谓是上上之品，泡出来的茶，汤色明亮，香味俱佳。历史上比较有名的泉水有北京玉泉山的玉泉山水、济南的趵突泉、杭州的虎跑泉、云南安宁的碧玉泉等。现在泡茶用水的文化，已从自然山泉水向人造矿泉水、纯净水、小分子水等方向发展。如今日常冲泡茶叶，一般采用纯净水即可。当然，也有水企选择环境优良的水源地来创制专用的泡茶水品牌，例如巴马富硒水、武夷山泉水、千岛湖水、长白山泉水等。通常来说，当地的水泡当地的茶一定相合（茶和水的自然环境相同）。

水不仅是茶色、香、味、形的载体，更是茶为之铅华落尽的生命延续。茶与水的交融，赋予了茶道千载氤氲、亘古不绝的绵延。

329　铁壶煮水有什么好处？

第一，用铁壶煮出来的水，比其他煮水器煮出来的水温高3~4℃，离火长时间放置，水温还可以保持接近100℃，非常适合泡老茶、青茶，能够更好地激发茶香。特别是在煮鸡蛋都熟不了的高海拔地区，铁壶盖子还有加压作用，温度可以持续100℃，特别适合高原地区煮水泡茶。第二，铁在高温状态下能够析出一些二价铁离子，有养生作用。第三，铁壶煮水能够磁化软化水质，产生类似于山泉水的口感，使得冲泡出来的茶汤口感更加醇厚。第四，铁壶有一定的保温作用，其胎体厚重，散热比较慢，较之玻璃器皿及瓷器保温时间更长。比如：在南方冬天比较阴冷的地区，用铁壶烧水以后，水不会那么快变凉。第五，铁壶古朴的外表更加适合茶席整体的氛围。若是用现代的煮水器，则达不到这种古朴苍劲的美感。铁壶因为阳刚气十足，特别受男士茶客喜欢。而在乡村地区寒冷地区，炉子上放一把铁壶煮水，既有味道，又很实用。老铁壶、日本的精品铁壶是很多铁壶金工收藏者的挚爱。铁壶只可以煮水，而不适合直接煮茶，怕的是茶叶与铁离子发生反应而产生色素沉着，味道也受到影响而改变。铁壶使用前要煮水开壶，等没有金属味道以后再使用，铁壶用完后注意干燥后存放，避免生锈。

笔者曾经访问国内知名铁壶品牌——铁生艺术工作室，被琳琅满目的各种艺术铁壶所倾倒。工作室注重将传统文化与艺术设计相结合，一方面通过将各种优美的传统纹饰和动人的历史故事作为素材进行铁壶创作，提高了文化审美；另一方面，结合现代的应用场景和国际时尚进行创作，达到艺术服务生活的目的。笔者还访问了一些艺术空间和金工厂，他们都在为铁壶生产这一古老而有活力的产业而做出贡献。

330 银壶煮水有什么好处？

第一，银是一种对人体无害的金属，自古就有银制的餐具流行于王公贵族之家，材质非常安全。第二，银壶在煮水的过程中能够释放少量的银离子，有抑制细菌的作用。同时，可以将水中的钙镁离子吸附到壶的内表面上，软化水质，改善水的口感。而且，银壶煮水后形成的粉状壶垢打理方便，用软布擦拭即可去除。第三，银的热化学性质稳定，不易生锈，也不会让茶汤沾染异味。第四，银壶导热率高，烧水的速度比较快。第五，银壶有富贵之寓意，适合作为高端的礼品。在选购银壶的过程中，最需要注意的是银的纯度。纯度高的银壶，更不容易氧化，而且不含对人身体有害的杂质。

331 为什么茶越喝越甜？

这是因为茶中水含物的比例发生变化。苦涩味的茶多酚和咖啡碱开始时的溶出比例高，到后面会逐渐减少，而茶多糖等甜味物质后期才会更多地析出。茶水中的风味物质比例变了，茶也变甜、变淡，趋于柔和了。而且，初期浓郁的苦涩味，更使得后期茶汤显得十分甘甜。

332 为什么有的茶汤不清澈却好喝呢？

其实仔细去看茶汤，那种浑浊是由茶叶上的茸毛所造成的。茶叶上的茸毛富含氨基酸，因此，通常充满茸毛的茶汤入口十分鲜爽，是好茶的一个典型标志。

333 家常如何搭配茶？

日常搭配茶叶可以按照"君、臣、佐、使"的基本原则，搭配与主茶特质相契合的辅助食品来提升功效，丰富口感。例如：陈皮与普洱茶搭配，菊花、枸杞子与绿茶搭配，等等。

334　如何有效地清洗茶渍？

　　沏茶美，品茗香。杯中留渍，难收拾。新入门的茶友在品茶后，往往遇到的第一个问题就是，茶杯上的茶渍使用洗涤灵也洗不干净。其实，这些茶友是用错了洗茶杯的东西，洗涤灵是通过亲油成分去除油污的。那怎么办呢？实际上很简单，使用大多家庭中常见的小苏打就可以很好地清洗掉茶杯上的茶渍。若是茶渍残留的时间不长，还可以加入少量的白醋，能更便捷地洗干净。注意了，咱们选择的是主要成分为碳酸氢钠的小苏打，而不是为碳酸钠的食用碱面。

335　茶袋如何剪开更加美观呢？

　　朋友们品茶的时候，若遇到好茶，总想发个朋友圈展示一下。此时拿来装茶叶的小袋子，发现袋子或被撕、被剪，已经残缺了，不好看了。其实，装茶叶的小袋子侧面都是折叠的。可以先在茶叶袋背面那一层剪个小口子，然后将剪刀尖部伸进去，将茶叶袋的背面剪出一个弧形。注意，不要剪到茶叶袋的正面。这样，既可以用茶叶袋背面的小口向外倒茶，又可以保证茶叶袋的正面信息不受到破坏，便于向品茶人展示，体现了泡茶者对茶叶和品茶人的尊重。生活需要仪式感，虽是小节，却体现了美与尊重。

336　制作英式奶茶的时候，应该先倒牛奶？还是先倒茶汤？

　　从实用的角度来看，先倒入茶汤更容易制作出味道上佳的奶茶。因为制作奶茶的容器空间有限，如果先倒入的奶超量了，奶会遮住茶汤的味道，使奶茶失去独特的风味。然而有一种说法是，英式下午茶应该先倒奶，后倒茶汤，这是为什么呢？原来，在英式下午茶刚开始风行的时候，欧洲国家由于缺少制作高温瓷器的关键性原料高岭土以及相应的加工技术，生产的瓷器不耐高温，能耐得住刚煮沸的茶汤，不会开裂的高品质瓷器只能从中国进口，价格很贵，数量也少。为防止白陶杯和瓷器仿制品毁坏，因此，产生了先倒凉奶，后倒热茶汤的奶茶制作步骤。当然，从另一个角度来讲，如果采用先倒茶汤、后倒奶的方式在大家面前制作奶茶，可以显示主人家拥有从中国进口的高端瓷器，是一种身份和财富的象征。

337 王羲之《兰亭集序》中所描写的曲水流觞是什么？

王羲之的《兰亭集序》是中国书法史上的巅峰之作，被誉为"天下第一行书"。文中所描写的曲水流觞也被后世文人奉为最风雅的宴饮游戏之一。在中国古代，每年阴历的三月初三是中华民族祭拜祖先的传统节日——上巳节。在过上巳节时有一项活动，人们坐在环曲的水渠旁，在上游放置酒杯，任其顺流而下，杯停在谁的面前，谁即取饮，以此为乐，故称"曲水流觞"。觞的意思是酒杯，是一种木制的漆器，所以能够随着缓慢的水流漂浮而下，供文人雅客玩乐（也是宫廷宴乐的好节目）。现代生活节奏快，许多人未必理解这种活动。其实，联想一下击鼓传花的游戏就能明白了。每年的北京华巨臣国际茶博会上，笔者创建的如意茶苑都参与曲水流觞的茶活动。活动应用了古代曲水流觞的意境，随水流飘的不是酒而是茶，茶杯飘到谁那里谁就可以取之饮用，观赏琴、棋、书、画、舞蹈、汉服、吟诵等，也可以吟诗作对表演节目，别有一番意境，是著名的茶博打卡地。

338 关于茶的歇后语有哪些？

口渴遇见卖茶人——正合适。

冷水泡茶——无味。

不倒翁沏茶——没水平。

茶馆里伸手——胡（壶）来。

阿庆嫂倒茶——滴水不漏。

茶壶里煮饺子——有嘴倒不出。

339 哪些食材可以作为茶点呢？

茶点是茶文化的重要组成部分，例如广东的早茶、福建的工夫茶，都少不了几样佐茶点心。风靡世界的英式下午茶，茶点更是其不可或缺的关键组成部分。

茶点的选择，关键在于"性味相合"，也就是食性要适应茶性，食味要与茶味相合。简单记忆就是："甜配绿，酸配红，瓜子配乌龙。"绿茶和一些味道同样偏清淡的乌龙茶，在茶点的搭配上可选择瓜子、花生、毛豆等。而红茶味道比较醇厚和浓郁，适合配一些苏打类或带咸味、淡酸味的点心、蛋糕类食品，如野酸枣糕、蜜饯等。普洱茶的原料为大叶种，其收敛性较其他茶叶更强，容易使人产生茶醉，可搭配食用各类肉脯、果脯，或者油性较大的坚果，如腰果、核桃等。品茶的时候可以用茶点，也可不用茶点。不用茶点只喝清茶，可以领略各种茶的纯正香味。有时吃些茶点，滋味的反差更有助于品评茶的真滋味。

340 日本三大名果子之一的长生殿是如何诞生的？

"七月七夕长生殿，夜半无人私语时。"提到长生殿，很多人就能联想到唐明皇与杨贵妃的爱情故事。晚唐诗人白居易写的长诗《长恨歌》和清朝的诗人、作曲家洪昇创作的传奇戏剧《长生殿》就以此为创作蓝本。

日本自奈良时代开始就派大量遣唐使到唐朝学习，从奈良时代到平安时代初期，中国文化在日本是绝对的主流，那个时代随茶叶一同出现的唐果子深受日本人的喜爱，并逐渐演化成为今天的和果子。

茶席间提供的和果子，具有与茶汤文化共同发展的历史。金泽的加贺藩王——前田利常（他曾于约会时说出著名的"今夜的月亮很美"，地位仅次于德川家康），精通茶汤文化，他鼓励、褒奖以茶汤文化为中心的美术或工艺品的发展，美名广为流传。前田利常在位期间，由日本著名茶道师小掘远州提笔命名，专门为他准备的和果子"长生殿"诞生了，而且还作为贡品进献给德川幕府。它是在丰富的茶汤文化中诞生的，是为茶而生的点心。

被称为日本三大名果子之一的长生殿，在以马、船为主要交通工具的时代，汇集了德岛县的"和三盆糖"、北陆产的糯米粉、山形县产的红花色素等各种奢侈材料，用坚硬的山樱木制作的长生殿的模具塑形，制成红白两种颜色，堪称是和果子中的杰作。当年盛行嗜饮浓茶，这种高档的点心可以更好地诱发浓茶绝妙的口感。当年红白长生殿茶点的价格，近乎等同于金子的价格了。这种常年只在皇宫中特供的茶点，直到明治之后普通百姓才有幸品尝。咬一口含在嘴里，可以感觉到长生殿在逐渐融化，和三盆糖的甜美感在口中扩散。这时再来杯抹茶的话，就更加回味无穷。茶点入口软糯，在接触到舌尖的瞬间便开始融化的口感，正是没经过干燥处理而产生的最新鲜的口感。据说当时加贺藩王在茶会上直接叫茶点师傅现场制作长生殿，真不愧为极致的糕点。

341 什么是莞香?

莞香,常用名:土沉香。别名:白木香、女儿香、牙香等。上品莞香入水能沉,属于沉香的一种。广东省东莞地区的自然地理条件优异,出产的莞香品质极佳,闻名全国,被列为贡品,是中国唯一以地名命名的香品。莞香产自瑞香科土沉香属树种的常绿乔木,是国家二级保护植物,也是特有的珍贵药用植物,被誉为"植物中的钻石"。在中国,野生树种主要分布于广东、广西、海南、云南、香港及澳门等地。

莞香树正常生长时并不会产生莞香,而是当树木受到包括雷击、风折、虫蛀或人为砍伤等各种物理伤害后在一系列变化中产生的。树木在自我修复的时候,首先会分泌出一些油脂。接着,这些油脂会被真菌侵入寄生。然后,在菌体内酶的作用下,木薄壁细胞贮存的淀粉产生一系列的生化反应。在经过多年的沉积以后,形成瘤状的香脂,是呈现黑褐色的固态结晶体,坚实而重。现如今,人们等到莞香树生长至6~8年的时候,多采用人工开香门等技法进行结香。然后,将含有香油的木块大范围凿下来,用手工的方式将无香油积聚的木质铲去,留下的油质部分就是莞香。莞香是"芬芳开窍类"的珍宝,可自然调节人体内气的运行,疏通人体内脏机能。莞香能起到净化空气、舒缓疲劳、安神助眠等养生的效果,可以入药、入茶。除此之外,莞香的树皮纤维柔韧,色白而细致,自古以来便是制造高级纸张的原料。用莞香树做原料制成的纸统称为蜜香纸、香皮纸。

莞香树自唐代传入中国以来,广泛种植,产业不断发展。明代时期,东莞形成莞香收购、加工、交易一条龙的完整产业链。其中尤以寮步镇的牙香街最为繁盛,它是当时广东著名的香市,与广州的花市、罗浮的药市、合浦的珠市,并称为"广东四大市"。当时,东莞的很多村庄都以种香、制香、贩香作为主要经济来源,莞人也多以香起家。清朝时期,莞香已经成为东莞的重要经济支柱。

香港的"香"字与岭南奇珍的莞香有着密不可分的关系。在历史上,莞香业一度十分繁荣,外销的莞香多数先运输到九龙的尖沙头(今天香港的尖沙咀),通过专供运香的码头再运输到石排湾(今天香港的香港仔)集中,最后用大船运往广州,运销到东南亚以及阿拉伯国家。石排湾作为转运香料的港口,远近飘香,因此得名"香港"。随着当地产业的不断发展,后来整个地区都被称为香港。

为了宣传和推广莞香文化，东莞寮步镇于 2014 年建成了中国第一座香文化主题博物馆——中国沉香文化博物馆。沉香的种植、香具的使用、中国香文化从古至今的发展演变历程等内容在博物馆中都得以生动地呈现。另外，东莞大岭山镇还有一座莞香非物质文化遗产保护园，它是原四大"皇家香园"中唯一幸存的莞香生态种植园，占地 3400 多亩，有 6 万余棵莞香树。笔者曾经去过这座远离都市的皇家香园，其独特的土壤与环境中含有的 40 多种沉香菌，造就了高品质的莞香。笔者有幸与国家级非物质文化遗产莞香传承人黄欧进行交流，对莞香的独特价值有了更深入的认识，他们一代代人将莞香视作生命来保护和传承，非常让人感动。

342 什么是鹅梨帐中香？

鹅梨帐中香是一种适宜在卧室使用的香。相传，鹅梨帐中香最早是由写下"问君能有几多愁？恰似一江春水向东流"的南唐后主——李煜，为了解决妻子周娥皇失眠的问题，同妻子一起研制的香。《香谱》中曾记载："江南李主帐中香，用沉香一两，加入研取的梨汁，放入银器内，蒸三次，当梨汁收干了，即可用之。"

现代的制作步骤大致是：先将鹅梨的顶部削掉，挖去梨核；然后将一定比例的沉香粉和檀香粉添入其中，盖上顶部后，放到蒸笼里面反复加热、阴干 3次；接着，把鹅梨的皮去掉，将梨肉和香料捣成泥状，过滤掉多余的水分后窖藏，再制成成品。此香香味细腻清甜，沁人心脾，闻之舒心，可解心中郁闷，具有很好的安神作用，能提高睡眠质量。在古代，它是馈赠友人的珍贵礼物。现代社会节奏加快，许多人都有失眠、睡眠质量差的困扰，有此困扰的朋友，不妨试试鹅梨帐中香，或许能有所改善。

343 如何理解茶与酒？

万丈红尘三杯酒，千秋大业一壶茶。茶代表中国，东方的树叶文明含蓄内敛，朴素包容。红酒代表欧美，西方的果实文明直接热烈，彰显个性。

茶是静雅的，酒是喧嚣的。茶是内省的，酒是发泄的。吃解决生理，喝滋养灵魂。茶和酒都是有灵魂的，但二者性情截然相反。一个像豪爽讲义气的汉子，一个如文静温和的书生。茶是树叶精华，红酒是果实精华，白酒是粮食种子精华，能量越来越高，人们越需要分解运化，越需要节制，所谓万物有度，平衡为之。

茶与酒并非都是矛盾的。笔者曾设计并实施了许多顶级酒庄的发酵系统，所酿造的葡萄酒获得很多国际奖项；笔者又走访世界各大茶区，对茶做了多年的实践。根据笔者多年的研究，找出茶与红酒有多种相同之处：第一，它们都具备礼品属性，营销方式都是品鉴式消费。第二，它们都有文化与旅游属性，茶是庄园茶，酒是酒庄酒。既可以全过程管理，同时食宿、储存、摄影、旅行皆是美好的景观与独特的文化。第三，它们的品鉴都是感官审评，舌头辨五味。评茶、评酒都是根据其色、香、味打分的，只是红酒不用评价外形，只需要评价酒液即可。第四，它们都有抗氧化、抗癌特性，茶中的茶多酚，即酒里的单宁。还有茶里的EGCG，酒中的白藜芦醇。第五，它们都具备让人产生爱情的多巴胺的成分。第六，它们都能让人产生兴奋感，提高基础代谢率。茶里有咖啡碱，酒里有酒精。除此之外它们还有很多相同的属性，笔者曾将茶与酒一道酿造成为茶酒，使它们彻底融为一体。

中国的茶与白酒在历史的长河中长期共存，共同构筑了中华民族的显性文化。品茶使人宁静，能生津解乏，荡涤身心浊气，所谓可以净心也。而白酒则不同，颜色看似与水无异，一经入喉，辛辣馥郁，挑拨一种躁动的情绪，激发内心深处的表现欲望。关于茶，有编写《茶经》的茶圣陆羽，吟诵《七碗茶》诗的卢仝，推动点茶艺术至巅峰的宋徽宗赵佶和废团改散，催生六大茶类诞生的明朝开国皇帝朱元璋等等。酒呢？有李白的名诗《将进酒》，王羲之的名书法《兰亭序》，《三国演义》中曹、刘二人青梅煮酒论英雄的故事，赵匡胤杯酒释兵权的胆识和魄力，等等。所以说茶使人精神内敛，酒让人个性张扬！茶向人揭示的是清心寡欲、淡泊明志的心境。而酒向人展现的便是潇洒恣意、舍我其谁的豪迈气概。朋友来了有好酒，敌人来了打豺狼，爱好和平，不屈不挠，是中国的家国情怀。

344 茶酒是什么？

茶与酒，两生花，一个静柔，一个刚烈。茶与酒结合，重点还是酒，而特点是茶的参与，可以认为是植物添加剂。搭配好了添彩，弄不好却影响口感。茶与酒的发酵机理不同，茶中糖分很少，更多的是与酒萃取出其营养、香气和滋味。另外，很多人不太清楚，茶多酚和酒的单宁几乎是一回事，都是多酚类抗氧化剂。咖啡碱与酒精都有促进代谢、致兴奋的作用，作用机理也接近，所以相容没有问题。而且少许茶还能解酒。只是要注意茶叶会影响酒的滋味，避免过量，喧宾夺主。

目前的茶酒中，白酒和绿茶结合以后滋味较清新。但是酱香酒不太适合与茶叶搭配，一些老酒客不喜欢酒中有其他的味道。从实际销售情况来看，茶酒销量未达预期。值得一提的是，陈皮酱酒还不错。

相较于白酒，葡萄酒与茶叶则在香气和滋味方面相合得多，特别是白茶、绿茶可以与干白、桃红的冰酒搭配，红茶、黑茶可以与干红搭配，茉莉花、珠兰可以与起泡酒搭配等。大家可以尝试不同的方法与配比，创新出好酒。之前与朋友在吴裕泰王府井店举办过一次茶与酒的活动，尝试将不同的茶与不同的酒进行调制，活动中有些调制出来的茶酒滋味非常出色。活动的召集人，笔者的朋友——华林，做出一款使用新疆雷司令与绿茶调制的酒，冰镇后很好喝，现在制作成了商品，叫作"茗悦"。如今，为更好地解决茶产业中普遍存在的人力成本过高、茶叶产能过剩等问题，笔者依托中国农业大学的科研力量，将在功能茶饮上做些有益的探索，期待能为乡村振兴贡献出一分力量。

345 如何理解茶与咖啡？

作为世界上第一、第二大非酒精饮料，茶和咖啡共同撑起了世界的软饮市场，它们在全球大约有 20 到 30 亿的饮用人群。它们提神醒脑，促进健康，深受人们喜爱。茶原产于中国的云南，后在中国南方以及印度、斯里兰卡、肯尼亚等地方得到广泛种植。咖啡原产于非洲埃塞俄比亚西南部的高原地区，后传播到印度尼西亚、南美洲的巴西等适宜种植的地方。美国独立战争中的波士顿倾茶事件使茶叶市场受到抑制，而咖啡在美国等地盛行开来。

茶与咖啡作为东西方文明的代表性饮品，深受世界人民的喜爱。首先从成分上来讲，茶与咖啡都含有咖啡碱，而且茶叶中的咖啡碱所占的相对比例其实是咖啡豆的 2~5 倍以上。但是因为饮用的时候，茶叶的用量小，而咖啡豆果实磨成粉全部吃掉，反而是喝咖啡时摄入的咖啡碱的总量更高。另外，茶叶中由于其他成分的存在和制约，它使人兴奋的程度较缓和，维持的时间较长。而咖啡中的咖啡碱则相反，一次冲泡尽数摄入体内，对人体的刺激性更强，也因此产生了喝咖啡比喝茶更提神的感受。

此外，茶中除了含有促进兴奋的咖啡碱以外，还有安神的茶氨酸、抗氧化的茶多酚，是一款更为平衡的饮料，是当之无愧的第一健康饮品。而咖啡虽然也比较健康，只是最近爆出过量饮用咖啡会对脑部造成一点伤害，且添加糖和奶精，较为燥热，对健康不利。茶一泡可以从早到晚地清饮，咖啡则一杯整个喝进去，单价高低立现。之前中国发展较慢时，人们认为咖啡更加时尚，咖啡厅众多，茶馆、茶饮店则很少，现在这种状况正在逐渐改变。

从文化上来看，中西方对美好事物的执着追求使其升华成文化。中国茶文化的精髓在于贯穿儒、释、道的深刻哲理与思想，使人达到修身养性的目的。而西方人品咖啡讲究的是享受环境和情调，浪漫而惬意。尽管起源和历经的发展过程有所不同，但都追求一种优雅、放松、静心、享受生活、注重品位的生活文化。

茶文化的博大精深和咖啡文化的无限魅力都给人们留下了深刻的印象。不同的民族文化，不仅给各自留下了宝贵的文化遗产，更给世界留下了灿烂的瑰宝。不同文化交织融汇，构成了五彩斑斓的世界。话题性的饮品，咖啡中有猫屎咖啡，茶中有虫屎茶、东方美人茶。从烘焙制作方式来看，咖啡有现磨咖啡豆也有速溶咖啡，茶叶有原叶茶也有红碎茶和茶粉、茶膏。这些，共同构成了丰富多彩的茶与咖啡世界。

当前，中国云南的小粒咖啡与茶在同样的山上出现，它们种植在不同的坡面，产量很大，品质优良。在中国运营的星巴克、雀巢、瑞幸等咖啡品牌，主要使用的就是产自云南的咖啡。云南成立的茶咖局，对茶叶和咖啡产业进行统一管理与促进。让我们既饮咖啡也品茶，尽享天地之造化吧！

346 以茶代酒有什么典故？

据《三国志·吴志·韦曜传》载，吴国的第四代国君孙皓，嗜好饮酒，每次设宴，来客至少饮酒7升，如果换算成现在的量，这酒起码得3斤多（当然，那时的酒并没有现在经过蒸馏提纯后的白酒度数那么高）。哪个大臣喝不掉，就硬灌进去。如此"规矩"，使得每到参加宴会的时候，大臣们都如同上刑场一般。然而，孙皓对博学多闻但不胜酒力的朝臣韦曜甚为器重，常常私下为韦曜破例，"密赐茶荈以代酒"。或许，韦曜曾任孙皓父亲南阳王孙和的老师，是孙皓对韦曜多加照顾的原因。史学家曾评论，孙皓是以酒误国的典型，只留下了个"以茶代酒"的典故。

如今，"以茶代酒"已成为"俗语"。以茶代酒，即不想喝酒、不能喝酒而又难却盛情时，就用茶来代替酒敬饮，是不胜酒力者所行的酒宴礼节。从礼节上来讲，并不失礼。酒，虽然有使人兴奋、活跃气氛的作用，但终究喝多了会摧残意志，误人误己。适度饮酒，多喝茶，愿读者有个好身体！

347 "吃茶去"是则什么典故？

"吃茶去"是很普通的一句话，但在佛学界却是一句著名的禅林法语。唐大中十一年（857年），八十高龄的从谂禅师行至赵州，驻于观音院（现今叫柏林禅寺，位于河北省石家庄市的赵县），弘法传禅达40年，僧俗共仰，其证悟渊深、年高德劭，人称其"赵州古佛"。据宋代《五灯会元》记载，赵州从谂禅师问新来僧人："曾到此间否？"答曰："曾到。"师曰："吃茶去。"又问一新来僧人，僧曰："不曾到。"师曰："吃茶去。"后院主问禅师："为何曾到也云吃茶去。不曾到也云吃茶去？"师召院主，主应诺，师曰："吃茶去。"

禅宗讲究顿悟，认为何时、何地、何物都能悟道，极平常的事物中蕴藏着真谛。"吃茶去"这三字禅，有着直指人心的力量，也因此奠定了赵州柏林禅寺是"禅茶一味"故乡的基础。

当代的虚云老和尚和净慧法师作为禅宗领袖驻锡柏林禅寺，继续将之发扬光大，对茶禅、农禅、生活禅进行更深入的布道，得到世人的高度尊敬与追念。在净慧法师的关心下，河北农科院的张占义老先生也开始尝试南茶北移，使得有了本地的赵州茶。笔者曾多次往返柏林禅寺和太行灵寿五岳寨，将茶树做成盆景并且成功进入世园会展出，受到世人的关注。笔者还继承衣钵，传承了国家非物质文化遗产——如意茶艺。如意茶艺寓意禅茶一味，吉祥如意，如意自在，在任何条件下都能饮一杯茶，感悟人生，健康身心灵。

348 清照角茶指的是什么？

"花自飘零水自流。一种相思，两处闲愁。"有"千古第一才女"的李清照十分喜爱饮茶。她的丈夫赵明诚是金石学家，两人情谊甚笃，相敬如宾，又都是茶道中人。赵明诚去世后，留下了一部《金石录》。其间，在李清照所作的"后序"中记述了他们夫妇饮茶读书的趣事：李清照夫妇曾屏居乡里达十年之久，在离开钩心斗角的官场和喧闹嘈杂的都市之后，他们夫妇常在"归来堂"共同校勘古籍、把玩金石、鉴赏书画、烹茶，然后指着堂中堆积的史书，相互考问，某事应在某书某卷的第几面第几行，以是否猜中为角（比试）胜负，以此决定饮茶之先后，猜中后往往举杯大笑，以至于将茶倾倒在怀中。茶在这里，成为夫妻悠然生活中的媒介。这种玩法也正是当时社会所流行的"茶令"，是人们聚会时常常玩的一种游戏。他们用此茶令来研讨学问时，与行酒令不同，是赢家方能饮茶，而输家不能。

"角茶"的典故，后来成为夫妇有相同志趣，相互激励，促进学术进步的一段佳话。而且，他们使用的茶令，极大地丰富了中国茶文化，是非常有文化意义的创举。笔者相信，只有让茶切实地走入寻常百姓家，才能真正地使得茶文化复兴，焕发活力。

349 古人以石养水是怎么回事？

古代茶人深感"水者，茶之母"。明许次纾《茶疏》中说："精茗蕴香，借水而发，无水不可与论茶也。"说的就是茶性借水而发，水质的不同对茶汤的色、香、味、韵有明显的不同影响，好水更能激发出好茶的品质。古人经感官审验得出沦茶的理想用水应该是水质"清、活、轻"，水味"甘、冽"。比较后认为理想用水的顺序是：泉水、溪水、雨水、雪水、江河湖水、井水。

但古代交通不便，真可谓"汲泉远道，必失原味"。为了保有泉水、溪水的水质和水味，避免水质、水味降低，古代人想出"以石养水"的方法。明代高濂在《遵生八笺》中提到"凡水泉不甘，能损茶味"。故他对梅雨水、雪水提出"以石养水"的蓄存方法："大瓮收藏黄梅雨水、雪水，下放鹅子石十数石，经年不坏。用栗炭三四寸许，烧红投淬水中，不生跳虫"。清代袁枚《随园食单》载："然天泉水、雪水力能藏之。水新则味疏，陈则味甘"。

古代人还常常在水坛里放入白石等石子，既养水味，又求澄清水中杂质。明代田艺衡《煮泉小品》中说："移水取石子置瓶中，虽养其味，亦可澄水。"现代人泡茶常用的三种水有：自来水、纯净水和矿泉水。不同的水对茶叶的品质有着不同的影响。比如：用自来水泡茶，茶汤会发暗，入口的口感鲜爽度会降低。用纯净水泡茶，茶汤没有变化，口感正常。用矿泉水泡茶，茶汤色略深，滋味较醇厚。日常泡茶一般选用纯净水泡茶即可，经济条件允许的也可以选择一些专门的泡茶水。

350 陆羽《茶经》讲的是什么？

唐代陆羽所作的《茶经》，是世界上第一部成体系的茶书，书成于8世纪六七十年代，距今已 1200 多年，作者陆羽也因此被人们称为"茶圣"。由于他自小被遗弃，偶然被寺庙和尚收养，因此受环境的熏陶，茶成为他一生的钟爱。

《茶经》原文约七千字，分为十章：一之源，讲茶的起源、产地、形态特征、名字来源、功效等；二之具，讲了茶叶的生产工具；三之造，讲述了唐代饼茶的采制方法和品质鉴别方法；四之器，列出 28 种煮茶和饮茶用具，并说明其制作原料、制作方法、规格及其用途；五之煮，着重地论述了烤茶的方法、燃料和水的选择以及如何煮茶、饮茶；六之饮，讲述了饮茶的演变、方式方法和特殊意义，是《茶经》十章中的重要章节之一；七之事，较全面地收集了从上古至唐代与茶相关的历史资料；八之出，讲述了唐代陆羽去过或了解的各个茶叶产地；九之略，讲述了在特定的时间、地点和其他客观条件下，可以省略部分工具和器皿，不必机械全部照搬；十之图，讲述了可把各章节分块抄写至白绢上，以便于学习、理解和记忆。

《茶经》一书虽然受作者的个人经历以及所处时代的局限，有稍许遗漏，但是其构建了茶的基本框架并促进了茶文化的大发展。如果读者对茶感兴趣，一定要抽时间看一看陆羽的《茶经》和后人对其评述（陆羽《茶经》以后，很少有这种综合典籍）。随着时代的进步，之前的很多制茶、饮茶习惯改变了。当代茶文化兴盛，茶产业兴旺，茶科技发达。笔者与中国茶全书编委会成员怀着崇高的敬意，发挥茶人精神，正在组织编写国家出版基金支持的《中国茶全书》，相信通过各位成员的共同努力，一定能够完成新时代的茶经！

351　宋徽宗《大观茶论》讲的是什么？

宋代不仅经济发达，文化与艺术也达到了历史的顶峰。有人说，宋徽宗除了做皇帝不行，文化艺术样样都行！《大观茶论》是宋徽宗编写的一部经典茶书（大观是宋徽宗的年号），享有重要地位。宋徽宗亲自带领群臣进行斗茶，也使茶文化被提升到史无前例的高度。

如果说陆羽《茶经》是较全面地论述唐代主流茶知识的茶书，那么宋徽宗赵佶的《大观茶论》则是宋代主流茶道艺书籍方面的结晶。除了完整展示、记录宋代的点茶艺术以外，《大观茶论》还提出了一些深刻影响了中国茶文化观念与习俗的理念，也因此在茶文化历史上拥有了重要的历史地位。

《大观茶论》全文总计二十篇，讲述了茶的三次生命和相关的事项。第一次生命关乎茶树自然生长的环境要求和背后的原因以及影响。第二次生命关乎茶叶的制作，其中包括采摘、蒸压等制作环节。第三次生命关乎茶叶的呈现，包括：如何鉴别优良茶品的要素，品饮过程中的用水、工具和方法，以及如何贮藏等等。最后的《品名》和《外焙》两篇，则提出了茶品究竟是以茶树品种、产地还是以制造工艺或外形来定义的困惑。宋徽宗赵佶使得中国茶道艺术达到了前无古人的高度，而且对日本的茶道发展产生了重要的影响。

自宋徽宗时代以来，基于茶树品种和地域差异的各款茶叶成为爱茶人们选茶时的一种偏好。这虽然极大地丰富了中国茶叶的品名种类，扩展了消费者感官体验的层次，但是，自近代工业化介入茶叶领域以来，这种特点使得品名所带来的高附加值与产业化以及品牌的发展之间产生了难以调和的矛盾。比如：现在普遍存在的炒山头现象。

352 荣西《吃茶养生记》讲的是什么？

"自从陆羽生人间，人间相学事新茶。"若说中国茶文化的流行始于陆羽的《茶经》，那么在邻国日本，则是一位叫作荣西的高僧和他所著的《吃茶养生记》使得饮茶的风气兴盛起来，他被日本人尊奉为"茶祖"。

南宋乾道四年（1168年）和淳熙十四年（1187年），两度来中国学习佛经的日本高僧荣西，归国时带去茶籽和饮茶法。1211年，71岁的荣西撰写了日本第一部茶书《吃茶养生记》，荣西禅师在该书中根据自己的所学所见，详细地介绍了茶树的栽种、茶叶形状、制茶的方法及茶的功效等，奠定了日本茶道的基础。《吃茶养生记》由序文、上卷、下卷三部分构成，共计4700余字，内容涉及较广，主要是围绕着吃茶养生和治疾等方面。

当时的日本民众中心脏病、中风病等患者较多，荣西禅师在学习了解之后，提出了吃茶养生，以强身健体的观点。《吃茶养生记》中，荣西禅师高度认可了茶叶的功效。他根据中国古代医学"五味入五脏"的理论，认为苦味入心，若能养成吃茶的习惯，心脏会变得强壮起来，不易生病。他曾经感叹中国因有饮茶的习惯，所以人们很少患心脏病，也多有长寿者。而日本病瘦者居多，正是不吃茶所致。因此，现代日本民众把茶的"苦味"称为大人味。欲成为成熟的大人、体魄强健的成人，需多饮茶。吃得了茶的苦味，才悟得透生活的苦。

353 形似宝塔的茶诗是什么？

"曾经沧海难为水，除却巫山不是云"，留下此千古佳句的是唐代著名诗人元稹。元稹少时聪颖，一度拜相。元稹与白居易同科及第，结为终生诗友并共同发起了新乐府诗歌运动，创立了流传千年的诗体——元和体。在唐朝，饮茶之风正盛，富有才华的元稹也写了一首造型优美、形似宝塔、意蕴深远的诗来咏茶。此诗无论是在结构、音韵还是在意象和寓意上，皆给人带来耳目一新、十分通透的感受。

一字至七字诗·茶

唐·元稹

茶。

香叶，嫩芽。

慕诗客，爱僧家。

碾雕白玉，罗织红纱。

铫煎黄蕊色，碗转曲尘花。

夜后邀陪明月，晨前独对朝霞。

洗尽古今人不倦，将知醉后岂堪夸。

354 七碗茶歌是什么？

《七碗茶歌》是唐代诗人卢仝在七言古诗《走笔谢孟谏议寄新茶》中写得最精彩的一部分。全诗从品茗解渴的功能逐步升华，破除烦恼，直至抛却名利，不记世俗，羽化登仙。其意境高远，诗风浪漫，颇具影响力，对饮茶风气的普及和茶文化的传播，起到了推波助澜的作用。而且，卢仝著有《茶谱》，被世人尊为茶仙。在日本，此诗深深地影响了日本的茶道，卢仝备受推崇，人们常常将其与茶圣陆羽相提并论。下午茶时，申时茶叙，边默诵茶诗，边品饮七碗茶，打通经络和七窍，感受飘飘欲仙的感觉，岂不妙哉？

七碗茶歌

唐·卢仝

一碗喉吻润，两碗破孤闷。

三碗搜枯肠，唯有文字五千卷。

四碗发轻汗，平生不平事，尽向毛孔散。

五碗肌骨清,六碗通仙灵。

七碗吃不得也,唯觉两腋习习清风生。

蓬莱山,在何处?

玉川子,乘此清风欲归去。

355 有体现日本茶圣千利休思想的小故事吗?

千利休是日本茶道的集大成者。其"和、敬、清、寂"的茶道思想,对日本茶道发展的影响极其深远。

一日,千利休的儿子在打扫庭院,千利休坐在一旁看着。当他儿子觉得工作已经做完的时候,他说:"还不够清洁。"儿子便出去再做一遍。做完的时候,千利休又说:"还不够清洁。"这样一而再,再而三地做了许多次。过了一段时间,儿子对他说:"父亲,现在没有什么事可以做了。石阶已经洗了三次,石灯笼和树上也洒过水了,苔藓和地衣都披上了一层新的青绿,我没有在地上留一根树枝和一片叶子。""傻瓜,那不是清扫庭园应该用的方法。"千利休对儿子说道。然后他站起来走入园子里,用手摇动一棵树,园子里霎时间落下许多金色和深红色的树叶,这些秋锦的断片,使园子显得更干净、宁谧,并且充满了美与自然,有着生命的力量。

千利休摇动的树枝,是在启示,人文与自然的和谐乃是环境的最高境界。在这里也说明了一位伟大的茶师是如何从茶之外的自然得到启发。如果用禅意来说,悟道者与一般人的不同也就在于此,过的是一样的生活,对环境的观照已经完全不一样了,能随时取得与环境的和谐,不论是秋锦的园地或瓦砾堆,都能创造泰然自若的境界。

356 茶教育家陈椽教授是什么样的人?

茶行业的发展,离不开优秀的人才。而优秀的人才,则离不开茶业教育家。中国的著名茶教育家陈椽出生于福建省惠安,他构建了国内外公认的六大茶类分类体系。1934年陈椽教授从国立北平大学农学院毕业以后,曾先后在山场、茶厂、茶叶检验和茶叶贸易机构工作。因痛感当时中国茶叶科学的落后局面,他下定决心献身茶业教育事业。在浙江英士大学农学院任教期间,为了解决教材问题,他深入山场搜集资料,编写了中国第一部较为系统的高校茶学教材——《茶作学讲义》。新中国成立后,他受聘到复旦大学授课,编著了

《茶叶制造学》《制茶管理》《茶叶检验》《茶树栽培学》等教材。1952年，陈椽教授主动要求前往安徽农学院工作，亲自抓教学大纲的制定、课程的设置和生产实习基地的建设。期间，他两次主编全国高等农业院校教材《制茶学》以及《茶叶检验学》。出版了《茶树栽培技术》、《安徽茶经》和《炒青绿茶》等专著。

1979年，依靠着数十年教学和科研经历，陈椽教授写作了《茶叶分类理论与实践》一文，以茶叶变色理论为基础，从制法和品质上对茶叶进行了系统的分类，如此有了今天人们普遍熟知的六大茶类分类标准。这一成果不仅对中国的茶叶教育、科研以及生产流通产生巨大影响，而且迅速传播到国外，得到了国外学者的高度评价。同年，他撰写的《中国云南是茶树原产地》一文更是论证了中国云南是茶树原产地，对国内外产生了深远的影响。

1982年，74岁高龄的陈椽教授编写了《茶业通史》这部巨著，完成了国家交给他的任务。陈老先生将一生都献给了中国茶业的教育、科研事业。若想深入学习茶业知识，陈老的著作一定不要错过。

357　《茶经》是经吗？

有朋友曾经问，陆羽的《茶经》为什么能被称为"经"？从文字内容上来看，陆羽所写的是一篇茶的概论，是对前人经验与自身考察的总结。那么，咱们就要从"经"这个字说起了。"经"这个字的本义，是编织布的时候，纵向贯穿始终的那根线，与横向的纬线相交就能编织成布。后来，由此引申出书籍的意思。因为早期的书籍都是将文字写在竹片上，用线将其串成竹简书。又因为制作竹简书的成本高，串竹简的经线在编织中是最基本也是最重要的部分，就像房屋的大梁、船的龙骨，由此又引申出"经典"的意思。作为第一部较完整记述茶的地理、历史文化、种植、加工制作、品饮以及周边器物与水等相关内容的茶书，《茶经》是配得上"经典"这一层含义的。虽然《茶经》不可同《周易》《道德经》等内容更加深奥的典籍相比，但是从定义上来看如此命名是没有问题的。很多人受武侠小说的影响，将"经"这个字赋予了更多人为的乃至宗教的神秘色彩，确实有些过头。但是，作为茶叶的发源国，在茶文化的挖掘与创新上我们确实存在一定的问题。由中国流传到日本的茶道，得到了较好的保存与发展，在世界上日本茶文化的影响力远超于中国。而提到中国的茶叶，似乎天价茶、金融茶更为人所熟知。随着近几年的国潮现象，笔者相信，茶文化也能通过再设计、再创新，成为下一个大面积破圈的文化盛宴。期待茶人们再接再厉，创造新的辉煌。

358 申时茶指的是什么？

"申时"指的是古代中国的时间概念，对应到现今，就是每天下午 3 至 5 点。中国传统中认为，在"申时"人体进入膀胱经的运转周期，此时补充适量的水分，有利于身体健康。因此，在"申时"（下午 3~5 点）喝茶的行为，就叫作"申时茶"。申时有利于水排毒，如果再配合呼吸导引，身体微微发汗，气血通畅，则对养生非常有利。

即使在英国，其兴起的英式下午茶也暗合了或者接近这个时辰。配合甜点，则血糖平衡，有利于社交，身心愉悦。申时茶如今被很多茶艺师和茶机构作为主题茶会来开展，也是传统文化复兴的一种探索实践。

359 什么是茶席？

茶席是什么？沏茶、品茗之地？当然。欣赏茶之美？亦然。感悟天地人生？也有理。茶，是一门"生的艺术"，连通物质与精神两个世界，茶席亦然。从功能的角度讲，无论是一个人，还是三两好友，能一品香茗，即可以认为是茶席。从美学的角度讲，具备泡茶和品茗功能的，可称为"写实"的茶席；而为表达某种主题，仅呈现茶席外观，但不具备泡茶功能的，称为"写意"的茶席。大家想一想，一些茶器，比如紫砂壶，是不是也从冲泡的实用型功能器物，逐渐演化为一种供人把玩、欣赏的器物呢？另外，在审美的过程中，艺术所带有的认知作用和教育作用能自然地发挥出来，滋润灵魂。从追求精神的角度讲，人在解决生存的问题以后，中心将转向解决生命价值的问题。此时，借物抒情便成为一种常见的方式。

茶席的基本要素有茶叶、器具、光线、空间等。在创作的过程中，可根据选定的主题，进行各要素之间的调配。例如民族茶，需要考虑地理环境、人文背景、器物搭配、颜色风格和采制选择等等。"写实"的茶席若能设计的符合人体工程学，则能使人在实际泡茶、品茗时，更好地投入其中。

综上所述，茶席是物质的，又是非物质的，随着多种因素不断地变换，无茶不成席。于茶席方寸间，品一杯香茗，见自己，见天地，见众生。

360　无我茶会有哪些内容？

无我茶会的由来有两种说法。一种说法是无我茶会源自日本茶道，以日本战国时代茶人千利休在 1587 年配合丰臣秀吉举办的北野大茶会为雏形。另一种说法是无我茶会由蔡荣章先生于 1990 年在台湾地区陆羽茶艺中心创建，创建的初衷是组织一种能够让更多人参与、享受茶道的茶会。茶会前会事先排定会程，并约定泡茶杯数、奉茶方法，发布公告，接受报名。进入会场前，通过抽签来决定座位。参会者携带简便茶具、自备茶叶与热水，席地围成一圈，人人泡茶、人人奉茶、人人喝茶。通常约定每人共泡四道、每道四杯，其中第一、三道奉给左邻三位茶友及自己，第二、四道以纸杯奉给围观之观众。当依约做完并喝完最后一道茶，聆听一段音乐或静坐后，收拾茶具带走所有的废弃物，茶会便结束了。

无我茶会有七大精神：（1）抽签决定座位，表现了"无尊卑之分"的精神。（2）不需要指挥与司仪，体现"遵守公共约定"精神。（3）茶具与泡法不拘，是"无流派地域之分"的精神。（4）无我茶会采用单边奉茶，消除有目的的奉茶和过强的社交性。提醒大家放淡"报偿之心"。（5）接纳欣赏各种茶，无好恶之心。（6）平日要勤加练习泡茶，是为"求精进之心"的精神。（7）无我茶会从泡茶开始到结束为止，都不可以说话，希望大家借此安静下来好好泡茶、奉茶、喝茶。这是无我茶会讲求"培养默契，体现团体律动之美"的精神。

在生活节奏飞快，到处充满竞争的社会环境下，即便获得了物质财富，人们仍常常感到不开心。这正是因为对"我"的执念太强了，放不下得与失。抽些时间可以体验一次无我茶会，感受茶会的氛围，愿您有个好心情。

361　参加茶会选择什么服装比较合适？

首先，可根据茶会的主题，选择冷色系或者暖色系，适合自身肤色的茶服，但总体上要素雅，不要有太多花里胡哨的图案。另外，还要考虑与泡茶席，尤其是茶具的配合。不要穿宽袖口的衣服，容易勾到或绊倒茶具。胸前的领带，饰物要用夹子固定，免得泡茶、端茶奉客时撞击到茶具。

362　一场茶会安排多长时间比较合适？

茶会是茶文化的一种集中展现形式，通过不同的主题，可以与节日、研讨、推广、交流、艺术等相结合，起到以茶为媒、一期一会的效果。主办方在设计茶会的时候，时间的长短要掌控在计划之内，不要为了多喝几道茶，或者多泡几种茶而拖得太晚。两三位朋友的聚会，建议不要超过一小时。多人的团体，建议不要超过两小时。毕竟长时间集中精神参加活动，参与者会很疲劳，影响了应有的效果。

363 茶叶有哪些内含物质？

茶鲜叶中，水分大约占75%，干物质大约占25%，这也是4斤鲜叶做1斤干茶的化学原理。在干物质中，蛋白质占20%~30%，糖类占20%~25%，多酚类占18%~36%，脂类占8%，生物碱占3%~5%，氨基酸占1%~4%，总共占茶叶干物质的90%以上，是茶叶中最重要的6种组成部分。从营养成分方面看，虽然茶叶的营养成分总量不高，无法维持人的生存，但是5类总计44种人体必需的营养素，例如氨基酸、脂肪酸、维生素等，茶叶都有。人们喝茶，主要是为了茶叶中的功效成分，它们能帮助调节人体机能，保持身体健康。茶叶中含有的茶多酚、茶氨酸和生物碱最具有应用价值。总之，茶是最好的代谢平衡剂，不靠单一组分而是靠整体效果，它对健康的促进作用是日积月累的，它是世界公认的第一健康饮品！

364 茶与健康有什么关系？

茶是最绿色、最健康、最长久的一种平衡饮料。茶几千年长盛不衰，是因为它既有生理保健的功能，又有安静身心愉悦精神的功能。对处于两河流域的中华民族来说，干旱与洪涝在历史上长期并存，苦难深重，人民以食素为主，突然大鱼大肉，代谢会出问题，更要用茶来化解！笔者认为：五谷为阳，营养丰富，生长在肥沃土壤中。茶为阴，生长在高山烂石之上，以抗氧化物为主，可以解五谷之毒，帮助运化五谷多余的营养。

总体来看，茶有以下方面的益处：

1.生理保健功能

茶之所以有保健长寿功能，是因为它含有三大功效物质和四大营养保健物质。

三大功效物质是：生物碱、茶多酚、茶多糖。四大营养物质是：氨基酸、维生素、无机盐、脂类。

2.精神保健功能

茶是物质的，也是精神的，它有很强的精神功能。饮茶能使人静，庄子曰："静则制怒，静则除烦，静则除热，静则定意，静则养生。"静能使人思，思才能反省，才能进步。静，无语。定神，心明，使人与世无争。男人静，则必能安邦定国。女人静，则必能室安家和。饮茶能净化心灵，修身养性，能使人全身放松、精神愉悦，所以历代都把品茶作为修身养性的方法。儒家以茶养廉励志，佛家以茶省身悟禅，道家以茶养生修道。唐代陆羽就在《茶经》中提出，通过饮茶可以使人"精行俭德"。宋徽宗赵佶在《大观茶论》中提出饮茶可以使人"致清导和"的理念。

这些都说明通过饮茶可以提高人的修养，让人互相尊重，热爱和平，使人与人、人与社会、人与自然和谐起来。饮茶能使人"感恩""包容""分享""结缘"。用感恩的心喝每一杯茶，茶中就充满了万物和谐相处、共荣共济的理念。用包容的心喝每一杯茶，人间的恩怨就像茶把芳香融于水，把甘露洒满人间。用分享的心喝每一杯茶，就会想到人间还有诸多苦难，就会多一分爱心，多一分关心。用结缘的心喝每一杯茶，就会与所有的人结缘，结善缘，净化人生，和谐社会。

第九篇

Q&A for Tea

中外茶产业 +

365 中国茶是如何传向世界的？

中国茶主要通过三种方式传向世界。一是通过来华学佛的僧侣将茶带往国外，如：公元805年，日本高僧最澄从天台山将茶籽引种到日本。二是通过派出的使节，如遣唐使，将茶作为贵重礼品馈赠给出使国。三是通过古商路，以经贸的方式传到国外，例如：通过陆路传播至伊朗、阿拉伯、土耳其、俄罗斯等亚洲国家，通过海路传播至葡萄牙、英国、荷兰等欧洲国家。通过陆路传播的国家，其语言中描述茶的字发音与中文的茶字相近，比如俄罗斯的CHAI。而通过海路传播的国家，茶字的发音与广州一带茶字的方言发音相似，比如英文中的 Tea 就来自 Tay（或者闽南语中的 dea）。当然，还有被偷取、抢走的茶。清朝末期，列强环伺，崛起的英国不甘在茶叶贸易中与中国产生的巨大逆差，派茶叶大盗生物学家福琼帮助东印度公司将福建武夷山的茶种与茶农偷到印度和斯里兰卡，拉开了茶叶争夺战的序幕！从此之后，他们便很少从中国进口茶叶了，这里也可以看出茶叶的巨大经济价值。无论怎样，从茶叶传播的角度来看，中国茶也算是造福了世界。

366 芳村是做什么的地方？

北有马连道，南有芳村。茶叶贸易作为茶文化的重要组成部分，是茶人不可不了解的内容。芳村位于广州的西南部分，与佛山地界接壤。由于芳村邻近珠江，在土地和交通方面十分便利，因此促进了产业的发展。

芳村原名"花地"，历史上以盛产素馨、茉莉花而闻名，被誉为"岭南第一花乡"，而且还是岭南盆景艺术的发祥地。宋代的《郑松窗诗注》中就曾记载："广州城西九里曰花田，尽栽茉莉及素馨。"可以说芳村先有的花，后有的茶。20世纪五六十年代，全国只有两家香料厂，其中一家就位于芳村。随着种植规模的不断扩大，当地人和生产野生山茶的广宁县人，在芳村的洞企石开设制茶作坊，大量生产茉莉花茶，质优价廉的花茶深受老百姓的欢迎。

伴随着改革开放的浪潮，港台商人涌入，芳村迎来了高速的发展。早茶文化的兴起，使得广州的茶楼如雨后春笋般涌现，许多茶楼的老板都亲自到芳村进行茶叶的采购，生意十分火热。自此，芳村的茶叶生意声名远播，来买卖茶叶的人也越来越多，芳村茶叶市场初具雏形。

经过社会各界人士的不断努力，广州芳村成为目前中国规模最大、品种最齐全、成交量最大、辐射面最广的茶叶专业集散地。芳村汇聚来自福建、广东、浙江、香港地区、台湾地区的几千家茶厂和茶商，经营几乎所有与茶叶、茶文化相关的商品，每年还会举办斗茶赛等活动，是茶人们了解广州茶产业的市场走势，感受岭南茶文化氛围的好地方。

当然，若是读者准备去芳村的话，建议提前做做茶叶的功课，最好能有靠谱的人带着去转芳村。有人的地方，就有江湖。炒作泡沫十足的金融茶，是对芳村发展不利的重要因素。如今的部分普洱茶，价格已上天际，国家也在不断地增加监管力度，稳定市场。茶叶终究是用来喝的，希望各位茶友理性消费，莫要损失了辛苦钱。

367　茶马古道是什么？

茶马古道起源于唐朝的"茶马互市"。因藏区寒冷，没有蔬菜，藏民日常所食用的牛羊肉、奶类等富含不易消化的脂肪且使人燥热，故需要茶叶来保持身体健康。而内地需要大量的良马以供战事或民用。于是，具有互补性的茶叶和马匹的交易市场，即"茶马互市"应运而生。茶马古道不单指特别的一条道路，而是指以川藏道、滇藏道和青藏道三条道路为主线，辅以众多支线所构成的道路系统。提到茶马古道，就不得不提一下马帮。马帮在千百年的发展历程中，形成了一种独特的文化。他们的精神附着在茶马古道上，例如冒险与开拓精神，宽容亲和与讲信誉的精神，以及爱国精神与创新意识等，这些都成为民族精神的重要组成部分。

368　2005年普洱茶复兴事件是怎么回事？

300年前云南普洱府奉命贡茶进京，1839年因马帮运输途中遭劫而终止。166年后的2005年5月1日，一支由120匹骡马、43位赶马人和7辆后勤车、27位后勤保障人员组成的云南大马帮从普洱县城出发，历经168天的艰苦跋涉，经过6省80余县，于10月18日抵达首都北京，再现了贡茶进京、享誉京华的历史盛事，达到了宣传普洱茶、宣传云南，为希望工程筹款的目的，演绎了一部动人的茶马传奇，得到了当地政府、茶商和媒体的关注。

2005年9月24日，《北京晚报》开始了历时两个多月的大型系列报道——《山间铃响马帮来》，"马帮日记"记述了赶马人露宿山间，风餐夜宿的日日夜夜，让云南马帮在北京市民的心中持续升温，从此普洱进入了京城寻常百姓家。

2005年10月中旬举行了新闻发布会,并且在老舍茶馆进行的义卖活动上,马帮茶义拍160万元,全部捐献给希望工程。拍卖现场各位参与者张大嘴惊讶的瞬间,永远地定格在照片中。沿途4省援建的十几所"马帮茶希望小学",是希望工程历史性的创举。

那一年,人们关注的是马帮,可落到实处的是普洱茶。如果说当年"普洱茶"这三个字在很多地方还很陌生,那么马帮进京让这三个字迅速成为市民口头上最热的词语之一。《北京晚报》的持续关注,不仅见证马帮走完全程,而且还让普洱文化得到推广并使普洱热潮一直延续至今。

马帮茶道,瑞贡京城,欢迎各位来如意茶苑看一看当年的马帮茶,共品香茗,论道古今。

369 河北省的茶产业是什么样的?

燕赵大地,人杰地灵,护佑京畿,蓬勃发展。西柏坡奠定了新中国的诞生,雄安新区建设如火如荼。著名的"禅茶一味"就源自石家庄赵县的赵州和尚吃茶去,柏林禅寺的虚云老和尚、净慧法师都对禅茶有精深的研究,明海大和尚也曾经与茶有过不少的机缘。河北太行山区在一些农业科学领域的有识之士的实践带领下,不仅种出了上千亩的茶园,而且出产的茶品质优良。茶树盆景的探索更是让北方茶人有了近距离观赏茶的机会。茶器方面,既有定窑这一五大名窑之官窑,也有磁州窑这一黑白雕花的特色艺术窑口,还有唐山的一些国瓷。大运河经过燕赵大地沧州和廊坊段,也留下了茶文化的历史印记。万里茶道经过张家口这一关键交易与中转之地,最后进入俄罗斯,再远销欧洲。茶文化、茶科技在燕赵大地熠熠生辉!河北的各个茶组织百花齐放,共同推动了茶产业的发展。

作为北方著名的销区,茶叶在河北拥有巨大的市场空间。河北的茶叶市场林立,是华北及北方茶业的重要集散地。需求决定供应,所以河北的茶业必将更加兴旺。

370 未来茶产业的发展方向是什么?

茶产业在保证安全的前提下,应着重于持续提升产品品质,致力于让消费者购买茶和饮用茶变得极简化和便利化。做大整个品类的盘子,提高消费者的价值感和获得感，将是茶行业进一步发展的保障和努力方向。茶产业的推广模式要亲民，坚决摒弃一些烦琐的、陈旧的、阻碍产品普及的固有模式。事实证明，"大师遍地走""强行编故事""茶叶治百病""片面宣传古文化""假装高大上"等茶的推广模式，消费者是不买账的。茶行业的从业者必须针对不同的消费群体，拿出有针对性的、喜闻乐见的方式进行推广，让大家高高兴兴喝茶，喝明明白白的茶。

371 茶叶市场的现代化发展内容有哪些？

笔者对茶的未来市场发展进行思考以后，提出了以下八个方面的内容：

第一，茶与其他草本结合，茶包的营养功能化；

第二，茶制作食品饮品的消费品化；

第三，口粮茶的大宗低价标准化，高端茶的精品文化可溯化；

第四，云茶的散茶化方便化精细化；

第五，茶仓的金融科技文旅化；

第六，茶创新的跨界多元化、应用场景化；

第七，茶株的阳台经济盆景化、科普化、观赏化；

第八，家家有茶室，随行有茶具，办公有茶盘，吃饭有茶餐，茶文化的生活化。

这仅为抛砖引玉，还有很多，等待各位从业者共同塑造茶行业繁荣，护佑百姓的健康，让生活更美好。

372 茶光互补

随着新能源的发展和国际上对碳排放的限制，光伏技术越来越多地应用到农业和畜牧业中，达到高效立体利用光能的效果。

您知道吗？如今的茶山除了产茶，还能发电！近日，位于杭州径山茶学实验基地的"茶光互补"光伏电站成功并网发电。通过在传统的径山禅茶种植基地上增设光伏板，达到了板上发电，板下种茶，一地两用，阳光共享的效果，并以此实现茶园生产和光伏发电的双赢发展模式。据浙江大学径山茶学实验基地场长林法明所说，如果以300亩茶园的面积来计算，预计一年的发电量有1800多万度，产生的经济效益有740万元左右。其实，茶光互补的项目不仅在杭州有所建设，在浙江绍兴的嵊州和新昌，湖北的天门、宜昌，安徽的金寨县，江苏的溧阳，都开展了"茶光互补"项目的试点工作，收获颇丰。比如：位于浙江嵊州的三界镇茶场建设了浙江省的首座"茶光互补"电站，自2016年投运并网以来，已累计发电12 600万千瓦时，而且在发电过程中实现零污染，相当于每年减少消耗标准煤6060.3吨，减少二氧化碳排放量15 878吨。得益于众多试点的成功，如今在出产六堡茶的广西梧州市苍梧县，也开始推进"茶光互补"的项目，促进清洁能源的发展。

"茶光互补"融现代科技与传统农业为一体，在光伏板的间隙种植茶树，不但提高了土地的利用率，还可以缓解本地电网的供需矛盾，优化电能结构，减轻环保方面的压力。例如：可以推广杀虫灯，以此减少病虫害，降低农药的使用量，有助于提高农产品的品质。还可以建设智慧茶园，对茶园的温湿度进行智能调节，打造有利于茶叶生长的舒适环境，提高产量。除了上述所说，建设"茶光互补"项目的地区，当地群众可以通过入股分红、出租土地、采摘茶叶等方式获得相应的收益。"茶光互补"项目起到了助力乡村振兴和实现"双碳"目标的作用。

当然，由于各地的实际情况不同，"茶光互补"项目需要充分结合所处地区的区域优势，可以扩展思路，将种植业、养殖业、观光旅游等产业进行融合，走出一条有特色的可持续发展道路。在光能不足、长年下雨、高山云雾多的茶区，该项目则不适合。

373 茶与碳中和

为减缓气候变化，促进制度和技术的创新，中国提出2030年碳达峰、2060年碳中和的愿景目标。茶业拥有绿色生态资源，非常适合参与到碳交易中。碳交易的初心，是通过经济杠杆推进各领域的从业者观念和行动上的转变。一方面，碳排放大户要以货币的形式补贴绿色产业，同时，督促生产者采用流程优化、技术创新等方式节能减排、降本增效，构建出绿色、可持续的新经济发展格局。另一方面，以碳汇形式创收的绿色产业，可以进一步优化产业结构，形成高质量的发展局面。例如：茶园管理中，可以减少化肥的使用，施用有机肥，采用绿色防控技术等，不但能修复茶园的土壤和生态环境，还有助于提高茶叶品质，扩大茶叶的对外出口，开拓生态茶旅项目等，可谓一举多得。大面积的茶园，可以完成碳排放的指标，对碳排放大户销售，对乡村振兴具有一定的价值。2022年5月5日，全国首个农业碳汇交易平台在福建厦门落地，提供开发、测算、交易、登记农业碳汇等一站式服务。签约仪式现场，通过发放首批农业碳票，推动 7755 亩生态茶园、共计 3357 吨农业碳汇交易项目签约，助力碳达峰、碳中和战略与乡村振兴工作的融合发展，为增加农民收入开辟了新途径。

374 新式茶饮的现状是什么？

近代瓶装饮料的发展经历了三代，第一代为碳酸饮料，第二代为果汁类饮料，第三代为茶饮。从现在的市场反馈来看，不添加调味物质的茶饮销售情况不理想。相较于邻国日本茶饮市场获得的认可，笔者认为国内的茶饮有如下几个问题需要得以解决。第一点是口感：新式冷萃茶饮相比传统泡出来的茶，在口感上仍有差距。例如：茶中的香气物质没有得以激发和保留，这样使得不太关注茶的人群，更偏向于添加糖分以及添加剂的各类调味茶。而更加关注茶滋味和健康的人群，不会去选择这类瓶装茶饮。第二点是成分：中国的食品工业技术相较国外仍有较大差距，在制作茶饮的过程中，茶中的有益成分受到了较大的破坏，茶饮不够健康。例如：同样是瓶装茶饮，日本的食品加工技术能更好地保留茶的香气和茶中的有益成分，因而其瓶装茶饮不但本国市场占有率高，更风靡世界。第三点是文化打造：受多年瓶装饮料的惯性影响，现在的年轻人更偏向甜酸口味，由此导致为迎合这种口味，茶企宣传的是健康理念，实际上仍是采用传统饮料打法，既不能带来健康，也不能发挥茶饮的优势。最近，新式奶茶品牌——奈雪的茶已成功上市。希望今后的新式茶饮能使用更好的原料来制作奶茶。例如：使用鲜奶替代奶精，茶的原料可以采用全程无农药的有机茶叶，带给消费者更加健康、安全的饮品。新式茶饮，特别是功能茶饮的春天来了！

375 快捷茶饮会取代原叶茶吗？

快捷茶饮不会完全取代原叶茶，原叶茶也可以做成快捷的茶包。随着时代变迁，人们的行为模式会有一定的转变，一些旧的应用场景会消失，但也会产生新场景。新式奶茶、瓶装茶饮是出门在外的年轻人的首选。未来便利店是否有泡茶机来杯快捷热茶饮和冰茶也未可知。再比如：普通上班族在办公室不方便放很多茶器泡茶喝，此时快捷茶饮就省事许多，花草茶功能茶也会受到办公一族的喜欢。而随着茶馆行业的不断发展，通过星级评审的传统茶馆能很好地满足商务会议、聚会等需求，吸引人们前来消费。新的时尚茶馆、茶空间则可以提供传统和现代的茶饮。快捷茶饮和原叶茶各有优势，二者在互相竞争中互相学习、成长，满足不同的场景需求，共同将茶产业做大做强。

376 中国的茶叶生产过剩吗？

中国作为历史上的传统产茶大国，20世纪曾经因为战争等原因导致茶产业一度凋零。随着国民经济的不断发展，茶叶作为一种经济作物被广泛种植。到如今，我国生产的茶叶已有不小的过剩问题（至少过剩300万吨）。而且，每年还在以数十万吨的数量递增。另外，很多人将白茶、普洱茶存起来，并没有喝掉，实际上茶叶过剩更多。这是南方各地山区没有更多经济抓手，不约而同地选择了茶叶的结果。怎么办？创新！不打破旧有的传统做法没有出路。可将部分茶园退林还耕，或者利用比较优势与农业大数据进行调配。有关如何处理过剩的茶叶产能问题，笔者对其消化途径有以下几点思考：一是变成食品吃掉，可使消耗量大增，老叶加工成饲料更是天然抗生素。二是变成方便茶饮喝掉，第三代瓶装饮料将是茶饮的天下。三是建立茶叶的一带一路储备库及交易市场，茶叶作为一带一路的硬通货，通过出口销售掉。四是发起全民饮茶健康运动，以提升国民体质。五是鼓励深加工和功能茶的创新。六是建立一定数量级的品牌以及产业链标准。七是借助各位茶友的集思广益寻找解决办法，爱茶人的探索才是茶界之光，百姓之福。

377 茶叶仓储的发展方向有哪些？

老茶是否好喝，除了与原料的品质和工艺水平有关，仓储是否得当也非常重要。茶的仓储与酒类似，如把红酒放在家里存放，与存放在酒窖的橡木桶中相比，品质上有天壤之别。除此之外，不同地区、不同的存储环境，也会使茶叶出现不同的陈化特点，对于广大的茶叶流通企业和消费者而言，自建的仓储环境难以实现理想的效果。基于以上情况，茶业界的仓储经济发展也是十分的火热。优秀的茶仓平台，不但有利于降低仓储成本、防止茶叶损坏，激发老茶的转化潜力以及行业标准的落地，还能在此基础上扩展出鉴定、交易、金融、文旅等经济形式。其实，自2005年普洱茶复兴事件之后，云南普洱市曾借鉴了现代管理学和银行学概念，牵头创办了全国首家"普洱茶收藏拍卖行"，非常有前瞻性。只可惜2007年普洱茶被疯狂炒作，以致泡沫破裂，使得这种新经营形式没有延续下去。近年来，白茶、普洱茶等适合长期储存的茶叶乃至陈皮的市场升温，使茶仓具有可观的前景。愿茶仓的发展能打破固有的茶叶流通交易管道，让整个茶产业链变得更好。希望业界同仁共建北方茶仓这一无烟工业，使之成为科技存储空间、批发零售平台、金融交易平台、品鉴文旅平台等。

378　北京有哪些茶展？

在北京提到茶叶，最先想到的是马连道茶城。但是那里毕竟以批发茶叶为主，而在北京若想了解茶文化，每年主要有三个茶展可供游览。一个是国内最大的茶展机构华巨臣于每年秋季 10~11 月，在北京国家会议中心举办的国际茶展，以文化活动和组织采购商队伍见长，展会上主要是全国大型茶企和各地政府组团参展。如意茶苑同华巨臣茶博会在茶文化活动上有过多年的合作，开展过茶文化论坛、曲水流觞、琴棋书画诗酒花茶舞、直播探展等活动。另外一个是中国茶流通协会，于每年春季 5~6 月，在北京展览馆举办，规模也很大，以北京的展商和各地政府流通部门组织的茶企为主。还有一个是中国农业国际合作促进会、茶产业委员会在北京农展馆组织的春秋茶展，展览中除了茶叶，还有一些农产品，各地农业局组团参与度高，小展商较多。只是受新冠肺炎疫情影响，2021 年的展览一半都未能举办。2022 年具体的展览信息有：华巨臣主办的北京茶产业博览会将于 2022 年 11 月 10 日至 13 日在国家会议中心举办。中国农业国际合作促进会主办的北京国际茶业及茶艺展——北京茶博会，将于 2022 年 12 月 30 日至 2023 年 1 月 2 日在农业展览馆举办。喜欢茶的读者，快去看看吧！

379　"内飞" 指的是什么？

头一次买普洱茶饼的人会发现，茶饼中怎么还镶嵌着纸呢？其实这个纸叫作内飞，是在普洱茶压制的时候放入的一种识别普洱茶厂家、品牌、定制者的标记。由于内飞在压制工序中就部分或全部嵌入茶饼，非常难以仿造，所以也能起到一定的防伪效果。相传 19 世纪中期，易武山下有一家叫 "同昌号" 的茶庄，与车顺号、安乐号生产的茶都被列为贡品。当时普洱市场特别乱，为了防止伪造、便于识别，同昌号茶庄的大公子 "黄文兴" 便发明了内飞。由于当时普洱茶只是裸饼，没有绵纸和内票，仅最外层用竹壳包装，所以，想要辨别茶品的身份，只能通过看"内飞"来确定。现如今，随着各类技术的进步，仅凭借"内飞"来判断普洱茶的真伪已经失去了意义。茶喝到嘴里，咱们才能知道值不值，而不是将喝茶变成了喝包装、喝纸。

380 "茶引"是什么？

茶引就是古代茶叶运销的凭证，是税收的来源之一，也是古代茶叶稀缺的表现。中国是世界上种茶、饮茶最早的国家。随着饮茶的大发展，茶税在国家经济、政治方面的重要性也越来越显著。一开始，朝廷实行官买、官运、官卖，全方位进行控制，与官盐一样。宋代崇宁元年（1102年），蔡京确立"茶引法"，茶叶改为由官方监督、茶商销售。为了防止偷漏茶税，茶商需要获得官府发放的茶叶运销凭证，这就是茶引。茶引制度，直到清末才逐渐废止。

381 什么是茶馆？

城区林立的咖啡店，彰显着西方文化在中国的传播与影响力。然而，作为茶的发源地，市场上的茶馆却显得黯淡了许多。很多年轻人觉得，到茶馆喝茶不是商务人士或者上年纪的老人家才会做的事情吗？人们对茶馆的认知，更多地停留在一些古装影视作品中。其实，随着国家经济的飞速发展，国人对于祖国的历史文化产生了浓厚的兴趣，从近年来的新国潮风就可见一斑。自古至今的茶馆，在历史长河中不断地传承与发展，无论是外在的功能，还是内涵的文化气息，并不比西方的什么咖啡文化或者红酒文化差。在国外，时尚的茶苑才是绅士和淑女会面的最佳场所，也是一家老小聚会的好地方。

伴随着茶圣陆羽《茶经》的广为流传，饮茶之风于唐代开始盛行，民间的茶馆或者说是茶摊也开始兴盛起来。正如《封氏见闻记》中所说："自邹、齐、沧、隶，渐至京邑，城市多开店铺，煮茶卖之。不问道俗，投钱取饮。"接着到了宋朝，作为中国历史上文艺范儿十足的一个朝代，茶馆作为一个公共的社交场所，人文气息浓重，自京城到各州县，到处都设有茶坊，著名的《清明上河图》中就有关于茶坊的画面。自明朝开国皇帝朱元璋"废团改散"为始，原叶茶冲泡的新时代使得茶馆发展得更好，到处都有，茶馆成为大众休闲、娱乐、饮食以及谈生意的首选之地。

近代虽受战火的影响，茶馆几经凋零，但通过不断地与时代脉动相结合，也生生不息。全国出现了许多结合地区特色发展起来的茶馆：有以杭州为代表，主打精致文化的茶馆；有以成都为代表，主打平民文化的茶馆；有以潮汕为代表，主打茶道文化的茶馆；还有以北京为代表，主打贵气文化的茶馆等，说到文化，不得不提现代文学家老舍先生于1956年创作的话剧《茶馆》，剧中展现了戊戌变法、军阀混战和新中国成立前夕三个时期近半个世纪的社会风云变化。剧中出场的人物类型众多，剧情紧凑，富有张力。正如老舍先生所说："茶馆是三教九流会面之所，可以容纳各色人物。一个大茶馆就是一个小社会。"

如今，新式茶饮已经打得不可开交，市场十分火爆。茶馆业也不断创新发展，按照星级茶馆的标准积极提高软硬件设施和服务质量。相信未来能有更多吸引年轻人进入的茶馆出现，人们在出差、旅游时愿意走进去歇一歇、看一看，感受当地的风土人情。去咖啡厅只是借个空间谈事，而茶馆则是社交、品茶、购茶、学习茶文化的综合场所。愿人们多来茶馆，休养身心，促进事业发展，联络感情，享受生活。小茶馆，大生活！

382 明慧茶院是什么地方？

北京西山深处有一座辽代古庙，名叫"大觉寺"。在这里有一座由北大毕业生欧阳旭为弘扬中国茶文化而创办的明慧茶院。茶院占地近4000平方米，是北京最大的茶院。其中，雍正皇帝赐名的四宜堂（俗称南玉兰院）、乾隆皇帝提名的憩云轩，以及院内南北厢房和耳房中都设有茶室（戒堂则改为绍兴菜馆）。而且，茶院内还有一棵有300余年历史的古玉兰树，它是北京市最大的一棵玉兰树，清明时节，芬芳异常。每年四月，大觉寺都会举办"明慧玉兰品茗节"。除了观赏盛开的玉兰花外，还会举办一些展览和文化活动。另外，茶院定期派专人到南方茶叶产地精挑细选各类茶叶，价格实惠。节假日的时候，慕名而来的人很多。

这个明慧茶院是怎么来的呢？国学大家——季羡林，曾问欧阳旭，为什么会在深山里做一个茶院呢？原来欧阳旭曾经与伙伴结伴郊游，中途迷路了，偶然间发现此清幽之地，甚是喜爱，便租了下来，加以装修，创办了明慧茶院。欧阳旭曾经在解释为什么创办明慧茶院时说道："它跟城市有距离，因此会有另一种体会，有时候劣势就是特点，看你是不是能把大家公认的劣势转化为特点。你在哪儿喝茶能观赏那些生长了1000年的古树？并且是北京最老的玉兰树？还可品味千年古刹的故事？"若有机会来北京大觉寺游玩，一定要去明慧茶院品上一杯香茗。

383 来今雨轩是什么地方？

鲁迅先生曾说过："有好茶喝，会喝好茶，是一种清福。"在北京的中山公园内部的东侧，就有这么一个茶社，让鲁迅都成了它的铁杆粉丝，它就是"来今雨轩"。来今雨轩建于 1915 年，最早是由当时中央公园（也就是现在的中山公园）的董事会发起成立的，轩名是由北洋政府内务总长朱启钤根据唐代诗人杜甫"旧雨来，今雨不来"的典故所定，意喻新旧朋友来此欢聚，对盏者一般都是不计地位名势的真友。北洋政府大总统徐世昌亲笔书写了最初的匾额。1971 年，有"中国第一书法家"之称的郭风惠受周总理所托，题写了新的匾额。现在比较新的匾额则是 1985 年由赵朴初所题。

来今雨轩之所以出名，主要还是跟当时来茶社喝茶的人群有关系。20 世纪之初，公园的门票和价格偏高（门票虽然只要 5 分钱，但是在那个年代 5 分钱可是能买到六七个鸡蛋的），而且游客进入公园还要有其他的消费，一般人承受起来比较困难。因而到访茶社的人大多数是当时的社会名流、大学教授、鸿儒名医等，比如林徽因、叶圣陶、鲁迅、齐白石、李大钊等。著名通俗文学大师——张恨水先生，与《新闻报》的严独鹤先生在此邂逅，写出了不朽之作《啼笑因缘》。1918 年 11 月，李大钊在来今雨轩发表了著名的演说——《庶民的胜利》，点燃了革命志士心中救国图存的火种。1921 年 1 月 4 日，文学研究会在来今雨轩正式成立，研究会以人生和社会问题为题材，创作了许多揭露黑暗旧中国的现实著作。

据《鲁迅日记》中记载，鲁迅曾 82 次来到中山公园，60 次进入来今雨轩翻译写作、品茗就餐、赏花会友。鲁迅的学生许钦文在 1979 年曾撰文详细描述了鲁迅先生请他在来今雨轩吃包子、喝茶的故事。他们吃的冬菜包子在北京十分出名，可以和天津的狗不理包子相媲美。

现在，来今雨轩成为北京市级爱国主义教育基地，于 2021 年 6 月 1 日正式对公众开放。身处皇家园林中，有吃，有喝，还有展览和故事，快点儿去看看吧。

384 沧州正泰茶庄是什么地方？

沧州正泰茶庄位于沧州市运河区晓市街文庙的西侧，创建于民国三年

（1914年），是天津"老字号"正兴德茶庄在沧州市的一座分号。其门脸上方刻有"松萝、珠兰、红梅、正泰茶庄"十个大字，是沧州籍知名书法家朱佩兰所写。其中，松萝、珠兰、红梅分别代表着产地不同的三种名茶：安徽松萝茶、福建珠兰花茶、浙江九曲红梅茶。茶庄分南北两座，各两层，房间共有32间，地下室4间。2008年经河北省人民政府批准公布为第五批省级文物保护单位之一。据曾经在正泰茶庄担任管账先生的钱炳玉老人回忆，正泰茶庄原是由天津两大巨富之一的穆雪芹修建。穆雪芹看望嫁给沧州富豪刘凤舞后人的姐姐时，看中了文庙西侧这块风水宝地，便修建了正泰茶庄。其货源由天津卫发来，或者从津浦铁路由火车运送、从南运河上由大船运送，原料则来自穆雪芹在福建买下的两座茶山。如今，修缮后的正泰茶庄成为融买茶、品茶，以及名石、古砖等历史文化艺术品展示、欣赏和消费为一体的场所，加强了聚会功能。相信正泰茶庄将来一定会成为沧州茶文化的引领者，为沧州增添一份人文气息。

385　吴裕泰是如何诞生的？

"京城花茶香，源自吴裕泰。"很多老北京人都喜欢喝花茶，而以"卖老百姓喝得起的放心茶"为经营之道的中华老字号——吴裕泰，便是老百姓买茶时的首选。

吴裕泰始创于1887年，由安徽歙县人吴锡卿所创建，至今已有130余年的历史。其牌匾上的文字是由大书法家冯亦吾老先生所题写。吴氏茶庄的茶叶均从安徽、浙江、福建等茶叶产地直接进货，并派专人在福州、苏州等地窨制茉莉花茶。窨好的茶叶在送至北京以后，再拼配成各种档次的茉莉花茶。上至达官显贵，下至布衣百姓，或品茶，或会友，都少不了吴氏茶庄的茶叶。

吴裕泰的茉莉花茶具有"香气鲜灵持久，滋味醇厚回甘，汤色清澈明亮"的特征，被誉为"裕泰香"。其茉莉花茶窨制技艺入选国家级非物质文化遗产名录。

随着时代的发展，吴裕泰从产品到经营，不断地改进，推出的茶味冰激凌和奶茶系列产品火爆全网，成为网红产品，吸引了一大批年轻人的关注。古韵悠长的茶香，焕发着青春活力，有时间快去吴裕泰打个卡吧。

386 张一元是如何诞生的？

茉莉花茶是中国北方人民最喜欢喝的茶品，而在北京提到茉莉花茶，便会想到中华老字号——张一元。张一元始创于清代，其创始人张昌翼，字文卿，是安徽歙县潭村人。清光绪十年（1884）张昌翼曾在北京"荣泰茶店"学徒，光绪二十二年（1896）自行创业，开始摆茶摊。光绪二十六年（1900）张昌翼在北京花市大街开设"张玉元茶庄"。"玉"，有玉茗的意思，指上佳的茶叶。"元"在汉语里是第一的意思。1906年张昌翼在前门大栅栏观音寺开设了第二家店，取名"张一元"，比"张玉元"更好记、更有寓意。"张一元"取"一"和"元"两个首位的意思，有一元复始、万象更新之意。1908年张昌翼在前门大栅栏街开设了第三家店，同样取名"张一元"，为区别前一个店，该店亦称"张一元文记"茶庄。此店就是现在张一元总店的前身。

张一元为了生产质优价廉的茶叶，特地在福建建立了自己的茶叶生产基地，自行窨制上好的茉莉花茶，运往北京销售。以"汤清、味浓、入口芳香、回味无穷"为特色的张一元茉莉花茶，深受京城茶客的欢迎，并销往天津、河北、内蒙古，以及东北各地，成为中国北方各省知名的老字号。1993年、2006年，张一元分别被国内贸易部、国家商务部评定为"中华老字号"。张一元茉莉花茶的制作技艺也于2007年被列入国家级非物质文化遗产保护名录。

进入新世纪以来，张一元的花茶由于面临低端化、老龄化、地域化的问题，企业遇到了发展瓶颈。最初，张一元尝试多元化发展，尝试过茶饮料、餐饮、文化旅游等多种业态，但是效果都不太好。2011年，张一元重新调整企业战略，将重心聚焦于重振花茶地位，打造了战略产品——八窨茉莉龙毫，一举打响市场，第一年就实现了25万桶的销售。成功改变了张一元花茶在消费者头脑里低质、低价的认知，扫除了企业发展的一大障碍。如今，茉莉花茶单品年度销售额就能破亿元，成为张一元的当家茶品。特别是位于前门的张一元总店，最为消费者所认可。花茶不仅有礼盒包装，更有亲民的纸质现包散茶，称上二两半斤的散茶，实在是有回到从前的历史感。

387 余杭径山寺是什么地方？

径山寺全称为径山兴圣万寿禅寺，位于杭州余杭区的径山风景区内。因为此处有路径通往天目山而得名，为天目山支脉。东径通余杭城，西径通临安城。寺院始建于唐朝天宝年间，距今已经有 1200 余年的历史。径山寺的开山祖师法钦亲手种植茶树，制作出径山茶，用以礼佛。茶圣陆羽当年也是隐居在径山采茶、觅泉，成就千古流传的《茶经》。苏东坡一次次探访径山茶，会见高僧、品茗，留下"我昔尝为径山客，至今诗笔余山色"的千古佳句。南宋定都临安（今杭州）以后，径山禅寺名列江南五大禅院之首，高于名声在外的灵隐寺。当时颇负盛名的径山茶宴是"正、清、和、雅"的禅茶文化杰出代表，更借由众多来此处学习禅宗文化的日本僧人流传至日本。日本人以径山茶为基础，开创了日本茶道。如今，每年都有很多日本茶人来到径山寺参拜，径山寺在日本声名远播，被日本人奉为禅宗祖庭。径山寺历史悠久，有很多文化景点可供读者欣赏、学习。

388 杼山三癸亭是什么地方？

唐代陆羽于唐肃宗至德二年（757 年）前后来到吴兴（湖州古称），住在妙喜寺，与著名僧人皎然结识，早年又有意投奔颜真卿，与颜真卿有过一面之交，后来与二位都成为"缁素忘年之交"。陆羽构想在妙喜寺旁建一茶亭，得到了吴兴刺史颜真卿和诗僧皎然的鼎力协助，最终茶亭在唐代宗大历八年（773 年）落成。由于建成时间正好是癸丑岁癸卯月癸亥日，因此名为"三癸亭"。皎然曾为此赋诗《奉和颜使君真卿与陆处士羽登妙喜寺三癸亭》，诗中记载了当日群英齐聚的盛况，并盛赞"三癸亭"构思精巧，布局有序，将亭池花草、树木岩石与庄严的寺庙和巍峨的杼山自然风光融为一体，清幽异常。当时的人们将陆羽筑亭、颜真卿命名题字与皎然赋诗称为"三绝"，一时传为佳话，而"三癸亭"更成为湖州的胜景之一。茶圣陆羽于唐德宗贞元二十年（804 年）在湖州逝世，享年七十一岁，安葬在杼山，山上现有陆羽墓。

杼山在浙江省湖州市城西南 13 公里妙西镇的西南侧，因夏王杼巡狩至此而得名。爱茶的读者若有机会前往湖州，可以去杼山走一走，看一看，感受千年前群英相聚的地方。

389 杭州虎跑泉是什么地方？

西湖之泉，以虎跑为最。两山之茶，以龙井为佳。"西湖龙井虎跑水"，被世人誉为"西湖双绝"。明代高濂曾说："西湖之泉以虎跑为最，两山之茶，以龙井为佳。"七下江南的乾隆皇帝也将杭州的虎跑泉和无锡的惠山泉，并列为"天下第三泉"。

虎跑泉位于杭州西湖西南方向大慈山的虎跑寺内。虎跑寺本名定慧寺，唐元和十四年（819年）由性空大师所建。相传性空大师来到大慈山，感觉此山灵气郁盘，便在此参禅。但由于没有水源，准备前往其他的地方。后来，梦中神仙告诉他会有二虎带来泉水。次日，果见有二虎刨地，泉水涌出，故取名"虎刨泉"，后觉拗口又改为"虎跑泉"。

虎跑泉是从大慈山后断层陡壁的砂岩、石英砂中渗出来的。虎跑泉泉水清冽，晶莹透彻，滋味甘醇，煎茶极佳，为杭州诸泉之冠。用此水冲泡龙井茶，色绿味醇，可谓绝配。笔者曾经于20世纪90年代去虎跑寺品过虎跑泉水，也用虎跑泉水泡过龙井茶，非常甘甜。投币于水上，硬币漂浮水上，捞之，水顺滑如油，所含矿物丰富之至！正所谓一方风土，水植相融，最佳搭档。

如今的虎跑公园，前庭介绍了虎跑寺的演变和性空大师的生平，中庭是李叔同（弘一法师）的纪念馆。后庭是济公殿，一楼有济公和尚的铜像，墙壁上还有关于济公和尚各种传说的壁画。二楼是间茶室，内藏各种书画名著。作为小众景点，若大家去杭州时，不妨看一看，游人数量不多，是个令人放松的好地方。

390 国际上有关茶叶的大宗三角贸易是什么？

在20世纪，有一大宗重要的三角贸易，将来自中国的茶叶、印度的香料和美洲的白银联系在了一起。1453年，由于君士坦丁堡被奥斯曼帝国攻陷，东罗马帝国宣告灭亡，陆地上的货运通道彻底落入了伊斯兰国家之手。为获得生活所必需的茶叶和香料，西方各国开始寻找前往东方的海上商路，开启了大航海时代，发现了美洲新大陆。然而，新大陆上并没有茶叶和香料出产，西方国家仍然还得同中国进行茶叶的贸易。由于中国的经济是建立在手工业和农业紧密结合的基础上，使得中国在经济上高度自给自足，欧洲的产品在中国的市场非常小。但是，随着中国商品经济的发展，铜钱逐渐不能适应市场的交易，因此中国对白银有着强烈的需求。于是，西方国家便用在美洲开采的白银，换取中国的茶叶。可能有人要问，为什么西方会这么需要香料呢？香料不是调味剂吗？其实，香料除了作为调味剂，还有一个更加重要的作用——能够抑制细菌的生长，进而保存食物。在那个没有冰箱的年代，这尤为重要。如此，便形成了茶叶、香料、白银的大宗三角贸易，世界经济形成大循环。

391 茶叶会引起战争吗？

中国用两片树叶（茶叶、桑叶）、一把土（瓷器）征服了世界！茶正是一片神奇的叶子。古代丝绸之路上的核心产品之一就是茶叶，世界各国人民都喜爱它，并且茶叶不断地被消耗，构成了持续的国际贸易。但也正因如此，茶叶贸易含有足以影响国家兴衰的巨大经济价值，间接引发了诸多茶叶战争。最著名的当数成为中英鸦片战争和美国独立战争导火索的波士顿倾茶事件！

从国际上看，葡萄牙、荷兰、英国等国为争夺中国茶叶的对外总经销权，爆发过多次战争，最终以英国的获胜告一段落。接着，中英之间直接爆发了中英鸦片战争，英国人通过鸦片打开中国大门，并且由东印度公司派茶叶大盗福琼偷取茶种到印度、斯里兰卡等地种植加工。自此英国彻底掌控了茶叶的贸易来源，并切断了与中国的茶叶贸易，掌握了世界茶产业的话语权。然而，凭借茶叶贸易攫取巨额财富的英国，也因为过于依赖茶叶的经济属性而翻了车。在美洲的英属殖民地上，就由波士顿倾茶事件为导火索，爆发了美国的独立战争。各殖民地纷纷响应独立运动，导致了大英帝国的衰落。

从国内来看，由于饮食结构的原因，北方少数民族对于茶叶的依赖性远远高于中原民族，茶叶也成为中原王朝用来化解民族矛盾或控制北方游牧民族的武器。明朝曾因为关闭茶叶贸易市场，导致北方的蒙古及女真各部与明朝爆发了清河堡战争，3 年血战死伤无数，直到宣布重开茶市战争才真正结束。

茶本身给人们带来健康、平和与喜悦，然而由于人的贪婪，酿出一桩桩祸事。万物有度，平衡为之，愿世界和平，人民幸福。

392 巴拿马万国博览会是什么会？

在许多茶叶的宣传中，常常会提到 1915 年在美国举办的巴拿马太平洋万国博览会。博览会会址设在美国旧金山市，从 1915 年 2 月 20 日开展，直到 12 月 4 日闭幕，展期长达九个半月，参展国 31 个，展品 20 多万件，总参观人数达 1900 万人，开创了历史上博览会历时最长、参加人数最多的先河，美国总统也亲临现场。中国参赛产品 10 余万种，重 1500 余吨，获奖 1218 枚，为参展各国之首。

巴拿马太平洋万国博览会是美国政府为庆祝巴拿马运河的开通而举办的世界性盛会，国际影响力巨大。该博览会是刚刚成立的中华民国参与的第一个世界博览会，在中国掀起了一股博览热。为了实现恢复国产名誉、扩大海外贸易的目的，政府和工商界都积极筹备参赛事宜。通过此次参会，促进了民族工商业的发展壮大，让世界人民了解中国，也标志着中国在政治、经济、文化等诸多方面，在走向世界、与时代接轨上，迈出了重要的一步。

人们对于历史上的荣誉是比较重视的，但是，荣誉如何更好地传承与发扬，才是重中之重。在筹备巴拿马博览会的过程中，当时的省级商会就曾提到，中国的茶叶质量其实比日本、印度等国的茶叶更加高级，外国人也很乐于购买，但是由于改良未尽，在制法与装饰等方面不如日本、印度，反让他国后起，以致茶业凋零，可为浩叹。如今，茶行业相比往昔已有了巨大的进步，但是在大宗出口方面，出口量和价格仍然较低。望各界人才建言献策，令茶行业百尺竿头更进一步！

393 位于英国伦敦的茶叶拍卖中心是如何诞生的？

茶叶拍卖是目前世界茶叶贸易的主要趋势，通过拍卖交易的茶叶占世界茶叶贸易总量的 70% 左右。印度、斯里兰卡、肯尼亚等茶叶主产国和出口国，都拥有各自的茶叶买卖市场。但是，世界上第一个茶叶拍卖市场，却最先出现在 20 世纪不产茶的英国。

当时，垄断了世界茶叶贸易的东印度公司，规定每一个在欧洲销售的茶叶箱都必须经东印度公司进行估值、分级和拍卖，并于 1679 年 3 月 11 日首次组织了伦敦茶叶拍卖会。它是历史最悠久的一个茶叶拍卖市场，早期的交易量约占世界茶叶成交量的 60% 以上，年成交量曾高达 18.5 万吨。但是随着"二战"结束，在美苏的干预下，英国大量的殖民地纷纷独立，并开始建立起自己的拍卖市场。由于英国距离茶叶生产国路途遥远，造成各项成本居高不下，伦敦茶叶拍卖市场因而逐渐开始衰落。电信和运输等方面技术的发展和 CTC 袋泡茶的流行，让茶叶质量有了一定的保证，更是使得采购商们愿意到茶叶生产国进行采购。最终，伦敦茶叶拍卖市场于 1997 年正式宣告停业。

茶叶拍卖市场在保障交易过程公开、公平、公正，提升交易效率方面有着突出的贡献，各主要茶叶出口国均设有茶叶拍卖局。笔者曾经在斯里兰卡深入了解当地的茶叶拍卖情况，也向肖娟老师了解了印度的茶叶拍卖情况，对这种高效的方式非常认可，希望未来能够很好地引入国内。然而，如何设定拍卖机制，防止大茶商凭借自身体量影响市场价格，是建立中国茶叶拍卖中心时需要多加注意的，以免挫伤茶叶生产者们的积极性。

394 英国有茶园吗？

在历史上，一方面，英国纬度高、气候寒冷，不利于茶树生长。另一方面，英国有来自印度、斯里兰卡、肯尼亚地区的物美价廉的茶叶。因而，在尝试种植几次茶树失败后，300 年来英国本土再没有人尝试种茶。

1996 年，在英国西南角的泰格斯南庄园工作的园艺师乔纳森偶然在园林中发现了中国茶树品种的野生茶树，十分激动。他也因此燃起了在英国本土种植茶树的心愿。读者可能会有疑问，英国怎么会发现野生的茶树呢？其实，泰格斯南庄园的主人是曾经创制出伯爵茶的格雷伯爵的后人。这个家族十分热爱植物，花费巨额财富资助植物猎人在全球探险、收集各地的珍稀植物。这棵野生茶树便是偶然间存活下来的惊喜。

2001 年，茶树成功种植。2005 年，正式开始茶叶的商业销售。泰格斯南庄园也成为英国唯一的茶叶种植园，生意十分火爆。另外值得一提的是，这个庄园在 200 多年前，曾经从中国引进种植了许多山茶花，是英国第一个在户外种植观赏性茶花的地方，也是康沃尔州最大的私人植物园。庄园本身不对外开放，但是其中的花园和植物园可事先预约参观。若有机会前往英国，不要错过泰格斯南庄园。

395 英国的金狮茶室是什么地方？

金狮茶室是欧洲的第一家茶室，也是著名英式红茶品牌川宁的茶室。在英国想了解英式下午茶，这里不可不去。

在英国，茶叶最早是作为一种药用植物所引进。1657 年，伦敦商人汤玛士·卡拉威为了提高咖啡馆的竞争力，率先引入茶叶售卖，并且张贴广告宣传茶叶的各种功效。但是，由于茶的价格较为昂贵，每磅需要花费 6 到 10 英镑，茶叶并没有受到市场的欢迎。后来，在爱好饮茶的凯瑟琳王后的影响下，茶叶逐渐取代了以前的葡萄酒、淡啤酒，成为宫廷内的饮料。1664 年，东印度公司以每磅 40 先令的价格购买 2 磅的高价茶叶作为礼物送给了国王查理二世和凯瑟琳王后。由此，茶叶在英国确立了自己的贵族地位，消费者定位为高端的消费人群。在凯瑟琳王后的饮茶习惯为人所熟知后，上层社会的妇女纷纷放弃了饮酒的习惯，改为饮茶。宫廷中的饮茶风尚促进了女性饮茶人数的增长，社会需求带动了供给的变化。1717 年，托马斯·川宁将自己在伦敦经营的汤姆咖啡馆改名为"金狮"茶室，消费人群由之前的仅局限于男性，扩大到男女皆可。金狮茶室是全欧第一家茶室，而且它开启了混合配茶的先河。其坚持独特的以客户为导向的运营方式，把好的茶叶一字排开，让客户自己挑选再混合后试饮售卖，打下了优良的顾客基础。这是英国第一家女性可以自由进出的茶叶商店，它终结了只能由丈夫或男性仆人从咖啡馆购买茶叶的历史，赋予女性亲自挑选茶叶的机会，为日后茶叶成为生活必需品埋下了伏笔，开启了茶叶成为英国国民饮料的新时代，川宁公司也由此成为世界茶叶巨头。位于斯特兰德街217 号的金狮茶室，一直保留至今。

396 英国的 High Tea 指的是什么？

High Tea 指的是普通劳动人民喝的下午茶。大众印象中那种优雅的、贵族式的英式下午茶，叫作 Low Tea。这两种名称是根据喝茶的场景而来的。贵族式的英式下午茶，用的是低矮的桌子，人们可以坐下来，慢慢地品茶、吃点心、闲聊，所以叫作 Low Tea。而劳动人民没有悠闲地喝下午茶的时间，工人们只是在矿山或工厂结束工作以后，肚子饿的时候，赶紧回到家饱餐一顿，再喝点茶，这才是他们真正需要的。"High Tea"也是因为他们厨房的桌椅较高而来，与喝下午茶的贵族们使用的较低的桌椅形成了对比。虽然工人们喝的茶叶品质不是特别好，但加了糖和牛奶的茶可以帮助他们充饥，在心理上也有安慰作用。

"High Tea"最大的长处就是不受时间和场合约束，可以自由地进行。19世纪后期，英国在殖民地印度和斯里兰卡开辟了许多大规模的茶园，栽培了大量的茶树，茶叶的价格因此变得十分低廉。劳动者们可以毫无负担地喝茶就是在这个时期。随着产业革命的进行和社会系统的改变，红茶也逐渐扩散开来。与之相关的下午茶文化也被社会各个阶层所接受，使英国形成了红茶之国的神话。

397 格鲁吉亚最早的茶园是怎么来的？

据史料记载，中国的茶叶最初是在俄国与蒙古接触的过程中，从蒙古传入俄国的（19 世纪至 20 世纪的大部分时间里，今天的格鲁吉亚先后属于沙俄帝国和苏联的一部分）。随着茶叶贸易的发展，茶叶逐渐从皇室向平民阶层普及开来。为了摆脱对中国茶叶的依赖，1883 年俄罗斯人从湖北羊楼洞购买了大批的茶籽和茶苗，移植在位于克里米亚的尼基塔植物园内。但是由于土壤、气候、水质等原因，栽种工作以失败而告终。1884 年，在彼得堡召开的一次国际植物园艺会议上，有位叫泽得利采夫的教授，做了关于茶叶栽培的报告。与会人士听了这个学术报告后，产生很大兴趣，会议决定到格鲁吉亚栽培茶树。俄国皇家采办商"波波夫"经过多年的游历和考察，终于在 1893 年成功邀请到在宁波茶场工作的刘峻周同他一起前往格鲁吉亚开拓种茶事业。他们带着采购的数千公斤茶籽和数千株茶苗，与 12 名茶叶技工从宁波出发，经海路抵达格鲁吉亚的巴统港。3 年间，他们在此地区种植了 80 公顷的茶树，并成功生产出第一批红茶。1897 年，刘峻周返回中国再次挑选了一批优良茶籽和技术人员，并携全家定居巴统。在巴统北部的小镇"恰克瓦"的红土山坡上，他们培育出了适应当地气候、产量高、品质优的茶树品种。而且，他们制作出来的茶叶在 1900 年巴黎世界博览会上赢得了金质奖章。为了纪念刘峻周，格鲁吉亚人习惯将当地的红茶称为"刘茶"。刘峻周先生也被誉为格鲁吉亚种茶业的创始人之一。

398　飞剪船是什么船？

在西方爱上中国的茶叶以后，为了缩短运输时间，保证茶叶品质，进而获得巨额的利润，被称为海上王者的飞剪船诞生了。当时，传统的帆船从中国航行到欧洲需要一年左右的时间。然而，最快的飞剪船仅仅需要 56 天的时间。这种高速帆船在设计上十分大胆。其船身较窄，但桅杆的高度和船帆的面积都尽可能地加大，以便充分地利用风力。这样的设计使得船可以几乎贴着水面航行，在海上能劈开波浪前进，降低阻力，也因此被称为飞剪船。1845 年，由美国船舶设计师约翰·格里菲恩所设计，在纽约斯密斯·迪闷（Smith and Dimon）船厂建造的"彩虹号"被公认为是世界上第一艘真正的飞剪式帆船。中国的福州因茶而繁盛，码头上停泊着非常多的飞剪船。直到 19 世纪末，伴随着蒸汽动力船的发展，飞剪船才逐渐退出了历史的舞台。作为 19 世纪茶叶贸易繁荣的见证者之一，2012 年 4 月 26 日世界上最后一艘飞剪船——英国的"短布衫号"经过修复，在伦敦的格林尼治港码头向公众开放。其中，有很多老物件展出，具有独特的历史纪念意义。

399 瑞典的哥德堡号商船与茶叶之间有什么故事？

18世纪初，由于瑞典在和俄罗斯争夺波罗的海出海口的北方战争中失利，导致瑞典国内经济窘迫，国库濒临破产。因受到荷兰和英国建立东印度公司的启发，瑞典也于1731年在瑞典的第二大城市哥德堡特许成立了从事垄断贸易的瑞典东印度公司，这是瑞典第一家从事国际贸易的公司。1738年，天才船舶设计师弗雷德里克·查普曼参与设计的哥德堡号，是当时瑞典东印度公司最精良的三桅大帆船，船身长58.5米，船宽11米，水面高度47米，吃水5.25米，船帆总面积超过1900平方米，可以载运400吨货品，堪称18世纪的超级货船。1739年和1742年，哥德堡号两次远航中国，获取了巨额的财富（前往中国的大船贸易额相当于当时瑞典全国一年的国民生产总值）。然而，在1745年9月12日第三次远航中国时，满载着中国商品的"哥德堡号"在距哥德堡港仅900米的地方误入暗礁区而沉没，留下了世纪谜团。沉没事件带给世界的震动，不亚于后来的"泰坦尼克号"事件。上万斤最好的中国茶叶也因此沉入海底，人们无不惋惜地说道："哥德堡港湾从此变成世界上最大的茶碗了。"随着国际形势的变化，1813年瑞典东印度公司宣告停业，对华贸易也就此告一段落。

1984年，瑞典哥德堡海洋考古学会发现了沉船的遗骸，发掘出了当时从中国运回的松萝茶、武夷茶和珠兰花茶。其中，武夷茶和松萝茶的茶样在中国茶叶博物馆有所保存。后来，瑞典耗资3000多万美元，完全按18世纪时的造船工艺制作了哥德堡号的仿古船，并于2006年7月18日抵达广州，瑞典国王和王后也出席了相关活动。

400 茶叶贸易中的妈振馆是什么？

台湾地区的茶源自福建，目前台湾地区所栽种的茶树品种、早期的制茶技术都是由福建移民带来的。而在台湾地区茶的早期对外贸易中，由妈振馆输出至福建厦门的茶叶，大概占茶叶贸易总额的三分之一。

妈振馆，又叫作马振馆，源自英文merchant，在原来福建茶叶的产销制中并不多见，而是因应台湾地区茶叶从淡水转运至厦门销售而产生的机构，具有茶叶经纪人和金钱贷借人的双重身份。妈振馆介于洋行与茶庄之间，是茶业者之间主要的金融机关。经营妈振馆的商人拥有相当的资产，熟识洋人与商务，深获洋行信任，可以从洋行贷得大笔资金，用于经营茶的委托贩卖，同时以茶叶为抵押而贷放资金。他们既是融资的中介者，也能提前锁定精制茶，降低采购的风险。在 1880 年代末期，由于台湾地区的乌龙茶在美国大受欢迎，取代了福建乌龙茶在美国的地位，妈振馆在台湾地区迎来黄金年代，馆数多达 20 家。较著名的妈振馆有广东人经营的忠记、德隆、钿记、安太、英芳，汕头人经营的隆记，厦门人经营的瑞云等。由于妈振馆收购的茶叶无法直接输出海外，只能卖给洋行。因此，虽然台湾地区的茶业很发达，但仍具有买办资本的色彩。从资金链条上来看，以汇丰银行为代表的西方资本才是最终控制方。尽管妈振馆并无现代银行的经营理念与规模，但是它们从洋行吸取资金，办理放款、汇兑业务，已初具现代银行的雏形。后来，由于台湾地区在 20 世纪上半叶进行币制改革，建立起现代意义上的金融机构，也由于台湾地区乌龙茶的输出港逐渐从福建的厦门转移至台湾地区的淡水等原因，妈振馆日趋没落，成为历史名词。